Java 核心编程

柳伟卫 著

清华大学出版社
北京

内 容 简 介

本书主要基于 Java 13 来介绍 Java 核心编程相关的知识点，以及从 Java 8 至 Java 13 以来的新特性，主要内容包括：Java 语言基础、面向对象编程、集合框架、异常处理、I/O 处理、网络编程、并发编程、基本编程结构的改进、垃圾回收器的增强、使用脚本语言、Lambda 表达式与函数式编程、Stream、集合的增强、新的日期和时间 API、并发编程的增强、模块化、响应式编程等内容。通过本书的学习，读者不仅能够掌握 Java 语言的编程技巧，还可以拓展视野，提升市场竞争能力。

本书主要面向 Java 语言的爱好者、Java 工程师和架构师。

本书封面贴有清华大学出版社防伪标签，无标签者不得销售。
版权所有，侵权必究。侵权举报电话：010-62782989 13701121933

图书在版编目（CIP）数据

Java 核心编程 / 柳伟卫著.—北京：清华大学出版社，2020.5
ISBN 978-7-302-55294-9

Ⅰ.①J… Ⅱ.①柳… Ⅲ.①JAVA 语言－程序设计 Ⅳ.①TP312.8

中国版本图书馆 CIP 数据核字（2020）第 056465 号

责任编辑：王金柱
封面设计：王　翔
责任校对：闫秀华
责任印制：宋　林

出版发行：清华大学出版社
网　　址：http://www.tup.com.cn，http://www.wqbook.com
地　　址：北京清华大学学研大厦 A 座　　　邮　　编：100084
社 总 机：010-62770175　　　　　　　　　　邮　　购：010-62786544
投稿与读者服务：010-62776969，c-service@tup.tsinghua.edu.cn
质 量 反 馈：010-62772015，zhiliang@tup.tsinghua.edu.cn

印 装 者：清华大学印刷厂
经　　销：全国新华书店
开　　本：190mm×260mm　　　印　　张：25.25　　　字　　数：678 千字
版　　次：2020 年 6 月第 1 版　　　　　　　　印　　次：2020 年 6 月第 1 次印刷
定　　价：89.00 元

产品编号：084073-01

前　　言

写作背景

随着互联网应用的发展，各种编程语言层出不穷，比如 C#、Golang、TypeScript、ActionScript 等，但不管是哪种语言，都无法撼动 Java 的"霸主"地位。Java 语言始终占据着各类编程语言排行榜的榜首，开发者对于 Java 的热情也是与日俱增。Java 已然成为企业级应用和 Cloud Native 应用的首选语言。

那么为什么 Java 一直能保持这么火爆呢？究其原因，Java 能够长盛不衰的最大秘诀就是能够与时俱进、不断推陈出新。

笔者从事 Java 开发已经有十几年了，可以说是 Java 技术发展的见证者和实践者。为了推广 Java 技术，笔者撰写了包括《分布式系统常用技术及案例分析》《Spring Boot 企业级应用开发实战》《Spring Cloud 微服务架构开发实战》《Spring 5 开发大全》《Cloud Native 分布式架构原理与实践》等几十本 Java 领域的专著和开源书，期望以微薄之力对 Java 语言有所贡献。由于目前企业所使用的 Java 大多是 Java 8 之前的版本，市面上也缺乏 Java 13 的学习资料，因此笔者才撰写本书以补空白。

让我们一起踏上 Java 学习之旅吧！

本书重要主题

- 构建 Java 开发环境
- Java 语言基础
- 面向对象编程
- 集合框架
- 异常处理
- I/O 处理
- 网络编程
- 并发编程
- 基本编程结构的改进
- 垃圾回收器的增强
- 使用脚本语言
- Lambda 表达式与函数式编程
- Stream
- 集合的增强

- 新的日期和时间 API
- 并发编程的增强
- 模块化
- 响应式编程

本书开发环境及 JDK 版本

本书示例采用 Eclipse 编写，但示例源码与具体的 IDE 无关，读者可以选择适合自己的 IDE，如 IntelliJ IDEA、NetBeans 等。运行本书示例，请确保 JDK 版本不低于 13。

源代码

本书提供源代码下载，下载地址为 https://github.com/waylau/modern-java-demos。

致谢

感谢清华大学出版社王金柱编辑，在本书写作过程中他审阅了大量的稿件，给予了很多指导和帮助。感谢工作在幕后的清华大学出版社评审团队对本书在校对、排版、审核、封面设计、错误改正等方面所做出的努力，使本书得以顺利出版发行。

感谢我的父母、妻子和两个女儿。由于撰写本书牺牲了很多陪伴家人的时间，在此感谢家人对我工作的理解和支持。

献给

本书献给那些以 Java 为矛的工程师！

柳伟卫

2020.3.8

目 录

第1章 Java 概述 1

1.1 Java 演进史 1
    1.1.1 Java 简史 1
    1.1.2 Java 大有可为 3

1.2 现代 Java 新特性：从 Java 8 到 Java 13 3
    1.2.1 Java 8 新特性 3
    1.2.2 Java 9 新特性 4
    1.2.3 Java 10 新特性 4
    1.2.4 Java 11 新特性 5
    1.2.5 Java 12 新特性 5
    1.2.6 Java 13 新特性 5

1.3 如何学习本书 6
    1.3.1 学习的前置条件 6
    1.3.2 如何使用本书 6
    1.3.3 如何获取源码 7

1.4 开发环境配置及编写第一个 Java 应用 7
    1.4.1 JDK 13 的下载 7
    1.4.2 JDK 13 的安装 8
    1.4.3 Eclipse 的下载 10
    1.4.4 Eclipse 的安装 10
    1.4.5 Eclipse 的配置 11
    1.4.6 创建 Java 应用 11
    1.4.7 创建模块 12
    1.4.8 创建 Hello World 程序 13
    1.4.9 使用 JUnit 5 14

第 2 章　Java 语言基础 17
2.1　变量 17
2.1.1　命名 18
2.1.2　基本数据类型 18
2.1.3　基本数据类型的默认值 21
2.1.4　字面值 21
2.1.5　基本数据类型之间的转换 24
2.1.6　数组 26
2.2　运算符 29
2.2.1　赋值运算符 30
2.2.2　算术运算符 30
2.2.3　一元运算符 32
2.2.4　等价和关系运算符 33
2.2.5　条件运算符 34
2.2.6　instanceof 运算符 36
2.2.7　位运算符和位移运算符 37
2.3　表达式、语句和块 39
2.3.1　表达式 39
2.3.2　语句 40
2.3.3　块 41
2.4　控制流程语句 41
2.4.1　if-then 41
2.4.2　if-then-else 42
2.4.3　switch 43
2.4.4　while 48
2.4.5　do-while 49
2.4.6　for 50
2.4.7　break 51
2.4.8　continue 53
2.4.9　return 55
2.5　枚举类型 55
2.6　泛型 58
2.6.1　泛型的作用 58

    2.6.2 泛型类型 59
    2.6.3 泛型方法 62
    2.6.4 有界类型参数 63
    2.6.5 泛型的继承和子类型 64
    2.6.6 通配符 66
    2.6.7 类型擦除 69
    2.6.8 使用泛型的一些限制 71
  2.7 关键字 74

第 3 章 面向对象编程基础 76
  3.1 编程的抽象 76
  3.2 类的示例 78
  3.3 对象的接口 79
  3.4 包 81
  3.5 对象提供服务 82
  3.6 隐藏实现的细节 82
    3.6.1 为什么需要控制对成员的访问 83
    3.6.2 Java 的作用域 83
  3.7 实现的重用 84
  3.8 继承 84
    3.8.1 Java 中的继承 84
    3.8.2 关于 Shape 的讨论 86
    3.8.3 实战：继承的示例 87
  3.9 is-a 和 is-like-a 的关系 88
  3.10 多态性 88
    3.10.1 多态的定义 89
    3.10.2 理解多态的好处 89

第 4 章 集合框架 90
  4.1 集合框架概述 90
    4.1.1 集合框架的定义 90
    4.1.2 Java 集合框架的优点 91
    4.1.3 集合框架常见的接口 91
    4.1.4 集合框架的实现 92

4.2 Collection 接口 93
    4.2.1 遍历集合 93
    4.2.2 集合接口批量操作 94
4.3 Set 接口 95
    4.3.1 HashSet、TreeSet 和 LinkedHashSet 的比较 95
    4.3.2 Set 接口基本操作 96
    4.3.3 Set 接口批量操作 97
4.4 Map 接口 97
    4.4.1 Map 接口基本操作 97
    4.4.2 Map 接口批量操作 98
    4.4.3 Map 集合视图 98
4.5 List 接口 99
    4.5.1 集合操作 99
    4.5.2 位置访问和搜索操作 100
    4.5.3 List 的迭代器 100
    4.5.4 范围视图操作 100
    4.5.5 List 常用算法 101
4.6 Queue 接口 101
4.7 Deque 接口 102
    4.7.1 插入 103
    4.7.2 移除 103
    4.7.3 检索 103

第 5 章 异常处理 104

5.1 异常捕获与处理 104
    5.1.1 先从一个例子入手 104
    5.1.2 try 块 106
    5.1.3 catch 块 106
    5.1.4 在一个异常处理程序中处理多个类型的异常 107
    5.1.5 finally 块 107
    5.1.6 try-with-resources 语句 108
5.2 通过方法声明抛出异常 110
5.3 如何抛出异常 111
    5.3.1 throw 语句 111

- 5.3.2 Throwable 类及其子类 112
- 5.3.3 Error 类 112
- 5.3.4 Exception 类 112

5.4 异常链 113
- 5.4.1 访问堆栈跟踪信息 113
- 5.4.2 记录异常日志 114

5.5 创建异常类 115
- 5.5.1 一个创建异常类的例子 115
- 5.5.2 选择超类 115

5.6 未检查异常 116

5.7 使用异常带来的优势 116
- 5.7.1 将错误处理代码与"常规"代码分离 116
- 5.7.2 将错误沿调用堆栈向上传递 118
- 5.7.3 对错误类型进行分组和区分 119

5.8 try-with-resources 语句的详细用法 120
- 5.8.1 手动关闭资源 121
- 5.8.2 Java 7 中的 try-with-resources 介绍 121
- 5.8.3 try-with-resources 在 Java 9 中的改进 123

5.9 实战:使用 try-with-resources 123

第 6 章 I/O 处理 126

6.1 I/O 流 126
- 6.1.1 字节流 126
- 6.1.2 字符流 128
- 6.1.3 面向行的 I/O 129
- 6.1.4 缓冲流 130
- 6.1.5 刷新缓冲流 130
- 6.1.6 扫描和格式化文本 130
- 6.1.7 命令行 I/O 135
- 6.1.8 数据流 137
- 6.1.9 对象流 138

6.2 文件 I/O 141
- 6.2.1 路径 141
- 6.2.2 Path 类 143

  6.2.3 Path 的操作 143
  6.2.4 文件操作 151
  6.2.5 检查文件或目录 153
  6.2.6 删除文件或目录 154
  6.2.7 复制文件或目录 154
  6.2.8 移动一个文件或目录 155

第 7 章 网络编程 156

 7.1 网络基础 156
  7.1.1 了解 OSI 参考模型 156
  7.1.2 TCP/IP 网络模型与 OSI 模型的对比 157
  7.1.3 了解 TCP 158
  7.1.4 了解 UDP 158
  7.1.5 了解端口 159
 7.2 Socket 160
  7.2.1 了解 Socket 160
  7.2.2 实战：实现一个 echo 服务器 161
 7.3 I/O 模型的演进 163
  7.3.1 UNIX I/O 模型的基本概念 163
  7.3.2 UNIX I/O 模型 163
  7.3.3 常见 Java I/O 模型 168
 7.4 HTTP Client API 概述 175
 7.5 HttpRequest 176
 7.6 HttpResponse 176
 7.7 实战：HTTP Client API 的使用例子 177
  7.7.1 发起同步请求 177
  7.7.2 发起异步请求 179

第 8 章 并发编程 180

 8.1 了解线程 180
  8.1.1 线程的状态 180
  8.1.2 进程和线程 181
  8.1.3 线程和纤程 182
  8.1.4 Java 中的线程对象 182

- 8.1.5 实战：多线程示例 ... 185
- 8.2 并发编程是把双刃剑 ... 187
  - 8.2.1 死锁 ... 187
  - 8.2.2 饥饿 ... 188
  - 8.2.3 活锁 ... 189
- 8.3 解决并发问题的常用方法 ... 189
  - 8.3.1 同步 ... 189
  - 8.3.2 原子访问 ... 193
  - 8.3.3 无锁化设计提升并发能力 ... 194
  - 8.3.4 缓存提升并发能力 ... 194
  - 8.3.5 更细颗粒度的并发单元 ... 194
- 8.4 守卫块 ... 195
- 8.5 不可变对象 ... 197
  - 8.5.1 一个同步类的例子 ... 197
  - 8.5.2 定义不可变对象的策略 ... 199
- 8.6 高级并发对象 ... 201
  - 8.6.1 锁对象 ... 201
  - 8.6.2 执行器 ... 203
  - 8.6.3 并发集合 ... 209
  - 8.6.4 原子变量 ... 210
  - 8.6.5 并发随机数 ... 211

第 9 章 基本编程结构的改进 ... 212

- 9.1 直接运行 Java 源代码 ... 212
  - 9.1.1 Java 11 可以直接运行 Java 源码 ... 213
  - 9.1.2 原理 ... 214
- 9.2 局部变量类型推断 ... 214
  - 9.2.1 了解 var 声明变量的一些限制 ... 215
  - 9.2.2 原理 ... 215
- 9.3 实战：var 关键字的使用 ... 215
- 9.4 字符串处理增强 ... 216
  - 9.4.1 支持 Raw String Literals ... 216
  - 9.4.2 原理 ... 217
  - 9.4.3 限制 ... 217

9.4.4 Java 11 常用 String API 218
9.4.5 Java 12 常用 String API 219
9.5 实战：Java 11 字符串的使用 220
9.5.1 Raw String Literals 的使用 220
9.5.2 String API 的使用 221
9.6 支持 Unicode 标准 223
9.6.1 了解 Unicode 10 223
9.6.2 在控制台打印出 Emoji 224
9.6.3 在 GUI 中显示出 Emoji 224
9.7 Optional 类 226
9.7.1 复现 NullPointerException 226
9.7.2 Optional 类的魔法 228
9.7.3 Optional 类的其他方法 229
9.8 接口中的默认方法 232
9.9 实战：接口中默认方法的使用 234
9.10 接口中的静态方法 235
9.11 实战：接口中静态方法的使用 236
9.12 Switch 表达式增强 237
9.12.1 实战：Switch 表达式的例子 237
9.12.2 使用 Switch 表达式的注意事项 238
9.13 紧凑数字格式 238
9.14 文本块 239

第 10 章 垃圾回收器的增强 241

10.1 了解 G1 241
10.1.1 了解 Java 垃圾回收机制 241
10.1.2 查找不再使用的对象 242
10.1.3 垃圾回收算法 242
10.1.4 分代垃圾回收 242
10.1.5 Java 垃圾回收器的历史 243
10.1.6 了解 G1 的原理 243
10.1.7 了解 G1 Young GC 245
10.1.8 了解 G1 Mixed GC 246
10.2 了解 ZGC 249

- 10.2.1 更短的停顿 ... 249
- 10.2.2 ZGC 的着色指针和读屏障 ... 250
- 10.2.3 读屏障 ... 251
- 10.2.4 GC 工作原理 ... 251
- 10.2.5 将未使用的堆内存返回给操作系统 ... 253
- 10.3 了解 Epsilon ... 253
- 10.4 了解 Shenandoah ... 254
  - 10.4.1 Shenandoah 工作原理 ... 254
  - 10.4.2 性能指标 ... 255

第 11 章 使用脚本语言 ... 257

- 11.1 什么是 JShell ... 257
- 11.2 为什么需要 JShell ... 257
- 11.3 JShell 的基本操作 ... 258
  - 11.3.1 启动 JShell ... 258
  - 11.3.2 退出 JShell ... 258
  - 11.3.3 使用 JShell 测试 API ... 258
  - 11.3.4 使用 JShell 操作流 ... 259
  - 11.3.5 获取帮助 ... 259
- 11.4 实战：JShell 的综合用法 ... 260
  - 11.4.1 定义方法 ... 260
  - 11.4.2 使用自定义的方法 ... 261
  - 11.4.3 查看所有的变量及引用情况 ... 261
  - 11.4.4 保存历史 ... 261
  - 11.4.5 打开文件 ... 262
  - 11.4.6 获取变量的引用值 ... 262

第 12 章 Lambda 表达式及函数式编程 ... 263

- 12.1 Lambda 表达式 ... 263
  - 12.1.1 第一个 Lambda 表达式的例子 ... 263
  - 12.1.2 第二个 Lambda 表达式的例子 ... 264
  - 12.1.3 Lambda 表达式简写的依据 ... 265
- 12.2 方法引用 ... 265
  - 12.2.1 什么是方法引用 ... 266

- 12.2.2 实战：方法引用的例子 266
- 12.3 构造函数引用 267
- 12.4 函数式接口 268
  - 12.4.1 Predicate 268
  - 12.4.2 Consumer 269
  - 12.4.3 Function 270
  - 12.4.4 总结 271
- 12.5 Consumer 接口 271
  - 12.5.1 andThen 272
  - 12.5.2 IntConsumer 272
  - 12.5.3 LongConsumer 273
  - 12.5.4 DoubleConsumer 273
  - 12.5.5 BiConsumer 274
- 12.6 Supplier 接口 275
  - 12.6.1 get 275
  - 12.6.2 BooleanSupplier 275
  - 12.6.3 IntSupplier 276
  - 12.6.4 LongSupplier 276
  - 12.6.5 DoubleSupplier 277
- 12.7 Predicate 接口 277
  - 12.7.1 test 278
  - 12.7.2 negate 278
  - 12.7.3 or 279
  - 12.7.4 and 279
  - 12.7.5 not 279
  - 12.7.6 IntPredicate 280
  - 12.7.7 BiPredicate 281
- 12.8 Function 接口 282
  - 12.8.1 compose 283
  - 12.8.2 andThen 283
  - 12.8.3 identity 283
- 12.9 类型检查 284
- 12.10 类型推导 285

12.11　使用本地变量 285

第 13 章　Stream 287

13.1　Stream API 概述 287
13.1.1　什么是聚合操作 287
13.1.2　什么是 Stream 288
13.1.3　Stream 的构成 289

13.2　实例：Stream 使用的例子 290
13.2.1　传统的过滤数据的做法 290
13.2.2　Stream 过滤数据的做法 291

13.3　Stream 简化了编程 291

13.4　Stream 常用操作 292
13.4.1　collect(toList())终止操作 292
13.4.2　map 中间操作 293
13.4.3　filter 中间操作 293
13.4.4　count 终止操作 293
13.4.5　min 终止操作 293
13.4.6　max 终止操作 294
13.4.7　reduce 终止操作 294

13.5　过滤数据 294

13.6　切分数据 295
13.6.1　使用 Predicate 切分数据 295
13.6.2　截断 Stream 297
13.6.3　跳过元素 297

13.7　映射 298
13.7.1　map 298
13.7.2　flatMap 298

13.8　查找和匹配 300
13.8.1　allMatch 300
13.8.2　anyMatch 300
13.8.3　noneMatch 300
13.8.4　findFirst 301
13.8.5　findAny 301

13.9　压缩数据 301

13.9.1 计算总和 302
13.9.2 计算最大值和最小值 302
13.10 构造 Stream 303
13.10.1 从值中构造 303
13.10.2 从 nullable 中构造 304
13.10.3 从数组中构造 304
13.10.4 从集合中构造 304
13.10.5 从文件中构造 304
13.11 收集收据 305
13.11.1 Collector 接口 305
13.11.2 Collectors 307
13.11.3 统计总数 308
13.11.4 计算最大值和最小值 309
13.11.5 求和 309
13.11.6 求平均数 310
13.11.7 连接字符串 310
13.11.8 分组 310
13.11.9 分区 311
13.12 并行计算 311
13.12.1 并行流 312
13.12.2 Stream 与 parallelStream 的抉择 312
13.13 Spliterator 接口 313

第 14 章 集合的增强 314

14.1 集合工厂 314
14.1.1 List 工厂 315
14.1.2 Set 工厂 316
14.1.3 Map 工厂 316
14.2 实战：List 工厂的使用 317
14.3 实战：Set 工厂的使用 318
14.4 实战：Map 工厂的使用 318
14.5 List 和 Set 常用方法 319
14.5.1 removeIf 319
14.5.2 replaceAll 320

14.6	实战：removeIf 方法的使用	321
14.7	实战：replaceAll 方法的使用	321
14.8	Map 常用方法	322
	14.8.1　forEach	322
	14.8.2　sorted	323
	14.8.3　getOrDefault	323
14.9	实战：forEach 方法的使用	324
14.10	实战：sorted 的使用	324
14.11	实战：getOrDefault 方法的使用	325
14.12	实战：计算操作	325
	14.12.1　computeIfAbsent	325
	14.12.2　computeIfPresent	326
	14.12.3　compute	326
14.13	实战：移除操作	327
14.14	实战：替换操作	327
	14.14.1　replaceAll	327
	14.14.2　replace	328
14.15	实战：合并操作	328
14.16	ConcurrentHashMap 的改进	329
	14.16.1　Java 8 之前的 ConcurrentHashMap 类	329
	14.16.2　Java 8 之后的 ConcurrentHashMap 类的改进	330

第 15 章　新的日期和时间 API ... 334

15.1	了解 LocalDate	334
15.2	了解 LocalTime	335
15.3	了解 LocalDateTime	336
15.4	了解 Instant	338
15.5	了解 Duration	339
15.6	了解 Period	339
15.7	常用日期的操作	340
15.8	调整时间	341
15.9	格式化日期	342
15.10	时区处理	343
15.11	日历	345

第 16 章 并发编程的增强 346

16.1 Stream 的 parallel()方法 346
16.2 执行器及线程池 346
16.2.1 线程及线程数 347
16.2.2 线程池 347
16.2.3 Java 8 中的 Executors 增强 348
16.2.4 了解线程池的风险 348
16.3 Future API 350
16.3.1 并行提交任务 350
16.3.2 顺序返回结果 352
16.4 CompletableFuture 352
16.4.1 CompletionStage 353
16.4.2 CompletableFuture 353
16.4.3 CompletableFuture 类使用示例 354
16.5 异步 API 中的异常处理 355
16.6 box-and-channel 模型 357
16.7 实例：在线商城 357
16.8 实例：同步方法转为异步 358
16.8.1 异常处理 360
16.8.2 使用 supplyAsync 简化代码 360

第 17 章 模块化 362

17.1 为什么需要模块化 362
17.1.1 体积大 363
17.1.2 访问控制粒度不够细 363
17.1.3 依赖地狱 364
17.2 用模块化开发和设计 Java 应用 364
17.2.1 模块的声明 364
17.2.2 模块的零件 365
17.2.3 模块描述 366
17.2.4 平台模块 366

第 18 章 响应式编程 368

18.1 响应式编程概述 368
18.1.1 Flow Control 的几种解决方案 369
18.1.2 Pull、Push 与 Pull-Push 369
18.1.3 Flow API 与 Stream API 370

18.2 Flow API 370
18.2.1 订阅者 Subscriber 370
18.2.2 Subscriber 示例 371
18.2.3 发布者 Publisher 372
18.2.4 订阅 Subscription 372
18.2.5 处理器 Processor 373

18.3 实战：响应式编程综合示例 373
18.3.1 定义 Subscriber 373
18.3.2 定义 Publisher 375
18.3.3 运行应用 377

参考文献 383

第 1 章

Java 概述

本章介绍 Java 的简史以及诞生至今的一些新特性，同时引导读者如何来通过本书来掌握 Java。

1.1　Java 演进史

作为一门长寿的编程语言，Java 语言在经历了 20 多年的发展，已然成为开发者首选的利器。在最新的 TIOBE 编程语言排行榜中，Java 位居榜首。回顾历史，Java 语言的排行也一直是名列三甲。图 1-1 展示的是 2019 年 9 月 TIOBE 编程语言排行榜的情况（https://www.tiobe.com/tiobe-index/）。

Sep 2019	Sep 2018	Change	Programming Language	Ratings	Change
1	1		Java	16.661%	-0.78%
2	2		C	15.205%	-0.24%
3	3		Python	9.874%	+2.22%
4	4		C++	5.635%	-1.76%
5	6	^	C#	3.399%	+0.10%
6	5	v	Visual Basic .NET	3.291%	-2.02%
7	8	^	JavaScript	2.128%	-0.00%
8	9	^	SQL	1.944%	-0.12%
9	7	v	PHP	1.863%	-0.91%
10	10		Objective-C	1.840%	+0.33%

图 1-1　TIOBE 编程语言排行榜

1.1.1　Java 简史

1991 年，Sun 公司准备用一种新的语言来设计用于智能家电类（如机顶盒）的程序开发。"Java

之父"James Gosling 创造出了这种全新的语言，并命名为"Oak"（橡树），以他办公室外面的树来命名。然而，由于当时的机顶盒项目并没有竞标成功，于是 Oak 被阴差阳错地应用到万维网。

1994 年，Sun 公司的工程师编写了一个小型万维网浏览器 WebRunner（后来改名为 HotJava），可以直接用来运行 Java 小程序（Java Applet）。1995 年，Oak 改名为 Java。由于 Java Applet 程序可以实现一般网页所不能实现的效果，从而引来业界对 Java 的热捧，因此当时很多操作系统都预装了 Java 虚拟机。

1997 年 4 月 2 日，JavaOne 会议召开，参与者逾 1 万人，创当时全球同类会议规模之纪录。

1998 年 12 月 8 日，Java 2 企业平台 J2EE 发布，标志着 Sun 公司正式进军企业级应用开发领域。

1999 年 6 月，随着 Java 的快速发展，Sun 公司将 Java 分为 3 个版本，即标准版（J2SE）、企业版（J2EE）和微型版（J2ME）。从这 3 个版本的划分可以看出，当时 Java 语言的目标是覆盖桌面应用、服务器端应用及移动端应用 3 个领域。

2004 年 9 月 30 日，J2SE 1.5 发布，成为 Java 语言发展史上的又一里程碑。为了凸显该版本的重要性，J2SE 1.5 被更名为 Java SE 5.0。

2005 年 6 月，JavaOne 大会召开，Sun 公司发布了 Java SE 6。此时，Java 的各种版本已经更名，已取消其中的数字"2"，即 J2EE 被更名为 Java EE、J2SE 被更名为 Java SE、J2ME 被更名为 Java ME。

2009 年 4 月 20 日，Oracle 公司以 74 亿美元收购了 Sun 公司，从此 Java 归属于 Oracle 公司。

2011 年 7 月 28 日，Oracle 公司发布 Java 7 正式版。该版本新增了许多特性，如 try-with-resources 语句、增强 switch-case 语句、支持字符串类型等。

2011 年 6 月中旬，Oracle 公司正式发布了 Java EE 7。该版本的目标在于提高开发人员的生产力，满足最苛刻的企业需求。

2014 年 3 月 19 日，Oracle 公司发布 Java 8 正式版。该版本中的 Lambdas 表达式、Streams 流式计算框架等广受开发者关注。

由于 Java 9 中计划开发的模板化项目（或称 Jigsaw）存在比较大的技术难度，JCP 执行委员会内部成员也无法达成共识，因此造成该版本的发布一再延迟。Java 9 及 Java EE 8 终于在 2017 年 9 月发布，Oracle 公司宣布将 Java EE 8 移交给开源组织 Eclipse 基金会。同时，Oracle 公司承诺，后续 Java 的发布频率调整为每半年一次。如图 1-2 所示为 Java EE 8 整体架构图。

2018 年 2 月 26 日，Eclipse 基金会社区正式将 Java EE 更名为 Jakarta EE，也就是说，下个 Java 企业级发布版本将可能会命名为 Jakarta EE 9。这个名称来自 Jakarta——一个早期的 Apache 开源项目。

2018 年 3 月 20 日，Java 10 如期发布，包含了 109 项新特性。

2018 年 9 月 25 日，Oracle 官方宣布 Java 11 正式发布。该版本带来了官网公开的 17 个特性增强。

2019 年 3 月 19 日，Oracle 宣布推出 Java 12。该版本带来了许多新功能，包括 Switch 表达式的增强预览和 Shenandoah 垃圾回收器等。

2019 年 9 月 17 日，Oracle 宣布推出 Java 13。该版本带来了诸如动态类数据共享归档和文本块等新功能。

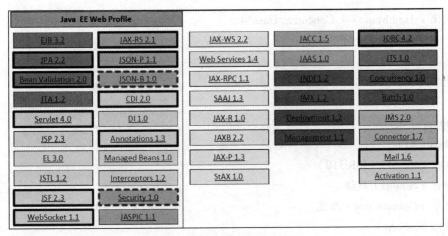

图 1-2　Java EE 8 整体架构图

1.1.2　Java 大有可为

今天的 Java 已经涵盖了从移动端到企业级应用再到分布式系统、微服务、Cloud Native（云原生）的各个领域。可以说掌握 Java 不但可以在职场上谋求一份不错的职位，同时 Java 广阔的应用领域更加有利于 Java 从业者拓宽发展的前景。

Java 是免费、开源的，因此使用 Java 进行应用的开发费用很低，是很多初创企业首选。

Java 学习技术门槛低，社区活跃，无论你是 IT 小白还是技术大牛，都能找到使用 Java 的志同道合者。

因此，掌握 Java 大有可为。让我们一起踏上 Java 学习之路吧！

1.2　现代 Java 新特性：从 Java 8 到 Java 13

作为一门很受欢迎的编程语言，Java 语言在经历了 20 多年的发展后，已然成为开发者首选的"利器"。之所以能保持在编程界不断受到开发者的热捧，一个非常重要的原因就是 Java 自身不断在进化，不管是从其他语言中汲取经验，还是从实际应用中挖掘新的需求，Java 不断增强的新特性，简化致力于应用的开发，让应用运行更快、更稳定。

接下来，让我们一起看一下从 Java 8 以来各个版本发布的新特性。

1.2.1　Java 8 新特性

Java 8 包含了如下新特性：

- Lambdas 表达式与 Functional 接口
- 接口的默认与静态方法
- 新增方法的调用方式

- 优化了 HashMap 以及 ConcurrentHashMap
- 方法引用
- 重复注解
- 更好的类型推测机制
- 扩展注解的支持
- Optional 类
- Stream API
- Date/Time API（JSR 310）
- 并行（parallel）数组
- 并发（Concurrency）改进
- 新增 Nashorn

1.2.2　Java 9 新特性

Java 9 包含了如下新特性：

- 模块化系统
- Linking
- JShell
- 改进的 Javadoc
- 集合工厂方法
- 改进的 Stream API
- 私有接口方法
- HTTP/2
- 多版本兼容 JAR

1.2.3　Java 10 新特性

Java 10 包含了如下新特性：

- 局部变量类型推断
- GC 改进和内存管理
- 线程本地握手
- 备用内存设备上的堆分配
- 支持 Unicode
- 基于 Java 的实验性 JIT 编译器
- 根证书
- 根证书颁发认证
- 删除 javah 工具

1.2.4 Java 11 新特性

Java 11 包含了如下新特性：

- 字符串加强
- 集合加强
- Stream 加强
- HTTP Client API
- 运行源代码
- 支持 Unicode 10
- 新增 JShell
- 新增 ZGC 垃圾处理器
- 新增 Epsilon 垃圾处理器

1.2.5 Java 12 新特性

Java 12 包含了如下新特性：

- 短停顿时间的 GC——Shenandoah
- 微基准测试套件
- Switch 表达式增强
- 紧凑数字格式
- JVM 常量 API
- 保留一个 AArch64 实现
- 默认类数据共享归档文件
- 可中止的 G1 Mixed GC
- G1 及时返回未使用的已分配内存

1.2.6 Java 13 新特性

Java 13 包含了如下新特性：

- 动态类数据共享归档
- 增强 ZGC 以将未使用的堆内存返回给操作系统
- Socket API 的重新实现
- Switch 表达式增强
- 文本块

上面列出的只是部分特性，后续章节还将继续探讨这些特性的完整使用方式。

1.3 如何学习本书

让我们一起来看下如何学习本书。

1.3.1 学习的前置条件

为了更好地学习 Java 编程，需要了解一些前置条件。

1. 具备面向对象思维

Java 是面向对象语言。本书会讲解如何利用 Java 来进行面向对象的开发知识，所以：

- 如果你具备面向对象编程的基础，那么学习 Java 并不会有太大的难度。
- 如果你没有面向对象的编程经验，通过"第 3 章 面向对象编程基础"的学习，可以轻松掌握面向对象编程的要点。

2. 熟悉常用的 Java 开发工具

虽然原则上开发 Java 不会对开发工具有任何限制，甚至你可以直接用文本编辑器来开发，但是笔者仍然建议初级工程师（或者特别是对 Java 不熟悉的开发者）选择一款好用的开发工具。一款好的开发工具就如同一把趁手的兵器，干起活来游刃有余。

常用的 Java 开发工具很多，比如 IDE 类的有 Visual Studio Code、Eclipse、WebStorm、NetBeans、IntelliJ IDEA 等，你可以选择自己所熟悉的 IDE。

在本书中，笔者推荐采用 Eclipse 来开发 Java 应用。不但是因为 Eclipse 是采用 Java 语言开发的，对 Java 有着一流的支持，而且这款 IDE 是免费的，你可以随时下载使用。

> **IDE 与 IDEA 的区别**
>
> IDE 是指集成开发环境（Integrated Development Environment），通俗来说就是高级开发工具，比如上面提到的 Eclipse、NetBeans、IntelliJ IDEA 等。IDEA 是其中的一种 IDE，是 IntelliJ IDEA 的简称。

1.3.2 如何使用本书

下面介绍不同层次的读者如何来使用本书。

1. 零基础的读者

如果你是没有任何编程经验的技术爱好者，本书可以帮助你打开编程之门。本书案例丰富、思路清晰，可以由浅入深地帮助读者掌握 Java。

同时，本书可以帮助读者从一开始就建立正确的编程习惯，逐步树立良好的面向对象设计思维，这对于学习其他语言都是非常有帮助的。

针对这类读者，建议读者在学习过程中从头至尾详细跟随笔者来理解 Java 的概念，并编写本书中的示例。

2. 有后端开发经验的读者

对于有后端或者是其他面向对象编程经验的开发者而言，理解并掌握 Java 并非难事。针对这类读者，适当理解一下 Java 的语法即可，把精力放在动手编写 Java 示例上面。

3. 有 Java 开发经验的读者

大多数 Java 开发人员肯定熟悉 Java 的语法，所以需要把精力放在 Java 新特性上面，根据自身的实际情况选学本书中的知识点，做到查漏补缺。

1.3.3 如何获取源码

可以在 https://github.com/waylau/modern-java-demos 中下载本书所涉及的所有源码。

1.4 开发环境配置及编写第一个 Java 应用

跟随本书的学习，开发环境起码需要以下工具：

- JDK 13
- 支持 JDK 13 的 IDE

1.4.1 JDK 13 的下载

JDK 13 的下载地址为 https://www.oracle.com/technetwork/java/javase/downloads/index.html。根据不同的操作系统，选择不同的安装包，JDK 13 支持表 1-1 所示的环境。

表 1-1 操作系统与安装包对应的关系

操作系统	安装包
Linux	jdk-13_linux-x64_bin.deb
	jdk-13_linux-x64_bin.rpm
	jdk-13_linux-x64_bin.tar.gz
macOS	jdk-13_osx-x64_bin.dmg
	jdk-13_osx-x64_bin.tar.gz
Windows	jdk-13_windows-x64_bin.exe
	jdk-13_windows-x64_bin.zip

1.4.2　JDK 13 的安装

以 Windows 环境为例，可通过 jdk-13_windows-x64_bin.exe 或 jdk-13_windows-x64_bin.zip 来进行安装。.exe 文件的安装方式较为简单，按照界面提示单击"下一步"按钮即可。

下面演示.zip 安装方式。

1. 解压.zip 文件到指定位置

将 jdk-13_windows-x64_bin.zip 文件解压到指定的目录下即可。比如，本书放置在 D:\Program Files\jdk-13 位置，该位置下包含如图 1-3 所示的文件。

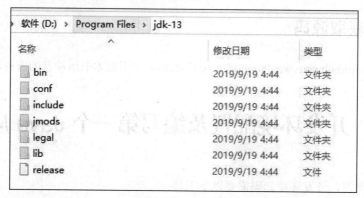

图 1-3　解压文件

2. 设置环境变量

创建系统变量"JAVA_HOME"（见图 1-4），其值指向了 JDK 的安装目录。

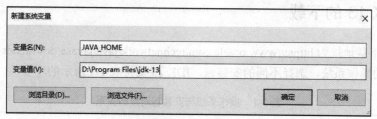

图 1-4　系统变量

在用户变量"Path"中，增加"%JAVA_HOME%\bin"，如图 1-5 所示。

> **注　意**
>
> JDK 13 已经无须再安装 JRE，设置环境变量时也不用设置 CLASSPATH 了。

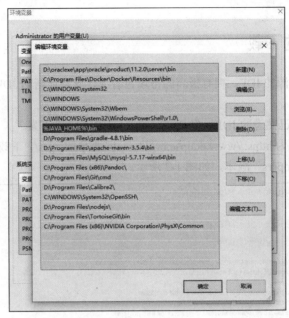

图 1-5　用户变量

3. 验证安装

执行"java -version"命令进行安装的验证：

```
>java -version
java version "13" 2019-09-17
Java(TM) SE Runtime Environment (build 13+33)
Java HotSpot(TM) 64-Bit Server VM (build 13+33, mixed mode, sharing)
```

如果显示上述信息，则说明 JDK 已经安装完成。

如果显示的内容还是安装前的老 JDK 版本，就可按照如下步骤解决。

首先，卸载老版本的 JDK，如图 1-6 所示。

图 1-6　卸载老版本 JDK

其次，在命令行输入如下指令来设置 JAVA_HOM 和 Path：

```
>SET JAVA_HOME=D:\Program Files\jdk-13

>SET Path=%JAVA_HOME%\bin
```

1.4.3　Eclipse 的下载

Eclipse 是免费、开源的 IDE，拥有极高的市场占有率，支持最新的 JDK 13 开发，故在本书推荐采用 Eclipse 做开发。

读者也可以选择自己熟悉的 IDE，但是必须要支持 JDK 13 的开发。

Eclipse 的下载地址为 https://www.eclipse.org/downloads/packages/。下载时，选择"Eclipse IDE for Enterprise Java Developers"版本，如图 1-7 所示。

图 1-7　选择 Eclipse 版本

在本例中，下载安装包为 eclipse-SDK-I20190920-1800-win32-x86_64。

1.4.4　Eclipse 的安装

以 Windows 环境为例，可通过 eclipse-SDK-I20190920-1800-win32-x86_64 来进行安装。下面演示.zip 安装方式。

1. 解压.zip 文件到指定位置

将 eclipse-SDK-I20190920-1800-win32-x86_64 文件解压到指定的目录下即可。比如，放置在 D:\Program Files\eclipse-SDK-I20190920-1800-win32-x86_64\eclipse 位置，该位置下包含如图 1-8 所示的文件。

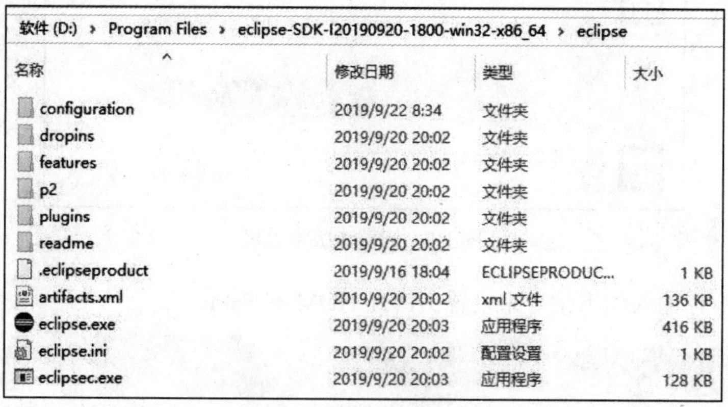

图 1-8　解压文件

2. 打开 Eclipse

双击 eclipse.exe 文件，即可打开 Eclipse。

1.4.5　Eclipse 的配置

打开 Eclipse 时，首先要配置工作区间。

1. 配置工作区间

默认的工作区间如图 1-9 所示。用户也可以指定自己的工作区间。

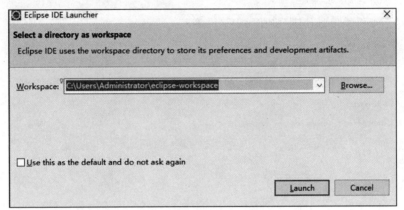

图 1-9　指定工作区间

2. 配置 JDK

默认情况下，Eclipse 会自动按照系统变量"JAVA_HOME"来查找所安装的 JDK，无须特殊配置。

如果要自定义 JDK 版本，可以在"Window->Preferences->Installed JREs"找到配置界面。

1.4.6　创建 Java 应用

创建一个 Java 项目，指定该应用名词为"modern-java"。单击"Finish"按钮，如图 1-10 所示。

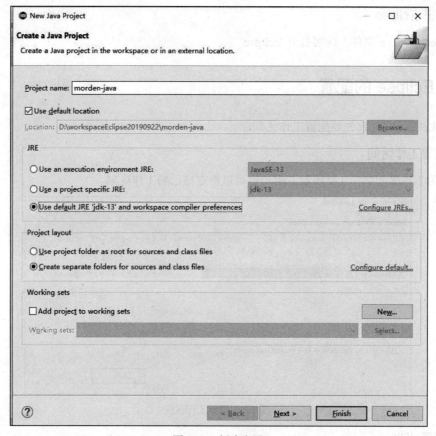

图 1-10　创建应用

1.4.7　创建模块

自 JDK 9 起，Java 程序支持模块化开发，所以在创建完上述应用后会提示创建一个模块。这里，创建一个名为"com.waylau.java.hello"的模块，如图 1-11 所示。

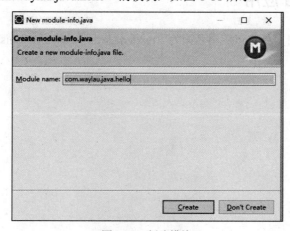

图 1-11　创建模块

模块信息是包含在 module-info 文件里面的,如图 1-12 所示。

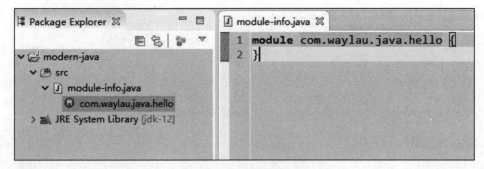

图 1-12　模块信息

> **注　意**
>
> 有关 Java 模块的内容,还会在后续章节详细讲解,此处可以不必深究含义。

1.4.8　创建 Hello World 程序

按照编程惯例,第一个程序通常是一个 Hello World 程序。

创建 "com.waylau.java.hello" 包,并在该包下创建名为 "HelloWorld" 的类,如图 1-13 所示。

图 1-13　Hello World

HelloWorld 代码如下:

```java
package com.waylau.java.hello;

/**
 * Hello World
 *
 * @since 1.0.0 2019年3月30日
 * @author <a href="https://waylau.com">Way Lau</a>
 */
public class HelloWorld {

    /**
     * @param args
     */
    public static void main(String[] args) {
        System.out.println("Hello World");
    }
}
```

在 Java 中，main()方法是 Java 应用程序的入口方法，也就是说，程序在运行的时候第一个执行的方法就是 main()方法。这个方法和其他的方法有很大的不同，比如方法的名字必须是 main、方法必须是 public static void 类型的、方法必须接收一个字符串数组的参数等。

右击，运行该类，可以看到在控制台输出了"Hello World"字样的文本信息，如图 1-14 所示。

图 1-14　控制台输出

至此，一个简单的 Java 程序就开发完了。

1.4.9　使用 JUnit 5

JUnit 是用于单元测试非常方便的工具。Eclipse 已经集成了 JUnit 类库。要使用 JUnit，只需要在项目中引入该类库即可。这里将 JUnit 引入项目的模块路径（Modulepath）下，如图 1-15 所示。

同时修改项目的 module-info.java 文件，引入 JUnit，代码如下：

```java
module com.waylau.java.hello {
    requires org.junit.jupiter.api;
}
```

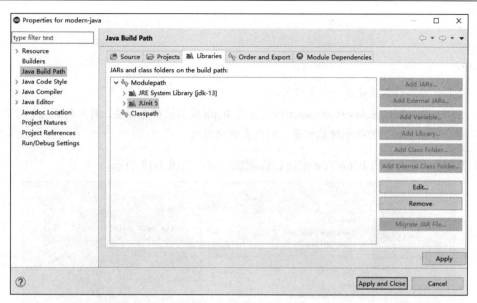

图 1-15　使用 JUnit 5

这样就能在应用中使用 JUnit 5 进行断言了，代码如下：

```java
package com.waylau.java.hello;

import static org.junit.jupiter.api.Assertions.assertEquals;

import org.junit.jupiter.api.Test;

/**
 * Hello World
 *
 * @since 1.0.0 2019年3月30日
 * @author <a href="https://waylau.com">Way Lau</a>
 */
public class HelloWorld {

    /**
     * @param args
     */
    public static void main(String[] args) {
        System.out.println("Hello World");
    }

    /**
     * 第一个 Junit 5 测试用例
     */
    @Test
    void testUnit() {
        String name = "Way Lau";
        assertEquals("Way Lau", name);
    }
}
```

}

其中：

- @Test 注解的方法就是一个测试用例。
- org.junit.jupiter.api.Assertions.assertEquals 是 JUnit 提供的静态方法，用来判断两个对象是否相等。若断言结果为两个对象相等，则代表测试通过。

可以通过右键菜单的 JUnit Test 来运行该测试用例，如图 1-16 所示。

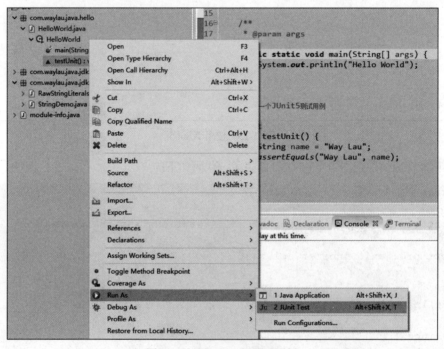

图 1-16　运行 JUnit 5 测试用例

在运行结果中，绿色代表测试通过，红色代表测试失败。图 1-17 展示了测试通过的界面。

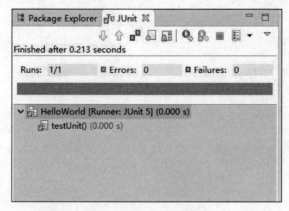

图 1-17　JUnit 5 测试通过

第 2 章

Java 语言基础

本章介绍 Java 语言的基础知识,内容包括变量、运算符、表达式、语句和块、枚举、泛型、关键字等。

2.1 变 量

我们先来看下面的示例:

```
Dog dog1 = new Dog();

// 给他们状态
dog1.name = "Lucy";
dog1.color = "Black";
```

dog1 是 Dog 类的实例(对象)名称,name 和 color 是 dog1 字段的名称(字段存储了对象的状态),这些名称都代表了某种类型的值,在编程语言中被称为"变量"。通过变量,可以方便地找到内存中所存储的值。

Java 里面的变量包含如下类型:

- 实例变量/非静态字段(Instance Variables/Non-Static Fields):从技术上讲,对象存储它们的个人状态在"非静态字段",也就是没有 static 关键字声明的字段。非静态字段也被称为实例变量,因为它们的值对于类的每个实例来说是唯一的(换句话说,就是每个对象)。名字叫作 Lucy 的狗独立于另一条名字叫作 Lily 的狗。
- 类变量/静态字段(Class Variables/Static Fields):类变量是用 static 修饰符声明的字段,也就是告诉编译器无论类被实例化多少次,这个变量的存在只有一个副本。特定种类自行车的齿轮数目的字段可以被标记为 static,因为相同的齿轮数量将适用于所有情况。代码"static int

numGears = 6;"将创建一个这样的静态字段。此外，关键字 final 也可以加入，以指示齿轮的数量不会改变。
- 局部变量（Local Variables）：类似于对象存储状态在字段里，方法通常会存放临时状态在局部变量里。语法与局部变量的声明类似（例如，int count = 0;）。没有特殊的关键字来指定一个变量是否是局部变量，是由该变量声明的位置决定的。局部变量是类的方法中的变量。
- 参数（Parameters）：在前文的例子中经常可以看到 public static void main(String[] args)，这里的 args 变量就是这个方法参数。需要记住的重要一点是，参数都归类为"变量（variable）"而不是"字段（field）"。

如果我们谈论的是"一般的字段"（不包括局部变量和参数），那么我们可以简单地说"字段"。如果讨论适用于上述所有情况，那么我们可以简单地说"变量"。如果上下文要求一个区别，我们将使用特定的术语（静态字段、局部变量等），也偶尔会使用术语"成员（member）"。类型的字段、方法和嵌套类型统称为它的成员。

2.1.1 命名

每一个编程语言都有它自己的一套规则和惯例的各种名目，Java 编程语言对于命名变量的规则和惯例可以概括如下：

- 变量名称是区分大小写的。变量名可以是任何合法的标识符（无限长度的 Unicode 字母和数字），以字母、美元符号$或下画线_开头，但是推荐按照惯例以字母开头，而不是$或_。此外，按照惯例，美元符号从未使用过。在某些情况下，某些软件自动生成的名称会包含美元符号，但在实际编程中变量名应该始终避免使用美元符号。类似的约定还有下画线，不鼓励用"_"作为变量名开头。空格是不允许的。
- 随后的字符可以是字母、数字、美元符号或下画线字符。惯例同样适用于这一规则。为变量命名，尽量是完整的单词，而不是神秘的缩写。这样做会使你的代码更容易阅读和理解，比如 name 和 color 会比缩写 n 和 c 更直观。同时请记住，选择的名称不能是关键字或保留字。
- 如果选择的名称只包含一个单词，那么拼写单词全部为小写字母。如果它由一个以上的单词组成，那么每个后续单词的第一个字母大写，如 gearRatio 和 currentGear。如果你的变量存储一个常量，如 static final int NUM_GEARS = 6，那么每个字母大写，并用下画线分隔后续字符。按照惯例，下画线字符永远不会在其他地方使用。

详细的命名规范，可以参考笔者所著的《Java 编码规范》（https://github.com/waylau/java-code-conventions）。

2.1.2 基本数据类型

Java 是静态类型的语言，必须先声明再使用。基本数据类型之间不会共享。主要有 8 种基本数据类型：byte、short、int、long、char、float、double、boolean。其中，byte、short、int、long 是整数类型，float、double 是浮点数类型。

1. byte

byte 由 1 个字节 8 位表示，是最小的整数类型。当操作来自网络、文件或者其他 I/O 的数据流时，byte 类型特别有用。byte 取值范围是[-128, 127]，默认值为(byte)0。如果我们试图将取值范围外的值赋给 byte 类型的变量，则会出现编译错误，例如：

```
byte b = 128; // 编译错误
```

上面这个语句是无法通过编译的。

还有一个有趣的问题，如果有这样一个方法：

```
public void test(byte b)
```

试图通过 test(0)来调用这个方法是错误的，编译器会报错，因为类型不兼容！但是像下面这样赋值就完全没有问题：

```
byte b = 0; // 正常
```

这里涉及一个叫字面值（literal）的问题。字面值就是表面上的值，例如整型字面值在源代码中就是诸如 5、0、-200 这样的。如果整型字面值后面加上 L 或者 l，那么这个字面值就是 long 类型，比如 1000L 代表一个 long 类型的值。

> **注 意**
>
> l 和 1 长得很像，所以表示一个 long 型时，以免肉眼看错，建议以 L 结尾。

若不加 L 或者 l，则为 int 类型。基本类型当中的 byte、short、int、long 都可以通过不加 L 的整型字面值来创建，例如：

```
byte b = 100;
short s = 5;
```

对于 long 类型，如果大小超出 int 所能表示的范围（32 bits），则必须使用 L 结尾来表示。整型字面值可以有不同的表示方式：十六进制（0X 或者 0x）、十进制、八进制（0）、二进制（0B 或者 0b）等。二进制字面值是 JDK 7 以后才有的功能。在赋值操作中，int 字面值可以赋给 byte、short、int、long 等，Java 语言会自动处理好这个过程。如果方法调用时不一样，比如调用 test(0) 的时候，它能匹配的方法是 test(int)，当然不能匹配 test(byte)方法。

注意区别包装器与原始类型的自动转换，比如下面的赋值是允许的：

```
byte d = 'A'; // 正常
```

上面例子中的字符字面值可以自动转换成 16 位的整数。

对 byte 类型进行数学运算时，会自动提升为 int 类型。如果表达式中有 double 或者 float 等类型，也是会自动提升的。所以下面的代码是错误的：

```
byte t s1 = 100;
byte s2 = 'a';
byte sum = s1 + s2; // 错误! 不能将 int 转为 byte
```

2. short

short 用 16 位表示，取值范围为[- 2^15, 2^15 - 1]。short 可能是最不常用的类型，可以通过整型字面值或者字符字面值赋值，前提是不超出范围。short 类型参与运算的时候，一样会被提升为 int 或者更高的类型。

3. int

int 用 32 位表示，取值范围为[- 2^31, 2^31 - 1]。Java 8 以后，可以使用 int 类型表示无符号 32 位整数，数据范围为[0, 2^31 - 1]。

4. long

long 用 64 位表示，取值范围为[- 2^63, 2^63 - 1]，默认值为 0L。当需要计算非常大的数时，如果 int 不足以容纳大小，可以使用 long 类型。如果 long 也不够，可以使用 BigInteger 类。

5. char

char 用 16 位表示，其取值范围可以是[0, 65535]、[0, 2^16 -1]或者是从\u0000 到\uffff。Java 使用 Unicode 字符集表示字符，Unicode 是完全国际化的字符集，可以表示全部人类语言中的字符。Unicode 需要 16 位宽，所以 Java 中的 char 类型也使用 16 位表示。赋值可能是这样的：

```
char ch1 = 88;
char ch2 = 'A';
```

ASCII 字符集占用了 Unicode 的前 127 个值。之所以把 char 归入整型，是因为 Java 为 char 提供算术运算支持，例如运行"ch2++;"之后 ch2 就变成 Y。当 char 进行加减乘除运算的时候，会被转换成 int 类型，必须显式转化回来。

6. float

float 使用 32 位表示，对应单精度浮点数，遵循 IEEE 754 规范。运行速度相比 double 更快，占内存更小，但是当数值非常大或者非常小的时候会变得不精确。精度要求不高的时候可以使用 float 类型，声明赋值示例：

```
float f1 =10;
f1 = 10L;
f1 = 10.0f;
```

可以将 byte、short、int、long、char 赋给 float 类型，Java 自动完成转换。

7. double

double 使用 64 位表示，将浮点字面值赋给某个变量时，如果不显示在字面值后面加 f 或者 F，则默认为 double 类型。比如下面的例子：

```
float f1 =10;
f1 = 10.0;  // 为 double 类型
```

java.lang.Math 中的函数都采用 double 类型。如果 double 和 float 都无法达到想要的精度，可以使用 BigDecimal 类。

8. boolean

boolean 类型只有两个值 true 和 false，默认为 false。boolean 与是否为 0 没有任何关系，但是可以根据想要的逻辑进行转换。许多地方都需要用到 boolean 类型。

除了上面列出的 8 种原始数据类型，Java 编程语言还提供了 java.lang.String，用于字符串的特殊支持。双引号包围的字符串会自动创建一个新的 String 对象，例如：

```
String s = "this is a string";
```

String 对象是不可变的，这意味着一旦创建，它们的值不能改变。String 类型不是技术上的原始数据类型，但考虑到语言所赋予的特殊支持，你可能会错误地倾向于认为它是这样的。

2.1.3 基本数据类型的默认值

在字段声明时，有时并不必要分配一个值。字段被声明但尚未初始化时，将会由编译器设置一个合理的默认值。一般而言，根据数据类型的不同，默认将为零或为 null。良好的编程风格不应该依赖于这样的默认值。表 2-1 总结了上述数据类型的默认值。

表 2-1 基本数据类型的默认值

数据类型	字段默认值
byte	0
short	0
int	0
long	0L
float	0.0f
double	0.0d
char	'\u0000'
string（或任何对象）	null
boolean	false

局部变量（Local Variable）略有不同，编译器不会指定一个默认值未初始化的局部变量。如果你不能初始化你声明的局部变量，那么请确保使用之前给它分配一个值。访问一个未初始化的局部变量会导致编译时错误。

2.1.4 字面值

在 Java 源代码中，字面值（Literal）用于表示固定的值，直接展示在代码里，而不需要计算。数值型的字面值是最常见的，字符串字面值可以算是一种，当然也可以把特殊的 null 当作字面值。字面值大体上可以分为整型字面值、浮点字面值、字符和字符串字面值、特殊字面值。

1. 整型字面值

从形式上看是整数的字面值归类为整型字面值。例如，10、100000L、'B'、0XFF 这些都可以称为字面值。整型字面值可以用十进制、十六进制、八进制、二进制来表示。十进制很简单，二进制、八进制、十六进制的表示分别在最前面加上 0B（0b）、0、0X（0x）即可。

当然基数不能超出进制的范围，比如在八进制里面 09 是不合法的，八进制的基数只能到 7。一般情况下，字面值创建的是 int 类型，但是 int 字面值可以赋值给 byte、short、int、long、char，只要字面值在目标范围以内，Java 就会自动完成转换。如果试图将超出范围的字面值赋给某一类型（比如把 128 赋给 byte 类型），编译会通不过。如果想创建一个 int 类型无法表示的 long 类型，则需要在字面值最后面加上 L 或者 l，通常建议使用容易区分的 L。所以整型字面值包括 int 字面值和 long 字面值两种。

- 十进制：其位数由数字 0~9 组成，这是你每天使用的数字系统。
- 十六进制：其位数由数字 0 到 9 和字母 A 至 F 组成。
- 二进制：其位数由数字 0 和 1 组成。

下面是使用的语法：

```
// 十进制
int decVal = 26;

// 十六进制
int hexVal = 0x1a;

// 二进制
int binVal = 0b11010;
```

2. 浮点字面值

浮点字面值可以简单理解为小数，分为 float 字面值和 double 字面值两种。如果在小数后面加上 F 或者 f，就表示这是一个 float 字面值，如 11.8F。如果小数后面不加 F（f），如 10.4，或者小数后面加上 D（d），则表示这是一个 double 字面值。另外，浮点字面值支持科学记数法（E 或 e）表示。下面是一些例子：

```
double d1 = 123.4;

// 科学记数法
double d2 = 1.234e2;

float f1 = 123.4f;
```

3. 字符和字符串字面值

在 Java 中，字符字面值用单引号括起来，如'@'、'1'。所有的 UTF-16 字符集都包含在字符字面值中。不能直接输入的字符可以使用转义字符，如\n 为换行字符。也可以使用八进制或者十六进制表示字符，八进制使用反斜杠加 3 位数字表示，例如'\141'表示字母 a。十六进制使用'\u'加上 4 为十六进制的数表示，如'\u0061'表示字符 a。也就是说，通过使用转义字符，可以表示键盘上有的或者没有的所有字符。常见的转义字符序列有：

- \ddd（八进制）
- \uxxxx（十六进制 Unicode 字符）
- \'（单引号）

- \"（双引号）
- \\（反斜杠）
- \r（回车符）
- \n（换行符）
- \f（换页符）
- \t（制表符）
- \b（回格符）

字符串字面值使用双引号。字符串字面值中同样可以包含字符字面值中的转义字符序列。字符串必须位于同一行或者使用+运算符，因为 Java 没有续行转义序列。

4. 特殊字面值

从 Java SE 7 开始，可以在数值型字面值中使用下画线，但是下画线只能用于分隔数字，不能分隔字符与字符，也不能分隔字符与数字。例如：

```
int x = 123_456_789;
```

在编译上面的代码时，下画线会自动去掉。

可以连续使用下画线，比如：

```
float f = 1.22___33__44
```

二进制或者十六进制的字面值也可以使用下画线。

切记，下画线只能用于数字与数字之间，除此以外都是非法的。例如，1._23 是非法的，_123、11000_L 都是非法的。

下面列出一些正确的用法：

```
long creditCardNumber = 1234_5678_9012_3456L;
long socialSecurityNumber = 999_99_9999L;
float pi = 3.14_15F;
long hexBytes = 0xFF_EC_DE_5E;
long hexWords = 0xCAFE_BABE;
long maxLong = 0x7fff_ffff_ffff_ffffL;
byte nybbles = 0b0010_0101;
long bytes = 0b11010010_01101001_10010100_10010010;
```

下面列出一些非法的用法：

```
float pi1 = 3_.1415F;
float pi2 = 3._1415F;
long socialSecurityNumber1 = 999_99_9999_L;
int x2 = 52_;
int x4 = 0_x52;
int x5 = 0x_52;
int x7 = 0x52_;
```

2.1.5 基本数据类型之间的转换

在 Java 中，将一种类型的值赋给另一种类型是很常见的。同时要注意，boolean 类型与其他 7 种类型不能进行转换，这一点很明确。对于其他 7 种数据类型，它们之间都可以进行转换，但是可能会存在精度损失或者其他一些变化。

转换分为自动转换和强制转换。对于自动转换（隐式），无须任何操作；而强制类型转换需要显式转换，即使用转换操作符"(类型)"。以下是一个示例：

```
int  i =97;
char  c = (char)i; // int 强制转换为 char
```

首先将 7 种类型按下面的顺序排列一下：

```
byte <（short=char）< int < long < float < double
```

从小转换到大，可以自动完成；而从大到小，则必须强制转换。即使 short 和 char 类型相同，也必须强制转换。

图 2-1 形象地展示了类型转换之间的关系。小杯子的物品可以顺利倒入大杯子中（自动转换），但大杯子里面的物品则不能简单地倒入小杯子中（强制转化，可能会导致物品丢失）。

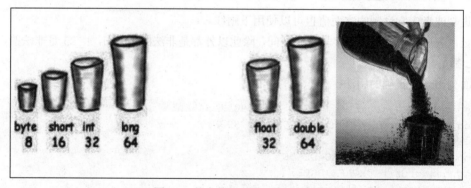

图 2-1　基本数据类型之间的转换

1. 自动转换

自动转换时发生扩宽转换（widening conversion）。因为较大的类型（如 int）要保存较小的类型（如 byte），内存总是足够的，不需要强制转换。将字面值保存到 byte、short、char、long 的时候，也会自动进行类型转换。注意，此时从 int（没有带 L 的整型字面值为 int）到 byte、short、char 也是自动完成的，虽然它们都比 int 小。在自动类型转化中，除了以下几种情况可能会导致精度损失以外，其他的转换都不能出现精度损失。

- int–> float
- long–> float
- long–> double
- float –>无符号 double

除了可能的精度损失外，自动转换不会出现任何运行时异常。

2. 强制类型转换

如果要把大的转成小的，或者在 short 与 char 之间进行转换，就必须强制转换，也被称作缩小转换（narrowing conversion），因为必须显式地使数值更小以适应目标类型。严格地说，将 byte 转为 char 不属于缩小转换，因为从 byte 到 char 的过程其实是 byte→int→char，所以扩宽转换和缩小转换都有。

强制转换除了可能的精度损失外，还可能使模（overall magnitude）发生变化。强制转换示例如下：

```
int a = 257;
byte b;
b = (byte)a; // 1
```

如果整数的值超出了 byte 所能表示的范围，结果将对 byte 类型的范围取余数。例如，a=257 超出了 byte [-128,127] 的范围，所以将 257 除以 byte 的范围（256）取余数得到 b=1。需要注意的是，当 a=200 时，除以 256 取余数应该为-56，而不是 200。

将浮点类型赋给整数类型的时候会发生截尾（truncation），也就是把小数的部分去掉，只留下整数部分。此时如果整数超出目标类型范围，一样将对目标类型的范围取余数。

7 种基本类型转换总结如图 2-2 所示。

From\To	byte	short	char	int	long	float	double
byte	-	(byte)	(byte)	(byte)	(byte)	(byte)	(byte)
short		-	(short)	(short)	(short)	(short)	(short)
char		(char)	-	(char)	(char)	(char)	(char)
int				-	(int)	(int)	(int)
long					-	(long)	(long)
float						-	(float)
double							-

图 2-2 7 种基本类型转换总结

3. 字面值赋值

在使用字面值对整数赋值的过程中，可以将 int 字面值赋给 byte、short、char、int，只要不超出范围即可。这个过程中的类型转换是自动完成的，但是如果你试图将 long 字面值赋给 byte，即使没有超出范围，也必须进行强制类型转换。例如，下面的例子是非法的：

```
byte b = 10L; // 错误!
```

如果想将 long 型转为 byte，则需要进行强制转换。

4. 表达式中的自动类型提升

除了赋值以外，表达式计算过程中也可能发生一些类型转换。在表达式中，类型提升规则如下：

- 所有 byte、short、char 都被提升为 int。
- 如果有一个操作数为 long，整个表达式提升为 long。float 和 double 情况也一样。

2.1.6 数组

数组（Array）是一个容器对象，保存一个固定数量的单一类型的值。当数组创建时，数组的长度就确定了。创建后，其长度是固定的。数据里面的每个项称为元素（element），每个元素都用一个数组下标（index）关联。下标从 0 开始，如图 2-3 所示，第 9 个元素的下标是 8。

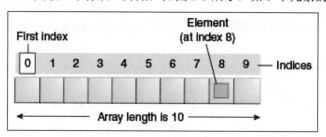

图 2-3　数组示例

以下是一个数组的示例：

```java
class ArrayDemo {
    /**
     * @param args
     */
    public static void main(String[] args) {
        // 声明数组
        int[] anArray;

        // 分配内存空间
        anArray = new int[10];

        // 初始化元素
        anArray[0] = 100;
        anArray[1] = 200;
        anArray[2] = 300;
        anArray[3] = 400;
        anArray[4] = 500;
        anArray[5] = 600;
        anArray[6] = 700;
        anArray[7] = 800;
        anArray[8] = 900;
        anArray[9] = 1000;

        System.out.println("Element at index 0: " + anArray[0]);
        System.out.println("Element at index 1: " + anArray[1]);
        System.out.println("Element at index 2: " + anArray[2]);
        System.out.println("Element at index 3: " + anArray[3]);
        System.out.println("Element at index 4: " + anArray[4]);
        System.out.println("Element at index 5: " + anArray[5]);
        System.out.println("Element at index 6: " + anArray[6]);
        System.out.println("Element at index 7: " + anArray[7]);
```

```
            System.out.println("Element at index 8: " + anArray[8]);
            System.out.println("Element at index 9: " + anArray[9]);
    }
}
```

输出为:

```
Element at index 0: 100
Element at index 1: 200
Element at index 2: 300
Element at index 3: 400
Element at index 4: 500
Element at index 5: 600
Element at index 6: 700
Element at index 7: 800
Element at index 8: 900
Element at index 9: 1000
```

1. 声明引用数组的变量

声明数组的类型：

```
byte[] anArrayOfBytes;
short[] anArrayOfShorts;
long[] anArrayOfLongs;
float[] anArrayOfFloats;
double[] anArrayOfDoubles;
boolean[] anArrayOfBooleans;
char[] anArrayOfChars;
String[] anArrayOfStrings;
```

也可以将中括号放在数组名称后面（但不推荐）：

```
// 合法，但不推荐使用
float anArrayOfFloats[];
```

2. 创建、初始化和访问数组

ArrayDemo 的示例说明了创建、初始化和访问数组的过程。可以用下面的方式简化创建、初始化数组：

```
int[] anArray = {
    100, 200, 300,
    400, 500, 600,
    700, 800, 900, 1000
};
```

数组里面可以声明数组，即多维数组（multidimensional array）。如下面的例子就是一个多维数组 MultiDimArrayDemo：

```
class MultiDimArrayDemo {
    /**
     * @param args
```

```java
    */
    public static void main(String[] args) {
        String[][] names = { { "Mr. ", "Mrs. ", "Ms. " }, { "Way", "Lau" } };

        // Mr. Way
        System.out.println(names[0][0] + names[1][0]);

        // Ms. Lau
        System.out.println(names[0][2] + names[1][1]);
    }
}
```

输出为:

```
Mr. Way
Ms. Lau
```

最后，可以通过内建的 length 属性来确认数组的大小:

```
System.out.println(anArray.length);
```

3. 复制数组

System 类有一个 arraycopy 方法，用于数组的有效复制:

```
public static void arraycopy(Object src, int srcPos,
                    Object dest, int destPos, int length)
```

下面是一个例子（ArrayCopyDemo）:

```java
class ArrayCopyDemo {

    /**
     * @param args
     */
    public static void main(String[] args) {
        char[] copyFrom = { 'd', 'e', 'w', 'a', 'y', 'f', 'e', 'd' };
        char[] copyTo = new char[7];

        System.arraycopy(copyFrom, 2, copyTo, 0, 3);
        System.out.println(new String(copyTo));
    }
}
```

程序输出为:

```
way
```

4. 数组操作

Java 提供了一些数组有用的操作。观察下面的例子 ArrayCopyOfDemo:

```java
class ArrayCopyOfDemo {
```

```java
/**
 * @param args
 */
public static void main(String[] args) {
    char[] copyFrom = { 'd', 'e', 'w', 'a', 'y', 'f', 'e', 'd' };

    char[] copyTo = java.util.Arrays.copyOfRange(copyFrom, 2, 5);

    System.out.println(new String(copyTo));
}
}
```

可以看到，相比于 ArrayCopyDemo 的例子，使用 java.util.Arrays.copyOfRange 方法，代码量减少了很多。

其他常用操作还包括：

- binarySearch：用于搜索。
- equals：比较两个数组是否相等。
- fill：填充数组。
- sort：数组排序，在 Java 8 以后，可以使用 parallelSort 方法，在多处理器系统的大数组并行排序比连续数组排序更快。

2.2 运算符

如果你具有其他语言（比如 C 语言）的编程经验，对于表 2-2 所总结的 Java 运算符的优先级应该并不陌生。所有的编程语言都有类似的运算符以支持运算。

表 2-2 运算符优先级

运算符	优先级
后缀（postfix）	expr++ expr--
一元运算（unary）	++expr --expr +expr -expr ~ !
乘法（multiplicative）	* / %
加法（additive）	+ -
移位运算（shift）	<< >> >>>
关系（relational）	< > <= >= instanceof
相等（equality）	== !=
与运算（bitwise AND）	&
异或运算（bitwise exclusive OR）	^
或运算（bitwise inclusive OR）	|
逻辑与运算（logical AND）	&&

(续表)

运算符	优先级
逻辑或运算（logical OR）	||
三元运算（ternary）	? :
赋值运算（assignment）	= += -= *= /= %= &= ^= |= <<= >>= >>>=

在表 2-2 中，靠近表顶部的运算符优先级最高。具有较高优先级的运算符在相对较低的优先级的运算符之前被评估。在同一行上的运算符具有相同的优先级。当在相同的表达式中出现相同优先级的运算符时，必须首先对该规则进行评估。除了赋值运算符外，所有二进制运算符进行评估时都是从左到右，赋值操作符都是从右到左。

2.2.1 赋值运算符

最常用和最简单的运算符就是赋值运算符=，用法如下：

```
int cadence = 0;
int speed = 0;
int gear = 1;
```

该运算符也用于对象的引用关联。

2.2.2 算术运算符

算术运算符如表 2-3 所示。

表 2-3 算术运算符

运算符	描述
+	加（也用于 String 的连接）
-	减
*	乘
/	除
%	取余

以下是算术运算符的一些示例：

```java
class ArithmeticDemo {

    /**
     * @param args
     */
    public static void main(String[] args) {
        int result = 1 + 2; // 3
        System.out.println("1 + 2 = " + result);
        int original_result = result;

        result = result - 1; // 2
```

```
            System.out.println(original_result + " - 1 = " + result);
            original_result = result;

            result = result * 2; // 4
            System.out.println(original_result + " * 2 = " + result);
            original_result = result;

            result = result / 2; // 2
            System.out.println(original_result + " / 2 = " + result);
            original_result = result;

            result = result + 8; // 10
            System.out.println(original_result + " + 8 = " + result);
            original_result = result;

            result = result % 7; // 3
            System.out.println(original_result + " % 7 = " + result);
        }
}
```

输出为:

```
1 + 2 = 3
3 - 1 = 2
2 * 2 = 4
4 / 2 = 2
2 + 8 = 10
10 % 7 = 3
```

需要注意的是, "+" 除了用于算术运算外, 还可以用于字符串连接。以下是一个字符串连接的例子:

```
class StringConcatDemo {

    /**
     * @param args
     */
    public static void main(String[] args) {
        String firstString = "Hello";
        String secondString = " World!";
        String thirdString = firstString + secondString;
        System.out.println(thirdString);
    }
}
```

输出为:

```
Hello World!
```

2.2.3 一元运算符

一元运算符只需要一个操作数，如表 2-4 所示。

表 2-4 一元运算符

运算符	描述
+	加运算符，表达成正值
-	减运算符，表达成负值
++	递增运算符，递增值 1
--	递减运算符，递减值 1
!	逻辑补运算，反转一个布尔值

下面是一元运算符的一些示例：

```java
class UnaryDemo {

    /**
     * @param args
     */
    public static void main(String[] args) {
        int result = +1; // 1
        System.out.println(result);

        result--; // 0
        System.out.println(result);

        result++; // 1
        System.out.println(result);

        result = -result; // -1
        System.out.println(result);

        boolean success = false;
        System.out.println(success); // false
        System.out.println(!success); // true
    }

}
```

输出：

```
1
0
1
-1
false
true
```

递增和递减运算符可以在操作数之前或者之后使用，比如 i++ 和 ++i。两者的唯一区别是，如果递增或递减运算符放在其运算数前面（比如++i），Java 就会在获得该运算数的值之前执行相应的操作，并将其用于表达式的其他部分；如果运算符放在其运算数后面（i++），Java 就会先获得该操作数的值再进行递增或递减运算。具体的可以看下面的示例：

```java
class PrePostDemo {
    /**
     * @param args
     */
    public static void main(String[] args) {
        int i = 3;

        i++;
        System.out.println(i); // 4

        ++i;
        System.out.println(i); // 5

        System.out.println(++i); // 6

        System.out.println(i++); // 6

        System.out.println(i); // 7
    }
}
```

输出：

```
4
5
6
6
7
```

2.2.4　等价和关系运算符

等价和关系运算符如表 2-5 所示。

表 2-5　等价和关系运算符

运算符	描述
==	相等
!=	不相等
>	大于
>=	大于等于
<	小于
<=	小于等于

等价和关系运算符的例子如下：

```java
class ComparisonDemo {

    /**
     * @param args
     */
    public static void main(String[] args) {
        int value1 = 1;
        int value2 = 2;

        if (value1 == value2) {
            System.out.println("value1 == value2");
        }

        if (value1 != value2) {
            System.out.println("value1 != value2");
        }

        if (value1 > value2) {
            System.out.println("value1 > value2");
        }

        if (value1 < value2) {
            System.out.println("value1 < value2");
        }

        if (value1 <= value2) {
            System.out.println("value1 <= value2");
        }

    }
}
```

输出为：

```
value1 != value2
value1 < value2
value1 <= value2
```

2.2.5 条件运算符

条件运算符如表 2-6 所示。

表 2-6　条件运算符

运算符	描述
&&	条件与
||	条件或
?:	三元运算符

以下是条件与、条件或的运算符的例子：

```java
class ConditionalDemo1 {

    /**
     * @param args
     */
    public static void main(String[] args) {
        int value1 = 1;
        int value2 = 2;

        if ((value1 == 1) && (value2 == 2)) {
            System.out.println("value1 is 1 AND value2 is 2");
        }

        if ((value1 == 1) || (value2 == 1)) {
            System.out.println("value1 is 1 OR value2 is 1");
        }

    }
}
```

输出：

```
value1 is 1 AND value2 is 2
value1 is 1 OR value2 is 1
```

下面是一个三元运算符的例子，类似于 if-then-else 语句：

```java
class ConditionalDemo2 {

    /**
     * @param args
     */
    public static void main(String[] args) {
        int value1 = 1;
        int value2 = 2;

        int result;
        boolean someCondition = true;

        result = someCondition ? value1 : value2;

        System.out.println(result);
    }
}
```

输出：

```
1
```

2.2.6　instanceof 运算符

instanceof 用于匹配判断对象的类型,可以用来测试对象是否是类的一个实例、子类的实例或者是实现了一个特定接口的类的实例。

在下面的例子中,父类是 Parent,接口是 MyInterface,子类是 Child 继承了父类并实现了接口。

```java
class InstanceofDemo {

    /**
     * @param args
     */
    public static void main(String[] args) {

        Parent obj1 = new InstanceofDemo().new Parent();
        Parent obj2 = new InstanceofDemo().new Child();

        System.out.println("obj1 instanceof Parent: " + (obj1 instanceof Parent));
        System.out.println("obj1 instanceof Child: " + (obj1 instanceof Child));
        System.out.println("obj1 instanceof MyInterface: " + (obj1 instanceof MyInterface));
        System.out.println("obj2 instanceof Parent: " + (obj2 instanceof Parent));
        System.out.println("obj2 instanceof Child: " + (obj2 instanceof Child));
        System.out.println("obj2 instanceof MyInterface: " + (obj2 instanceof MyInterface));
    }

    // 以下为内部类
    class Parent {
    }

    class Child extends Parent implements MyInterface {
    }

    interface MyInterface {
    }
}
```

> **注　意**
>
> Parent、Child 及 MyInterface 是定义在 InstanceofDemo 类中的,这样的类和接口被称为内部类和内部接口。

输出为:

```
obj1 instanceof Parent: true
```

```
obj1 instanceof Child: false
obj1 instanceof MyInterface: false
obj2 instanceof Parent: true
obj2 instanceof Child: true
obj2 instanceof MyInterface: true
```

> **注 意**
>
> null 不是任何类的实例。

2.2.7 位运算符和位移运算符

位运算符和位移运算符适用于整型。

1. 位运算符

表 2-7 总结了所有的位运算符。

表 2-7 位运算符

运算符	描述
&	与
|	或
^	异或
~	非（把 0 变成 1，把 1 变成 0）

以下是位运算符使用的例子：

```java
class BitDemo {
    /**
     * @param args
     */
    public static void main(String[] args) {
        int bitmask = 0x000F;
        int val = 0x2222;

        System.out.println(val & bitmask); // 2
    }
}
```

输出为：

```
2
```

2. 位移运算符

首先阐述一下符号位的概念：

- 符号位是数的最后一位，不是用来计算的。
- 当符号位为 0 时，值为正数；当符号位为 1 时，值为负数。

- 无符号位时为正数，有符号位时为正数或者负数。

表 2-8 总结了所有的位移运算符。

表 2-8　位移运算符

运算符	描述
<<	左移
>>	右移
>>>	右移（补零）

其中：

- 左移运算和右移运算移动后都会保留符号位！
- 右移（补零）移动后不保留符号位，永远为正数，因为其符号位总是被补零。

以下是位移运算符的例子：

```java
class BitMoveDemo {

    /**
     * @param args
     */
    public static void main(String[] args) {
        int a = -101;

        for (int i = 1; i < 33; i++) {
            System.out.println(a + "<<" + i + "=" + (a << i));
        }


    }
}
```

输出为：

```
-101<<1=-202
-101<<2=-404
-101<<3=-808
-101<<4=-1616
-101<<5=-3232
-101<<6=-6464
-101<<7=-12928
-101<<8=-25856
-101<<9=-51712
-101<<10=-103424
-101<<11=-206848
-101<<12=-413696
-101<<13=-827392
-101<<14=-1654784
-101<<15=-3309568
-101<<16=-6619136
```

```
-101<<17=-13238272
-101<<18=-26476544
-101<<19=-52953088
-101<<20=-105906176
-101<<21=-211812352
-101<<22=-423624704
-101<<23=-847249408
-101<<24=-1694498816
-101<<25=905969664
-101<<26=1811939328
-101<<27=-671088640
-101<<28=-1342177280
-101<<29=1610612736
-101<<30=-1073741824
-101<<31=-2147483648
-101<<32=-101
```

2.3 表达式、语句和块

运算符为了计算而构建成了表达式。表达式是语句的核心组成,而语句的组织形式为块。

2.3.1 表达式

表达式是由变量、运算符以及方法调用所构成的结构,示例如下:

```
int cadence = 0;
anArray[0] = 100;
System.out.println("Element 1 at index 0: " + anArray[0]);

int result = 1 + 2; // 3
if (value1 == value2) {
    System.out.println("value1 == value2");
}
```

表达式返回的数据类型取决于表达式中的元素。表达式"cadence = 0"返回的是一个 int,因为赋值运算符将返回相同的数据类型作为其左侧操作数的值,所以在这种情况下 cadence 是一个 int。

下面是一个复合表达式:

```
1 * 2 * 3
```

表达式应该尽量避免歧义,比如:

```
x + y / 100
```

上面的表达式容易造成歧义,推荐的写法是:

```
(x + y) / 100
```

或

```
x + (y / 100)
```

2.3.2 语句

语句相当于自然语言中的句子。一条语句就是一个执行单元。在 Java 中，语句用分号（;）结束。

下面是常见的表达式语句的类型，包括：

- 赋值表达式
- ++ 或者 −
- 方法调用
- 对象创建

下面是表达式语句的例子：

```java
class StatementDemo {

    /**
     * @param args
     */
    public static void main(String[] args) {
        double aValue;

        // 赋值表达式
        double aValue = 8933.234;

        // 递增表达式
        aValue++;

        // 方法调用
        System.out.println("Hello World!");

        // 对象创建
        String s = new String();
    }

}
```

除了表达式语句，其他的还有声明语句：

```java
// 声明表达式
double bValue = 8933.234;
```

以及控制流程语句：

```java
boolean isMoving = true;
int currentSpeed = 0;
```

```java
// 控制流程语句
if (isMoving) {
    currentSpeed--;
}
```

2.3.3 块

块是一组（零个或多个）成对大括号之间的语句，并可以在任何地方允许使用一个单独的语句。

下面给出一个 Java 块的使用例子：

```java
class BlockDemo {

    /**
     * @param args
     */
    public static void main(String[] args) {
        boolean condition = true;

        if (condition) { // 块 1 开始
            System.out.println("Condition is true.");
        } // 块 1 结束
        else { // 块 2 开始
            System.out.println("Condition is false.");
        } // 块 2 结束

    }

}
```

2.4 控制流程语句

控制流程语句用于控制程序按照一定流程来执行。

2.4.1 if-then

if-then 语句是指只有 if 后面是 true 时才执行特定的代码。

```java
void applyBrakes() {

    if (isMoving){
        currentSpeed--;
    }
}
```

如果 if 后面是 false，就跳到 if-then 语句后面。语句可以省略中括号，例如：

```java
void applyBrakes() {

    if (isMoving)
        currentSpeed--;
}
```

注　意

语句可以省略中括号，但在编码规范里面不推荐使用，因为极易让人看错。

2.4.2　if-then-else

if-then-else 语句在 if 后面是 false 时提供了第二个执行路径。

```java
void applyBrakes() {
    if (isMoving) {
        currentSpeed--;
    } else {
        System.err.println("The bicycle has already stopped!");
    }
}
```

下面是一个完整的例子：

```java
class IfElseDemo {

    /**
     * @param args
     */
    public static void main(String[] args) {
        int testscore = 76;
        char grade;

        if (testscore >= 90) {
            grade = 'A';
        } else if (testscore >= 80) {
            grade = 'B';
        } else if (testscore >= 70) {
            grade = 'C';
        } else if (testscore >= 60) {
            grade = 'D';
        } else {
            grade = 'F';
        }

        System.out.println("Grade = " + grade);
    }

}
```

输出为：

```
Grade = C
```

2.4.3　switch

switch 语句可以有许多可能的执行路径，可以使用 byte、short、char 和 int 基本数据类型，也可以是枚举类型、String 以及少量的原始类型的包装类 Character、Byte、Short 和 Integer。

下面是一个 SwitchDemo 例子：

```java
class SwitchDemo {

    /**
     * @param args
     */
    public static void main(String[] args) {
        int month = 8;
        String monthString;

        switch (month) {
        case 1:
            monthString = "January";
            break;
        case 2:
            monthString = "February";
            break;
        case 3:
            monthString = "March";
            break;
        case 4:
            monthString = "April";
            break;
        case 5:
            monthString = "May";
            break;
        case 6:
            monthString = "June";
            break;
        case 7:
            monthString = "July";
            break;
        case 8:
            monthString = "August";
            break;
        case 9:
            monthString = "September";
            break;
        case 10:
            monthString = "October";
```

```java
            break;
        case 11:
            monthString = "November";
            break;
        case 12:
            monthString = "December";
            break;
        default:
            monthString = "Invalid month";
            break;
        }

        System.out.println(monthString);
    }
}
```

其中，break 语句是为了终止 switch 语句。

以下是一个不使用 switch 语句的例子：

```java
package com.waylau.java.controlflow;

import java.util.ArrayList;

class SwitchDemoFallThrough {

    /**
     * @param args
     */
    public static void main(String[] args) {
        ArrayList<String> futureMonths = new ArrayList<String>();

        int month = 8;

        switch (month) {
        case 1:
            futureMonths.add("January");
        case 2:
            futureMonths.add("February");
        case 3:
            futureMonths.add("March");
        case 4:
            futureMonths.add("April");
        case 5:
            futureMonths.add("May");
        case 6:
            futureMonths.add("June");
        case 7:
            futureMonths.add("July");
        case 8:
            futureMonths.add("August");
```

```java
        case 9:
            futureMonths.add("September");
        case 10:
            futureMonths.add("October");
        case 11:
            futureMonths.add("November");
        case 12:
            futureMonths.add("December");
            break;
        default:
            break;
        }

        if (futureMonths.isEmpty()) {
            System.out.println("Invalid month number");
        } else {
            for (String monthName : futureMonths) {
                System.out.println(monthName);
            }
        }
    }
}
```

输出为:

```
August
September
October
November
December
```

从技术上来说,最后一个 break 并不是必需的,因为流程跳出 switch 语句,但是仍然推荐使用 break,主要是防止在修改代码后造成遗漏而出错。default 用于处理所有不明确值的情况。

下面的例子展示了多个 case 对应一个结果的情况:

```java
class SwitchDemo2 {

    /**
     * @param args
     */
    public static void main(String[] args) {
        int month = 2;
        int year = 2000;
        int numDays = 0;

        switch (month) {
        case 1:
        case 3:
        case 5:
```

```
        case 7:
        case 8:
        case 10:
        case 12:
            numDays = 31;
            break;
        case 4:
        case 6:
        case 9:
        case 11:
            numDays = 30;
            break;
        case 2:
            if (((year % 4 == 0) && !(year % 100 == 0)) || (year % 400 == 0))
                numDays = 29;
            else
                numDays = 28;
            break;
        default:
            System.out.println("Invalid month.");
            break;
        }

        System.out.println("Number of Days = " + numDays);

    }

}
```

输出为：

```
Number of Days = 29
```

从 Java 7 开始，可以在 switch 语句里面使用 String，下面给出一个例子：

```
class StringSwitchDemo {

    /**
     * @param args
     */
    public static void main(String[] args) {
        String month = "August";

        int returnedMonthNumber = StringSwitchDemo.getMonthNumber(month);

        if (returnedMonthNumber == 0) {
            System.out.println("Invalid month");
        } else {
            System.out.println(returnedMonthNumber);
        }

    }
```

```java
public static int getMonthNumber(String month) {

    int monthNumber = 0;

    if (month == null) {
        return monthNumber;
    }

    switch (month.toLowerCase()) {
    case "january":
        monthNumber = 1;
        break;
    case "february":
        monthNumber = 2;
        break;
    case "march":
        monthNumber = 3;
        break;
    case "april":
        monthNumber = 4;
        break;
    case "may":
        monthNumber = 5;
        break;
    case "june":
        monthNumber = 6;
        break;
    case "july":
        monthNumber = 7;
        break;
    case "august":
        monthNumber = 8;
        break;
    case "september":
        monthNumber = 9;
        break;
    case "october":
        monthNumber = 10;
        break;
    case "november":
        monthNumber = 11;
        break;
    case "december":
        monthNumber = 12;
        break;
    default:
        monthNumber = 0;
        break;
    }
```

```
        return monthNumber;
    }
}
```

输出为：

```
8
```

> **注　意**
>
> switch 语句表达式中不能有 null。

2.4.4　while

while 语句在判断条件是 true 时执行语句块，语法如下：

```
while (expression) {
    statement(s)
}
```

while 语句计算的表达式必须返回 boolean 值。如果表达式计算为 true，while 语句执行 while 块的所有语句。while 语句继续测试表达式，然后执行它的块，直到表达式计算为 false。

以下是一个完整的例子：

```
class WhileDemo {

    /**
     * @param args
     */
    public static void main(String[] args) {
        int count = 1;

        while (count < 11) {
            System.out.println("Count is: " + count);
            count++;
        }
    }

}
```

输出为：

```
Count is: 1
Count is: 2
Count is: 3
Count is: 4
Count is: 5
Count is: 6
Count is: 7
```

```
Count is: 8
Count is: 9
Count is: 10
```

用 while 语句可以实现一个无限循环,示例如下:

```
while (true){
    // 省略代码...
}
```

2.4.5 do-while

do-while 语句的语法如下:

```
do {
    statement(s)
} while (expression);
```

do-while 语句和 while 语句的区别是,do-while 计算表达式时在循环的底部,而不是顶部,do 块的语句至少会执行一次。

以下是一个示例:

```java
class DoWhileDemo {

    /**
     * @param args
     */
    public static void main(String[] args) {
        int count = 1;

        do {
            System.out.println("Count is: " + count);
            count++;
        } while (count < 11);

    }

}
```

输出为:

```
Count is: 1
Count is: 2
Count is: 3
Count is: 4
Count is: 5
Count is: 6
Count is: 7
Count is: 8
Count is: 9
Count is: 10
```

2.4.6 for

for 语句提供一种紧凑的方式来遍历一个范围值，该语句也被称为"for 循环"，因为它反复循环，直到满足特定的条件。for 语句的通常形式表述如下：

```
for (initialization; termination; increment) {
    statement(s)
}
```

使用 for 语句时要注意：

- initialization 初始化循环，执行一次，作为循环的开始。
- 当 termination 计算为 false 时，循环结束。
- increment 会在循环中迭代执行。该表达式可以接受递增或者递减的值。

以下是一个示例：

```java
class ForDemo {

    /**
     * @param args
     */
    public static void main(String[] args) {
        for (int i = 1; i <= 10; i++) {
            System.out.println("Count is: " + i);
        }

    }

}
```

输出为：

```
Count is: 1
Count is: 2
Count is: 3
Count is: 4
Count is: 5
Count is: 6
Count is: 7
Count is: 8
Count is: 9
Count is: 10
```

注意，代码是在 initialization 中声明变量的。该变量的存活范围从它的声明到 for 语句块的结束为止。所以，它可以用在 termination 和 increment 中。如果控制 for 语句的变量不需要在循环外部使用，那么最好是在 initialization 中声明。变量命名为 i、j、k 是经常用来控制 for 循环的。在 initialization 中声明它们，可以限制它们的生命周期，减少错误。

for 循环的 3 个表达式都是可选的，如果想表达无限循环，可以这么写：

```java
// 无限
for ( ; ; ) {
    // 省略代码...
}
```

for 语句还可以用来迭代集合和数组，这个形式有时被称为增强的 for 语句，可以用来让你的循环更加紧凑，易于阅读。为了说明这一点，考虑下面的数组：

```java
int[] numbers = {1,2,3,4,5,6,7,8,9,10};
```

使用增强的 for 语句来循环数组：

```java
class EnhancedForDemo {
    /**
     * @param args
     */
    public static void main(String[] args) {
        int[] numbers = { 1, 2, 3, 4, 5, 6, 7, 8, 9, 10 };
        for (int item : numbers) {
            System.out.println("Count is: " + item);
        }
    }
}
```

输出：

```
Count is: 1
Count is: 2
Count is: 3
Count is: 4
Count is: 5
Count is: 6
Count is: 7
Count is: 8
Count is: 9
Count is: 10
```

尽可能使用这种形式的 for 替代传统的 for 形式。

2.4.7　break

break 语句有两种形式：标签和非标签。在前面的 switch 语句中，看到的 break 语句就是非标签形式。可以使用非标签 break 结束 for、while、do-while 循环，例如：

```java
class BreakDemo {
    /**
```

```
 * @param args
 */
public static void main(String[] args) {
    int[] arrayOfInts = { 32, 87, 3, 589, 12, 1076, 2000, 8, 622, 127 };
    int searchfor = 12;

    int i;
    boolean foundIt = false;

    for (i = 0; i < arrayOfInts.length; i++) {
        if (arrayOfInts[i] == searchfor) {
            foundIt = true;
            break;
        }
    }

    if (foundIt) {
        System.out.println("Found " + searchfor + " at index " + i);
    } else {
        System.out.println(searchfor + " not in the array");
    }
}
```

这个程序在数组中查找数字 12。当找到值时，break 语句会结束 for 循环，控制流跳转到 for 循环后面的语句。程序输出是：

```
Found 12 at index 4
```

无标签 break 语句结束最里面的 switch、for、while、do-while 语句，而标签 break 结束最外面的语句。接下来的程序（BreakWithLabelDemo）类似前面的程序，但使用嵌套循环在二维数组里寻找一个值。值找到后，标签 break 语句结束最外面的 for 循环：

```
class BreakWithLabelDemo {

    /**
     * @param args
     */
    public static void main(String[] args) {
        int[][] arrayOfInts = { { 32, 87, 3, 589 }, { 12, 1076, 2000, 8 }, { 622, 127, 77, 955 } };
        int searchfor = 12;

        int i;
        int j = 0;
        boolean foundIt = false;

        search: for (i = 0; i < arrayOfInts.length; i++) {
            for (j = 0; j < arrayOfInts[i].length; j++) {
                if (arrayOfInts[i][j] == searchfor) {
```

```
                foundIt = true;
                break search;
            }
        }
    }

    if (foundIt) {
        System.out.println("Found " + searchfor + " at " + i + ", " + j);
    } else {
        System.out.println(searchfor + " not in the array");
    }
}
```

程序输出是:

```
Found 12 at 1, 0
```

break 语句结束标签语句,不传送控制流到标签处。控制流传送紧随标记声明。

> **注 意**
>
> Java 没有类似于 C 语言的 goto 语句,带标签的 break 语句实现了类似的效果。

2.4.8 continue

continue 语句忽略 for、while、do-while 的当前迭代。非标签模式忽略最里面的循环体,然后计算循环控制的 boolean 表达式。接下来的程序(ContinueDemo)通过一个字符串计算字母 "p" 出现的次数:如果当前字符不是 p,continue 语句跳过循环的其他代码,然后处理下一个字符;如果当前字符是 p,程序自增字符数。

```
class ContinueDemo {
    /**
     * @param args
     */
    public static void main(String[] args) {
        String searchMe = "peter piper picked a " + "peck of pickled peppers";
        int max = searchMe.length();
        int numPs = 0;

        for (int i = 0; i < max; i++) {
            // 如果不是 p 则跳过循环
            if (searchMe.charAt(i) != 'p')
                continue;

            // 如果是 p,则处理
            numPs++;
        }
        System.out.println("Found " + numPs + " p's in the string.");
```

            }
        }

程序输出：

```
Found 9 p's in the string
```

为了更清晰地看出效果，尝试去掉 continue 语句，重新编译。再跑程序，count 将是错误的，输出是 35，而不是 9。

带标签的 continue 语句忽略标签标记外层循环的当前迭代。下面的程序例子（ContinueWithLabelDemo）使用嵌套循环在字符串的子串中搜索子串。需要两个嵌套循环：一个迭代子串，一个迭代正在被搜索的子串。下面的程序 ContinueWithLabelDemo 使用 continue 的标签形式忽略最外层的循环。

```java
class ContinueWithLabelDemo {

    /**
     * @param args
     */
    public static void main(String[] args) {
        String searchMe = "Look for a substring in me";
        String substring = "sub";
        boolean foundIt = false;

        int max = searchMe.length() - substring.length();

        test: for (int i = 0; i <= max; i++) {
            int n = substring.length();
            int j = i;
            int k = 0;
            while (n-- != 0) {
                if (searchMe.charAt(j++) != substring.charAt(k++)) {
                    continue test;
                }
            }
            foundIt = true;
            break test;
        }
        System.out.println(foundIt ? "Found it" : "Didn't find it");
    }
}
```

这里是程序输出：

```
Found it
```

2.4.9　return

最后的分支语句是 return 语句。return 语句从当前方法退出，控制流返回到方法调用处。return 语句有两种形式：一个返回值，一个不返回值。为了返回一个值，简单在 return 关键字后面把值放进去（或者放一个表达式计算）：

```
return ++count;
```

return 值的数据类型必须和方法声明的返回值类型符合。当方法声明为 void 时，使用如下形式的 return 不需要返回值：

```
return;
```

2.5　枚举类型

枚举类型是一种特殊的数据类型，该类型的变量是一组预定义的常量。变量必须等于已预先定义的值之一。常见的例子包括方向（NORTH、SOUTH、EAST 和 WEST）和星期几等。枚举类型使用关键字 enum 来定义。下面是一个星期几的枚举例子：

```java
public enum Day {
    SUNDAY, MONDAY, TUESDAY, WEDNESDAY,
    THURSDAY, FRIDAY, SATURDAY
}
```

使用枚举类型，需要一组固定的常量。下面使用上面定义的 Day 枚举：

```java
class EnumDemo {
    Day day;

    /**
     *
     */
    public EnumDemo(Day day) {
        this.day = day;
    }

    public void tellItLikeItIs() {
        switch (day) {
        case MONDAY:
            System.out.println("Mondays are bad.");
            break;

        case FRIDAY:
            System.out.println("Fridays are better.");
            break;
```

```java
            case SATURDAY:
            case SUNDAY:
                System.out.println("Weekends are best.");
                break;

            default:
                System.out.println("Midweek days are so-so.");
                break;
        }
    }

    /**
     * @param args
     */
    public static void main(String[] args) {
        EnumDemo firstDay = new EnumDemo(Day.MONDAY);
        firstDay.tellItLikeItIs();
        EnumDemo thirdDay = new EnumDemo(Day.WEDNESDAY);
        thirdDay.tellItLikeItIs();
        EnumDemo fifthDay = new EnumDemo(Day.FRIDAY);
        fifthDay.tellItLikeItIs();
        EnumDemo sixthDay = new EnumDemo(Day.SATURDAY);
        sixthDay.tellItLikeItIs();
        EnumDemo seventhDay = new EnumDemo(Day.SUNDAY);
        seventhDay.tellItLikeItIs();
    }

    enum Day {
        SUNDAY, MONDAY, TUESDAY, WEDNESDAY, THURSDAY, FRIDAY, SATURDAY
    }
}
```

输出为：

```
Mondays are bad.
Midweek days are so-so.
Fridays are better.
Weekends are best.
Weekends are best.
```

下面是 Planet 示例，展示枚举值的 for-each 遍历：

```java
/**
 * Welcome to https://waylau.com
 */
package com.waylau.java.enumdemo;

/**
 * Planet.
 *
 *
 * @since 1.0.0 2019年4月4日
```

```java
 * @author <a href="https://waylau.com">Way Lau</a>
 */
enum Planet {
    MERCURY(3.303e+23, 2.4397e6),
    VENUS(4.869e+24, 6.0518e6),
    EARTH(5.976e+24, 6.37814e6),
    MARS(6.421e+23, 3.3972e6),
    JUPITER(1.9e+27, 7.1492e7),
    SATURN(5.688e+26, 6.0268e7),
    URANUS(8.686e+25, 2.5559e7),
    NEPTUNE(1.024e+26, 2.4746e7);

    private final double mass;
    private final double radius;

    Planet(double mass, double radius) {
        this.mass = mass;
        this.radius = radius;
    }

    public static final double G = 6.67300E-11;

    double surfaceGravity() {
        return G * mass / (radius * radius);
    }

    double surfaceWeight(double otherMass) {
        return otherMass * surfaceGravity();
    }

    /**
     * @param args
     */
    public static void main(String[] args) {
        if (args.length != 1) {
            System.err.println("Usage: java Planet <earth_weight>");
            System.exit(-1);
        }
        double earthWeight = Double.parseDouble(args[0]);
        double mass = earthWeight / EARTH.surfaceGravity();
        for (Planet p : Planet.values())
            System.out.printf("Your weight on %s is %f%n", p, p.surfaceWeight(mass));

    }
}
```

在命令行中输入参数 187 时，输出如下：

```
$ java Planet 187
```

```
Your weight on MERCURY is 70.640674
Your weight on VENUS is 169.234832
Your weight on EARTH is 187.000000
Your weight on MARS is 70.823853
Your weight on JUPITER is 473.214257
Your weight on SATURN is 199.344906
Your weight on URANUS is 169.258786
Your weight on NEPTUNE is 212.867350
```

2.6 泛 型

泛型通过在编译时检测到更多的代码 Bug，从而使你的代码更加稳定。

2.6.1 泛型的作用

概括地说，泛型支持类型（类和接口）在定义类、接口和方法时可以作为参数。就像在方法声明中使用的形式参数一样，类型参数提供了一种输入可以不同但代码可以重用的方式。所不同的是，形式参数的输入是值，类型参数输入的是类型。

使用泛型对比非泛型代码有很多好处：

1. 在编译时更强的类型检查

如果代码违反了类型安全，Java 编译器将针对泛型和问题错误采用强大的类型检查。修正编译时的错误比修正运行时的错误更加容易。

2. 消除了强制类型转换

没有泛型的代码片需要强制转化，比如：

```
List list = new ArrayList();
list.add("hello");
String s = (String) list.get(0);
```

当重新编写使用泛型时，代码不需要强转：

```
List<String> list = new ArrayList<String>();
list.add("hello");
String s = list.get(0);
```

3. 使编程人员能够实现通用算法

通过使用泛型，程序员可以实现工作在不同类型集合的通用算法，并且可定制、类型安全、易于阅读。

2.6.2 泛型类型

泛型类型是参数化类型的泛型类或接口。下面通过一个 Box 类的例子来说明这个概念。

1. 一个简单的 Box 类

观察下面的例子：

```java
public class Box {
    private Object object;

    public void set(Object object) {
        this.object = object;
    }

    public Object get() {
        return object;
    }
}
```

它的方法接受或返回一个 Object，你可以自由地传入任何你想要的类型，只要它不是原始的类型之一即可。在编译时，没有办法验证如何使用这个类。代码的一部分可以设置 Integer 并期望得到 Integer，而代码的另一部分可能会由于错误地传递一个 String 而导致运行错误。

2. 一个泛型版本的 Box 类

泛型类定义语法如下：

```java
class name<T1, T2, ..., Tn> { /* ... */ }
```

类型参数部分用<>包裹，制定了类型参数（或称为类型变量）T1、T2、…、Tn。

下面是泛型版本代码的例子：

```java
public class Box<T> {
    // T 代表类型（Type）
    private T t;

    public void set(T t) {
        this.t = t;
    }

    public T get() {
        return t;
    }
}
```

可以看到，所有的 Object 都被 T 代替了。类型变量可以是非基本类型的任意类型，即任意的类、接口、数组或其他类型变量。

这个技术同样适用于泛型接口的创建。

3. 类型参数命名规范

按照惯例，类型参数名称是单个大写字母，用来区别普通的类或接口名称。常用的类型参数名称如下：

- E：元素，主要由 Java 集合（Collections）框架使用。
- K：键，主要用于表示映射中的键的参数类型。
- V：值，主要用于表示映射中的值的参数类型。
- N：数字，主要用于表示数字。
- T：类型，主要用于表示第一类通用型参数。
- S：类型，主要用于表示第二类通用类型参数。
- U：类型，主要用于表示第三类通用类型参数。
- V：类型，主要用于表示第四类通用类型参数。

4. 调用和实例化一个泛型

从代码中引用泛型 Box 类，必须执行一个泛型调用，用具体的值（比如 Integer）取代 T：

```
Box<Integer> integerBox;
```

泛型调用与普通的方法调用类似，所不同的是传递参数是类型参数，在本例中就是传递 Integer 到 Box 类。

> **Type Parameter 和 Type Argument 的区别**
>
> 编码时，提供 type argument 的一个原因是为了创建参数化类型。因此，Foo<T>中的 T 是一个 type parameter，而 Foo<String>中的 String 是一个 type argument。

与其他变量声明类似，代码实际上没有创建一个新的 Box 对象。它只是声明 integerBox 在读到 Box<Integer>时，保存一个"Integer 的 Box"的引用。

泛型的调用通常被称为一个参数化类型。

实例化类，使用 new 关键字：

```
Box<Integer> integerBox = new Box<Integer>();
```

5. 菱形（Diamond）

从 Java SE 7 开始，泛型可以使用空的类型参数集<>，只要编译器能够确定或推断该类型参数所需的类型参数即可。这对尖括号<>被非正式地称为"菱形（Diamond）"，例如：

```
Box<Integer> integerBox = new Box<>();
```

6. 多类型参数

下面是一个泛型 Pair 接口和一个泛型 OrderedPair：

```
public interface Pair<K, V> {
    public K getKey();
    public V getValue();
}
```

```java
public class OrderedPair<K, V> implements Pair<K, V> {

    private K key;
    private V value;

    public OrderedPair(K key, V value) {
    this.key = key;
    this.value = value;
    }

    public K getKey()   { return key; }
    public V getValue() { return value; }
}
```

创建两个 OrderedPair 实例：

```java
Pair<String, Integer> p1 = new OrderedPair<String, Integer>("Even", 8);
Pair<String, String>  p2 = new OrderedPair<String, String>("hello", "world");
```

在代码 "new OrderedPair<String, Integer>" 中，实例 K 作为一个 String、V 作为一个 Integer。因此，OrderedPair 构造函数的参数类型是 String 和 Integer。由于有自动装箱机制，因此可以有效地传递一个 String 和 int 到这个类。

可以使用菱形（diamond）来简化代码：

```java
OrderedPair<String, Integer> p1 = new OrderedPair<>("Even", 8);
OrderedPair<String, String>  p2 = new OrderedPair<>("hello", "world");
```

7. 参数化类型

也可以用参数化类型（例如，List<String>的）来替换类型参数（即 K 或 V）。例如，使用 OrderedPair<K，V>：

```java
OrderedPair<String, Box<Integer>> p = new OrderedPair<>("primes", new Box<Integer>(...));
```

8. 原生类型

原生类型是没有类型参数的泛型类和泛型接口，如泛型 Box 类：

```java
public class Box<T> {
    public void set(T t) { /* ... */ }
    // ...
}
```

要创建参数化类型的 Box<T>，需要为形式类型参数 T 提供实际的类型参数：

```java
Box<Integer> intBox = new Box<>();
```

如果想省略实际的类型参数，就需要创建一个 Box<T>的原生类型：

```java
Box rawBox = new Box();
```

因此，Box 是泛型 Box<T>的原生类型。但是，非泛型的类或接口类型不是原始类型。

JDK 为了保证向后兼容，允许将参数化类型分配给原始类型：

```
Box<String> stringBox = new Box<>();
Box rawBox = stringBox;                    // 正确
```

如果将原始类型与参数化类型进行管理，就会得到警告：

```
Box rawBox = new Box();              // rawBox 是 Box<T>的原生类型
Box<Integer> intBox = rawBox;        // 警告: unchecked conversion
```

如果使用原始类型调用相应泛型类型中定义的泛型方法，也会收到警告：

```
Box<String> stringBox = new Box<>();
Box rawBox = stringBox;
rawBox.set(8);  // 警告: unchecked invocation to set(T)
```

警告显示原始类型绕过泛型类型检查，将不安全代码的捕获推迟到运行时。因此，开发人员应该避免使用原始类型。

2.6.3 泛型方法

泛型方法是引入其自己的类型参数的方法。这类似于声明泛型类型，但类型参数的范围仅限于声明它的方法。允许使用静态和非静态泛型方法以及泛型类构造函数。

泛型方法的语法包括一个类型参数列表，在尖括号内，它出现在方法的返回类型之前。对于静态泛型方法，类型参数部分必须出现在方法的返回类型之前。

在下面的例子中，Util 类包含一个泛型方法 compare，用于比较两个 Pair 对象：

```java
public class Util {
    public static <K, V> boolean compare(Pair<K, V> p1, Pair<K, V> p2) {
        return p1.getKey().equals(p2.getKey()) &&
               p1.getValue().equals(p2.getValue());
    }
}

public class Pair<K, V> {

    private K key;
    private V value;

    public Pair(K key, V value) {
        this.key = key;
        this.value = value;
    }

    public void setKey(K key)     { this.key = key; }
    public void setValue(V value) { this.value = value; }
    public K getKey()    { return key; }
    public V getValue()  { return value; }
}
```

compare 方法的调用方式如下：

```
Pair<Integer, String> p1 = new Pair<>(1, "apple");
Pair<Integer, String> p2 = new Pair<>(2, "pear");
boolean same = Util.<Integer, String>compare(p1, p2);
```

其中，compare 方法的类型通常可以省略，因为编译器将推断所需的类型：

```
Pair<Integer, String> p1 = new Pair<>(1, "apple");
Pair<Integer, String> p2 = new Pair<>(2, "pear");
boolean same = Util.compare(p1, p2);
```

2.6.4 有界类型参数

有时可能希望限制可在参数化类型中用作类型参数的类型。例如，对数字进行操作的方法可能只想接受 Number 或其子类的实例。这时就需要用到有界类型参数。

1. 声明有界类型参数

要声明有界类型参数，先要列出类型参数的名称，然后是 extends 关键字，后面跟着它的上限，比如下面例子中的 Number：

```java
public class Box<T> {

    private T t;

    public void set(T t) {
        this.t = t;
    }

    public T get() {
        return t;
    }

    public <U extends Number> void inspect(U u){
        System.out.println("T: " + t.getClass().getName());
        System.out.println("U: " + u.getClass().getName());
    }

    public static void main(String[] args) {
        Box<Integer> integerBox = new Box<Integer>();
        integerBox.set(new Integer(10));
        integerBox.inspect("some text"); // 错误！
    }
}
```

上面的代码将会编译失败，报错如下：

```
Box.java:21: <U>inspect(U) in Box<java.lang.Integer> cannot
  be applied to (java.lang.String)
                    integerBox.inspect("10");
```

```
1 error
```

除了限制可用于实例化泛型类型的类型之外，有界类型参数还允许调用边界中定义的方法：

```java
public class NaturalNumber<T extends Integer> {

    private T n;

    public NaturalNumber(T n)  { this.n = n; }

    public boolean isEven() {
       return n.intValue() % 2 == 0;
    }

    // ...
}
```

在上面的例子中，isEven 方法通过 n 调用 Integer 类中定义的 intValue 方法。

2. 多个边界

前面的示例说明了使用带有单个边界的类型参数，但是类型参数其实是可以有多个边界的：

```
<T extends B1 & B2 & B3>
```

具有多个边界的类型变量是绑定中列出的所有类型的子类型。如果其中一个边界是类，就必须首先指定它。例如：

```java
Class A { /* ... */ }
interface B { /* ... */ }
interface C { /* ... */ }

class D <T extends A & B & C> { /* ... */ }
```

如果未首先指定绑定 A，就会出现编译时错误：

```java
class D <T extends B & A & C> { /* ... */ }  // compile-time error
```

> **注 意**
>
> 在有界类型参数中的 extends 既可以表示 "extends"（类中的继承），也可以表示 "implements"（接口中的实现）。

2.6.5 泛型的继承和子类型

在 Java 中，只要类型兼容就可以将一种类型的对象分配给另一种类型的对象。例如，可以将 Integer 分配给 Object，因为 Object 是 Integer 的超类之一：

```java
Object someObject = new Object();
Integer someInteger = new Integer(10);
someObject = someInteger;    // OK
```

在面向对象的术语中,这种关系被称为"is-a"。由于 Integer 是一种 Object,因此允许赋值。但是 Integer 同时也是一种 Number,所以下面的代码也是有效的:

```
public void someMethod(Number n) { /* ... */ }

someMethod(new Integer(10));    // OK
someMethod(new Double(10.1));   // OK
```

在泛型中也是如此。可以执行泛型类型调用,将 Number 作为其类型参数传递。如果参数与 Number 兼容,就允许任何后续的 add 调用:

```
Box<Number> box = new Box<Number>();
box.add(new Integer(10));    // OK
box.add(new Double(10.1));   // OK
```

现在考虑下面的方法:

```
public void boxTest(Box<Number> n) { /* ... */ }
```

通过查看其签名,可以看到上述方法接受一个类型为 Box<Number>的参数。也许你可能会想当然地认为这个方法也能接收 Box<Integer>或 Box<Double>,答案是否定的,因为 Box<Integer>和 Box<Double>并不是 Box<Number>的子类型。在使用泛型编程时,这是一个常见的误解,虽然 Integer 和 Double 是 Number 的子类型。

图 2-4 展示了泛型和子类型之间的关系。

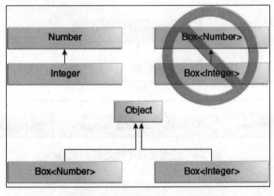

图 2-4 泛型和子类型之间的关系

可以通过扩展或实现泛型类或接口来对其进行子类型化。一个类或接口的类型参数与另一个类或参数的类型参数之间的关系由 extends 和 implements 子句确定。

以 Collections 类为例,ArrayList<E>实现了 List<E>,而 List<E>扩展了 Collection<E>,所以 ArrayList<String>是 List<String>的子类型,同时它也是 Collection<String>的子类型。只要不改变类型参数,就会在类型之间保留子类型关系。图 2-5 展示了这些类的层次关系。

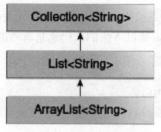

图 2-5　泛型类及子类

现在假设我们想要定义自己的列表接口 PayloadList，它将泛型类型 P 的可选值与每个元素相关联。它的声明可能如下：

```
interface PayloadList<E,P> extends List<E> {
  void setPayload(int index, P val);
  ...
}
```

以下是 PayloadList 参数化的 List<String> 的子类型：

- PayloadList<String,String>
- PayloadList<String,Integer>
- PayloadList<String,Exception>

这些类的关系图如图 2-6 所示。

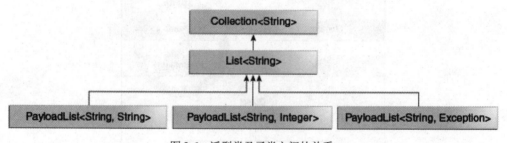

图 2-6　泛型类及子类之间的关系

2.6.6　通配符

通配符（?）通常用于表示未知类型。通配符可用于各种情况：

- 作为参数、字段或局部变量的类型。
- 作为返回类型。

在泛型中，通配符不用于泛型方法调用、泛型类实例创建或超类型的类型参数。

1. 上限有界通配符

可以使用上限通配符来放宽对变量的限制。例如，要编写一个适用于 List<Integer>、List<Double>和 List<Number>的方法，可以通过使用上限有界通配符来实现这一点。比如下面的例子：

```java
public static double sumOfList(List<? extends Number> list) {
    double s = 0.0;
    for (Number n : list)
        s += n.doubleValue();
    return s;
}
```

可以指定为 Integer 类型：

```java
List<Integer> li = Arrays.asList(1, 2, 3);
System.out.println("sum = " + sumOfList(li));
```

输出结果为：

```
sum = 6.0
```

可以指定为 Double 类型：

```java
List<Double> ld = Arrays.asList(1.2, 2.3, 3.5);
System.out.println("sum = " + sumOfList(ld));
```

输出结果为：

```
sum = 7.0
```

2. 无界通配符

无界通配符类型通常用于定义未知类型，比如 List<?>。

无界通配符通常有两种典型的用法。

第一种是使用 Object 类中提供的功能实现的方法。考虑以下方法 printList：

```java
public static void printList(List<Object> list) {
    for (Object elem : list)
        System.out.println(elem + " ");
    System.out.println();
}
```

printList 只能打印一个 Object 实例列表，不能打印 List<Integer>、List<String>、List<Double> 等，因为它们不是 List<Object> 的子类型。

第二种是当代码使用泛型类中不依赖于类型参数的方法。例如 List.size 或 List.clear。实际上，经常使用 Class<?>，因为 Class<T> 中的大多数方法都不依赖于 T。比如下面的例子：

```java
public static void printList(List<?> list) {
    for (Object elem: list)
        System.out.print(elem + " ");
    System.out.println();
}
```

因为 List<A> 是 List<?> 的子类，所以可以打印出任何类型：

```java
List<Integer> li = Arrays.asList(1, 2, 3);
List<String> ls = Arrays.asList("one", "two", "three");
printList(li);
printList(ls);
```

因此，要区分场景来选择使用 List<Object>或是 List<?>。如果想插入一个 Object 或者是任意 Object 的子类，就可以使用 List<Object>，但只能在 List<?>中插入 null。

3. 下限有界通配符

下限有界通配符将未知类型限制为该类型的特定类型或超类型。使用下限有界通配符的语法为<? super A>。

假设要编写一个将 Integer 对象放入列表的方法，为了最大限度地提高灵活性，希望该方法可以处理 List<Integer>、List<Number>或者是 List<Object>等可以保存 Integer 值的方法。

比如下面的例子将数字 1 到 10 添加到列表的末尾：

```java
public static void addNumbers(List<? super Integer> list) {
    for (int i = 1; i <= 10; i++) {
        list.add(i);
    }
}
```

4. 通配符及其子类

可以使用通配符在泛型类或接口之间创建关系。

给定以下两个常规（非泛型）类：

```java
class A { /* ... */ }
class B extends A { /* ... */ }
```

下面的代码是成立的：

```java
B b = new B();
A a = b;
```

此示例显示常规类的继承遵循此子类型规则：如果 B 扩展 A，那么类 B 是类 A 的子类型。此规则不适用于泛型类型：

```java
List<B> lb = new ArrayList<>();
List<A> la = lb;   // compile-time error
```

Integer 是 Number 的子类型，那么 List<Integer>和 List<Number>之间的关系是什么呢？图 2-7 显示了 List<Integer>和 List<Number>的公共父级是未知类型 List<?>。

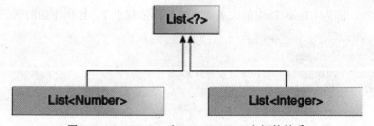

图 2-7　List<Integer>和 List<Number>之间的关系

尽管 Integer 是 Number 的子类型，但是 List<Integer>并不是 List<Number>的子类型。

为了在这些类之间创建关系，以便代码可以通过 List<Integer>的元素访问 Number 的方法，需要使用上限有界通配符：

```
List<? extends Integer> intList = new ArrayList<>();
List<? extends Number> numList = intList;
```

因为 Integer 是 Number 的子类型，而 numList 是 Number 对象的列表，所以 intList（Integer 对象列表）和 numList 之间存在关系。图 2-8 显示了使用上限和下限有界通配符声明的多个 List 类之间的关系。

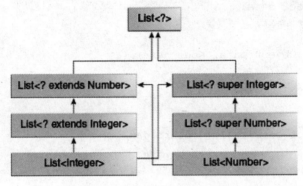

图 2-8　多个 List 类之间的关系

2.6.7　类型擦除

泛型被引入到 Java 语言中，以便在编译时提供更严格的类型检查并支持泛型编程。为了实现泛型，Java 编译器将类型擦除应用于：

- 如果类型参数是无界的，则用泛型或对象替换泛型类型中的所有类型参数。因此，生成的字节码仅包含普通的类。
- 如有必要，插入类型铸件以保持类型安全。
- 生成桥接方法以保留扩展泛型类型中的多态性。

类型擦除能够确保不为参数化类型创建新类，因此泛型不会产生运行时开销。

1. 擦除泛型类型

在类型擦除过程中，Java 编译器将擦除所有的类型参数，并在类型参数有界时将其替换为第一个绑定，如果类型参数为无界，就替换为 Object。

考虑以下表示单链表中节点的泛型类：

```java
public class Node<T> {

    private T data;
    private Node<T> next;

    public Node(T data, Node<T> next) {
        this.data = data;
        this.next = next;
    }

    public T getData() { return data; }
```

```java
    // ...
}
```

因为类型参数 T 是无界的，所以 Java 编译器将其替换为 Object：

```java
public class Node {

    private Object data;
    private Node next;

    public Node(Object data, Node next) {
        this.data = data;
        this.next = next;
    }

    public Object getData() { return data; }
    // ...
}
```

在以下示例中，泛型 Node 类使用有界类型参数：

```java
public class Node<T extends Comparable<T>> {

    private T data;
    private Node<T> next;

    public Node(T data, Node<T> next) {
        this.data = data;
        this.next = next;
    }

    public T getData() { return data; }
    // ...
}
```

Java 编译器将有界类型参数 T 替换为第一个绑定类 Comparable：

```java
public class Node {

    private Comparable data;
    private Node next;

    public Node(Comparable data, Node next) {
        this.data = data;
        this.next = next;
    }

    public Comparable getData() { return data; }
    // ...
}
```

2. 擦除泛型方法

Java 编译器还会擦除泛型方法参数中的类型参数。请考虑以下泛型方法：

```java
public static <T> int count(T[] anArray, T elem) {
    int cnt = 0;
    for (T e : anArray)
        if (e.equals(elem))
            ++cnt;
    return cnt;
}
```

因为 T 是无界的，所以 Java 编译器将会将它替换为 Object：

```java
public static int count(Object[] anArray, Object elem) {
    int cnt = 0;
    for (Object e : anArray)
        if (e.equals(elem))
            ++cnt;
    return cnt;
}
```

假设定义了以下类：

```java
class Shape { /* ... */ }
class Circle extends Shape { /* ... */ }
class Rectangle extends Shape { /* ... */ }
```

可以使用泛型方法绘制不同的图形：

```java
public static <T extends Shape> void draw(T shape) { /* ... */ }
```

Java 编译器将会将 T 替换为 Shape：

```java
public static void draw(Shape shape) { /* ... */ }
```

2.6.8 使用泛型的一些限制

使用泛型，需要考虑以下一些限制。

1. 无法使用基本类型实例化泛型

请考虑以下参数化类型：

```java
class Pair<K, V> {

    private K key;
    private V value;

    public Pair(K key, V value) {
        this.key = key;
        this.value = value;
    }
```

```
    // ...
}
```

创建 Pair 对象时,不能将基本类型替换为类型参数 K 或 V:

```
Pair<int, char> p = new Pair<>(8, 'a');   // 编译时错误!
```

只能将非基本类型替换为类型参数 K 和 V:

```
Pair<Integer, Character> p = new Pair<>(8, 'a');
```

此时,Java 编译器会自动装箱,将 8 转为 Integer.valueOf(8),将 'a' 转为 Character('a'):

```
Pair<Integer, Character> p = new Pair<>(Integer.valueOf(8), new Character('a'));
```

2. 无法创建类型参数的实例

无法创建类型参数的实例。例如,以下代码导致编译时错误:

```java
public static <E> void append(List<E> list) {
    E elem = new E();   // 编译时错误!
    list.add(elem);
}
```

作为解决方法,可以通过反射创建类型参数的对象:

```java
public static <E> void append(List<E> list, Class<E> cls) throws Exception {
    E elem = cls.newInstance();   // 正确
    list.add(elem);
}
```

可以按如下方式调用 append 方法:

```java
List<String> ls = new ArrayList<>();
append(ls, String.class);
```

3. 无法声明类型为类型参数的静态字段

类的静态字段是类的所有非静态对象共享的类级变量。因此,不允许使用类型参数的静态字段。考虑以下类:

```java
public class MobileDevice<T> {
    private static T os;

    // ...
}
```

若允许类型参数的静态字段,则以下代码将混淆:

```java
MobileDevice<Smartphone> phone = new MobileDevice<>();
MobileDevice<Pager> pager = new MobileDevice<>();
MobileDevice<TabletPC> pc = new MobileDevice<>();
```

静态字段 os 由 phone、pager、pc 共享,那么 os 的实际类型是什么呢?它不能同时是 Smartphone、Pager 或者 TabletPC,因此无法创建类型参数的静态字段。

4. 无法使用具有参数化类型的强制转换或 instanceof

因为 Java 编译器会擦除通用代码中的所有类型参数，所以无法验证在运行时使用泛型类型的参数化类型：

```java
public static <E> void rtti(List<E> list) {
    if (list instanceof ArrayList<Integer>) {  // 编译时错误!
        // ...
    }
}
```

传递给 rtti 方法的参数化类型集是：

```
S = { ArrayList<Integer>, ArrayList<String> LinkedList<Character>}
```

运行时不跟踪类型参数，因此无法区分 ArrayList<Integer>和 ArrayList<String>，最多是使用无界通配符来验证列表是否为 ArrayList：

```java
public static void rtti(List<?> list) {
    if (list instanceof ArrayList<?>) {  // 正确
        // ...
    }
}
```

通常，除非通过无界通配符进行参数化，否则无法强制转换为参数化类型。例如：

```java
List<Integer> li = new ArrayList<>();
List<Number>  ln = (List<Number>) li;  // 编译时错误!
```

在某些情况下，编译器知道类型参数始终有效并允许强制转换。例如：

```java
List<String> l1 = ...;
ArrayList<String> l2 = (ArrayList<String>)l1;  // 正确
```

5. 无法创建参数化类型的数组

无法创建参数化类型的数组。例如，以下代码无法编译：

```java
List<Integer>[] arrayOfLists = new List<Integer>[2];  // 编译时错误!
```

以下代码说明将不同类型插入到数组中时会发生什么：

```java
Object[] strings = new String[2];
strings[0] = "hi";   // 正确
strings[1] = 100;    // 抛出 ArrayStoreException
```

如果使用通用列表尝试相同的操作，就会出现问题：

```java
Object[] stringLists = new List<String>[];  // 编译时错误!
stringLists[0] = new ArrayList<String>();   // 正确
stringLists[1] = new ArrayList<Integer>();  // 抛出 ArrayStoreException
                                            // 但在运行时无法检测
```

如果允许参数化列表数组，那么前面的代码将无法抛出所需的 ArrayStoreException。

6. 无法创建、捕获或抛出参数化类型的对象

泛型类不能直接或间接扩展 Throwable 类。例如，以下类将无法编译：

```
// 直接继承 Exception
class MathException<T> extends Exception { /* ... */ }    // 编译时错误！

// 直接继承 Throwable
class QueueFullException<T> extends Throwable { /* ... */ } // 编译时错误！
```

方法无法捕获类型参数的实例：

```
public static <T extends Exception, J> void execute(List<J> jobs) {
    try {
        for (J job : jobs)
            // ...
    } catch (T e) {   // 编译时错误！
        // ...
    }
}
```

但是可以在 throws 子句中使用类型参数：

```
class Parser<T extends Exception> {
    public void parse(File file) throws T {      // 正确
        // ...
    }
}
```

7. 类型擦除到原生类型的方法无法重载

类不能有两个重载方法，因为它们在类型擦除后具有相同的签名。观察下面的例子：

```
public class Example {
    public void print(Set<String> strSet) { }
    public void print(Set<Integer> intSet) { }
}
```

上述例子将产生编译时错误。

2.7　关 键 字

不能使用以下关键字作为 Java 程序的标识符：

abstract	continue	for	new	switch
assert	default	if	package	synchronized
boolean	do	goto	private	this
break	double	implements	protected	throw
byte	else	import	public	throws
case	enum	instanceof	return	transient
catch	extends	int	short	try

```
char        final      interface   static      void
class       finally    long        strictfp    volatile
const       float      native      super       while
_  (下画线)
```

关键字 const 和 goto 语句被保留，即使它们目前尚未使用。true、false 和 null 虽然不是关键字，但是由于它们在程序中是字面值，因此也不能作为程序的标识符。

var 不是关键字，而是具有特殊含义的标识符，作为局部变量声明的类型和 Lambda 形式参数的类型。

另外，有 10 个字符序列是受限制的关键字：open、module、requires、transitive、exports、opens、to、uses、provides 和 with。这些字符序列仅被标记为关键字，它们只在 ModuleDeclaration、ModuleDirective 和 RequiresModifier 产品中才有意义。它们在其他地方被标记为标识符，以便与引入受限制关键字之前编写的程序兼容。

例如，以下模块声明是有效的，即使它不使用直观的模块名称：

```
module module {
    // 模块语句...
}
```

在上面的代码中，第一个 module 被解释为一个关键字，第二个 module 是一个模块的名称。允许在程序中的任何地方声明一个名为 module 的变量，例如：

```
String module = "myModule";
```

第 3 章

面向对象编程基础

本章介绍 Java 面向对象编程。面向对象编程技术是现代编程语言不可或缺的部分。掌握面向对象编程技术有利于构建易于理解、易于维护的应用程序。

3.1 编程的抽象

所有编程语言都提供一种"抽象"的方法。抽象是简化、解决问题的手段之一，从某种程度上来说，解决问题的复杂性与抽象的种类和质量直接相关。

在不同的编程语言中，抽象的程度有所不同。汇编语言是对机器底层的一种少量抽象。后来的许多"命令式"语言（如 FORTRAN、BASIC 和 C）是对汇编语言的一种抽象。与汇编语言相比，这些语言已有了长足的进步，但它们的抽象原理依然要求我们着重考虑计算机的结构，而非问题本身的结构。因此，开发人员在使用这些语言时有一定的技术门槛，因为开发人员必须要在机器模型（"解决方案空间"）与实际解决的问题模型（"问题空间"）之间建立起一种关联关系。这个过程要求人们付出较大的精力，而且它脱离了编程语言本身的范围，造成程序代码很难编写，而且要花较大的代价进行维护。

面向对象的程序设计在此基础上跨出了一大步，程序员可利用一些工具表达"问题空间"内的元素。由于这种表达非常具有普遍性，因此不必受限于特定类型的问题。我们将问题空间中的元素以及它们在解决方案空间的表示物称作"对象"（Object）。当然，还有一些在问题空间没有对应的对象体。在面向对象编程（OOP）中，通过添加新的对象类型，程序可进行灵活调整，以便与特定问题配合。与现实世界的"对象"或者"物体"相比，编程"对象"与它们也存在共通的地方：它们都有自己的状态（state）和行为（behavior）。比如，狗的状态有名字、颜色等，狗的行为有叫唤、摇尾等。

如图 3-1 所示，在狗的世界里面，根据狗的状态和行为可以将狗划分为不同的种类。软件世界中的对象和现实世界中的对象类似,对象存储状态在字段(field)里,可通过方法(methods)暴露其行为。方法对对象的内部状态进行操作,并作为对象与对象之间通信的主要机制。隐藏对象内部状态,通过方法进行所有的交互,这是面向对象编程的一个基本原则——数据封装(data encapsulation)。

图 3-1　狗的分类

下面以"狗"作为一个对象的建模(见图 3-2)。

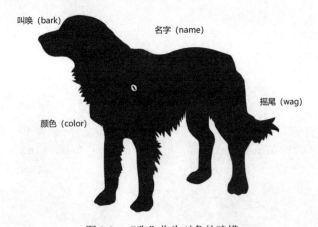

图 3-2　"狗"作为对象的建模

狗可以通过状态(名字、颜色)来创建不同的对象,同时也提供了访问狗对象状态的方法(叫唤、摇尾)。

编程语言中的对象可以抽象为以下特征:

- 一切皆对象。可将对象想象成一种新型变量,保存着数据,但可要求它对自身进行操作。从理论上讲,可从要解决的问题本身提出所有概念性的组件,然后在程序中将其表达为一个对象。

- 程序是一大堆对象的组合。通过消息传递，各对象知道自己该做些什么。为了向对象发出请求，需向那个对象"发送一条消息"。更具体地讲，可将消息想象为一个调用请求，它调用的是从属于目标对象的一个方法或函数。
- 每个对象都有自己的存储空间，可容纳其他对象。或者说，通过封装现有对象，可制作出新型对象。所以，尽管对象的概念非常简单，但是在程序中却可达到任意高的复杂程度。
- 每个对象都有一种类型。根据语法，每个对象都是某个"类"的一个"实例"。其中，"类"（Class）是"类型"（Type）的同义词。一个类最重要的特征就是"能接收什么样的消息"。
- 同一类所有对象都能接收相同的消息。由于类型为"狗"（Dog）的一个对象也属于类型为"动物"（Animal）的一个对象，因此一条狗完全能接收动物的消息。这意味着可让程序代码统一指挥"动物"，令其自动控制所有符合"动物"描述的对象，其中自然包括"狗"。这一特性称为对象的"可替换性"，是OOP最重要的概念之一。

3.2 类的示例

在现实世界中，经常会发现许多单个对象都是同类。有可能成千上万条狗都是一样的品种，比如都是哈士奇或者藏獒。每种类型的狗都具有相同的行为。在面向对象的术语中，我们将某条狗称为狗对象类（class of objects）的实例（instance）。类（class）就是创建单个对象的品种。

下面是一个Dog（狗）类的实现：

```java
class Dog {

    String color;
    String name;

    /**
     * 叫唤
     */
    void bark() {
        System.out.println(color + " " + name + " barking...");
    }

    /**
     * 摇尾
     */
    void wag() {
        System.out.println(color + " " + name + " wagging...");
    }
}
```

字段color和name是对象的状态，方法bark和wag定义了与外界的交互。

你可能已经注意到，Dog类不包含main方法。这是因为它不是一个完整的应用程序。这里只是定义了Dog这个类，并可能会在应用程序中使用。创建和使用新的Dog对象是应用程序中其他类的责任。

下面的 DogDemo 类创建两个单独的 Dog 对象，并调用其方法：

```java
class DogDemo {

    /**
     * @param args
     */
    public static void main(String[] args) {
        // 创造两条狗
        Dog dog1 = new Dog();
        Dog dog2 = new Dog();

        // 设置它们的状态
        dog1.name = "Lucy";
        dog1.color = "Black";
        dog2.name = "Lily";
        dog2.color = "White";

        // 展示它们的行为
        dog1.bark();
        dog1.wag();
        dog2.bark();
        dog2.wag();

    }

}
```

在这个例子中，类的名称是 Dog，Dog 对象的名称分别是 dog1 和 dog2，可向 Lucy 对象发出的请求包括叫唤（bark）、摇尾（wag）。我们是通过使用 new 关键字来新建对象的。为了向对象发送一条消息，我们列出对象名（dog1、dog2），再用一个句点符号（.）把它同消息名称（bark、wag）连接起来。从中可以看出，使用一些预先定义好的类时，我们在程序里采用的代码是非常简单和直观的。

执行程序，输出为：

```
Black Lucy barking...
Black Lucy wagging...
White Lily barking...
White Lily wagging...
```

3.3　对象的接口

所有对象尽管各有特色（比如黑狗、白狗），但是都属于某一系列对象的一部分，这些对象具有通用的特征和行为。

每个对象仅能接受特定的请求。我们向对象发出的请求是通过它的"接口"(Interface)定义的,对象的"类型"或"类"则规定了它的接口形式。"类型"与"接口"的等价或对应关系是面向对象程序设计的基础。

下面给出一个狗的接口的示例,如图 3-3 所示。

图 3-3　接口的示例

对应 Dog 的行为,可以定义如下接口:

```java
interface Dog {
    /**
     * 叫唤
     */
    void bark();

    /**
     * 摇尾
     */
    void wag();

}
```

实现该接口的类 Husky(哈士奇),使用 implements 关键字:

```java
class Husky implements Dog {

    String color;
    String name;

    @Override
    public void bark() {
        System.out.println(color + " " + name + " barking...");

    }

    @Override
    public void wag() {
        System.out.println(color + " " + name + " wagging...");
```

    }
}

> **注　意**
>
> 在接口的实现方法前必须添加 public 关键字。

3.4　包

包（Package）是组织相关的类和接口的命名空间。从概念上讲，类似于计算机上的文件夹，用来将各种文件进行分类。

Java 平台提供了一个巨大的类库（包的集合），该库被称为"应用程序接口"，或简称为"API"。其包代表常见的与通用编程相关的任务。例如，一个 String 对象包含了字符串的状态和行为；File 对象允许程序员轻松地创建、删除、检查、比较或者修改文件系统中的文件；Socket 对象允许创建和使用网络套接字；各种 GUI 对象创建图形用户界面。从字面上看，有数以千计的课程可供选择。开发人员只需要专注于特定的应用程序设计即可，而不是从基础设施建设开始。

包的命名遵循域名反转的原则，形如"com.公司名.项目名.模块名...."，这是因为域名称是不会重复的。同时，包名应全部小写，比如"com.waylau.java.oop.interfadogdemo"。

以下是一个类文件的完整定义，其中包采用关键字 package 来定义：

```java
package com.waylau.java.oop.interfadogdemo;

class Husky implements Dog {

    String color;
    String name;

    @Override
    public void bark() {
        System.out.println(color + " " + name + " barking...");
    }

    @Override
    public void wag() {
        System.out.println(color + " " + name + " wagging...");
    }

}
```

3.5　对象提供服务

当设计一个程序时，需要将对象想象成一个服务的供应商。对象提供服务给用户，解决不同的问题。比如，在设计一个图书管理软件时，你可能设想一些对象包含了哪些预定义输入，其他对象可能用于图书的统计，一个对象用于打印的校验等。这都需要将一个问题分解成一组对象。

将对象的思考作为服务供应商有一个额外的好处：有助于改善对象的凝聚力。高内聚（High cohesion）是软件设计的基本质量：这意味着，一个软件组件的各方面（如对象，尽管这也可以适用于一个方法或一个对象的库）"结合在一起"。在设计对象时经常出现的问题是将太多的功能合并到一个对象里面。例如，在支票打印模块，你可以决定你需要知道的所有有关格式和打印的对象。你可能会发现，这对于一个对象来说有太多的内容，你需要 3 个或 3 个以上的对象：一个对象用于查询有关如何打印一张支票的信息目录；一个对象（或一组对象）可以是知道所有不同类型的打印机的通用打印接口；第三个对象可以使用其他两个对象的服务来完成任务。因此，每个对象都有一套它提供的有凝聚力的服务。在良好的面向对象设计中，每个对象都会做好一件事，但不会尝试做太多。

将对象作为服务供应商是一个伟大的简化工具。这不仅在设计过程中是非常有用的，在别人试图理解你的代码或重用的对象时也很有用。如果能得知根据它提供什么样的服务获得对象的值，那么就可以更容易地在设计中使用它。

3.6　隐藏实现的细节

从根本上说，大致有两方面的人员涉足面向对象的编程：

- 类创建者：创建新数据类型的人。
- 客户程序员：在自己的应用程序中采用现成数据类型的人。

对客户程序员来讲，最主要的目标就是收集一个充斥着各种类的编程"工具箱"，以便快速开发符合自己要求的应用。对类创建者来说，他们的目标就是从头构建一个类，只向客户程序员开放有必要开放的东西（接口），其他所有细节都隐藏起来。为什么要这样做？隐藏之后，客户程序员就不能接触和改变那些细节，所以原创者不用担心自己的作品会受到非法修改，可确保它们不会对其他人造成影响。

"接口"（Interface）规定了可对一个特定的对象发出哪些请求。然而，必须在某个地方存在着一些代码，以便满足这些请求。这些代码与那些隐藏起来的数据叫作"隐藏的实现"。一种类型含有与每种可能的请求关联起来的函数。一旦向对象发出一个特定的请求，就会调用那个函数。我们通常将这个过程总结为向对象"发送一条消息"（提出一个请求）。对象的职责就是决定如何对这条消息做出反应（执行相应的代码）。对于关系，重要的一点是让牵连到的所有成员都遵守相同的规则。创建一个库时，相当于同客户程序员建立了一种关系。对方也是程序员，但他们的目标是组合出一个特定的应用（程序），或者用你的库构建一个更大的库。

若任何人都能使用一个类的所有成员，那么客户程序员可对那个类做任何事情，没有办法强制他们遵守任何约束。即便非常不愿客户程序员直接操作类内包含的一些成员，但倘若未进行访问控制，就没有办法阻止这一情况的发生——所有东西都会暴露无遗。

3.6.1 为什么需要控制对成员的访问

有两方面的原因促使我们控制对成员的访问。

第一个原因是防止程序员接触他们不该接触的东西——通常是内部数据类型的设计思想。若只是为了解决特定的问题，用户只需操作接口即可，无须明白这些信息。我们向用户提供的实际是一种服务，因为他们很容易看出哪些对自己非常重要、哪些可忽略不计。

第二个原因是允许库设计人员修改内部结构，不用担心它会对客户程序员造成什么影响。例如，我们最开始可能设计了一个形式简单的类，以便简化开发。以后又决定进行改写，使其更快地运行。若接口与实现方法早已隔离开，并分别受到保护，就可以很简单地处理。

3.6.2 Java 的作用域

Java 采用三个显式关键字以及一个隐式关键字来设置类边界：public、private、protected 以及暗示性的 package。若未明确指定其他关键字，则默认为后者 package。package 有时也被称为 friendly 或者 default。这些关键字的使用和含义都是相当直观的，它们决定了谁能使用后续的定义内容。
"public"（公共）意味着后续的定义任何人均可使用。"private"（私有）意味着除了自己、类型的创建者以及那个类型的内部函数成员外，其他任何人都不能访问后续的定义信息。private 在你与客户程序员之间竖起了一堵墙。若有人试图访问私有成员，就会得到一个编译期错误。
"package"涉及"包装"或"封装"（package）的概念——Java 用来构建库的方法。若某样东西是"package"，就意味着它只能在这个包的范围内使用，所以这一访问级别有时也叫作"包访问"（package access）"。"protected"（受保护的）与"private"相似，只是一个继承的类可访问受保护的成员，但不能访问私有成员。继承的问题不久就要谈到。

表 3-1 总结了 Java 的作用域情况。

表 3-1 Java 的作用域

作用域	当前类	同一 package	子孙类	其他 package
public	√	√	√	√
protected	√	√	√	×
package	√	√	×	×
private	√	×	×	×

3.7 实现的重用

创建并测试好一个类后，从理想的角度而言，它应代表一个有用的代码单位。它要求较多的经验以及洞察力，这样才能使这个类有可能重复使用。

重用是面向对象程序设计所能提供的最伟大的一种杠杆。

为重用一个类，最简单的办法是仅直接使用那个类的对象，但同时也能将那个类的一个对象置入一个新类。我们把这叫作"创建一个成员对象"。新类可由任意数量和类型的其他对象构成，这个概念叫作"组合（composition）"。若该组合是动态发生的，则也称为"聚合（aggregation）"。有时，我们也将组合称作"包含（has-a）"关系，比如"一辆车包含了一个引擎"，如图3-4所示。

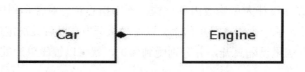

图 3-4 has-a 关系

因为有了对象的组合，所以让编程具有了极大的灵活性。新类的"成员对象"通常设为"私有"（private），使用这个类的客户程序员不能访问它们。这样一来，我们可在不干扰客户代码的前提下从容地修改那些成员。也可以在"运行期"更改成员，进一步增大了灵活性。后面要讲到的"继承"并不具备这种灵活性，因为编译器必须对通过继承创建的类加以限制。

继承虽然重要，但是新建类的时候首先应考虑"组合"对象，这样做显得更加简单和灵活。利用对象的组合，我们的设计可保持清爽。

3.8 继 承

我们费尽心思做出一种数据类型后，假如不得不新建另外一种类型，令其实现大致相同的功能，那会是一件非常令人灰心的事情，毕竟"重复是魔鬼"。若能利用现成的数据类型，对其进行"克隆"，再根据情况进行添加和修改，情况就显得理想多了。"继承"正是针对这个目标而设计的。继承并不完全等价于克隆。在继承过程中，若原始类（正式名称叫作基类、超类或父类）发生了变化，则修改过的"克隆"类（正式名称叫作派生类或者继承类或者子类）也会反映出这种变化。

3.8.1 Java 中的继承

在 Java 语言中，继承是通过 extends 关键字实现的。使用继承时，相当于创建了一个新类。这个新类不仅包含了现有类型的所有成员（尽管 private 成员被隐藏起来，且不能访问），但更重要的是，它复制了基础类的接口。也就是说，可向基础类的对象发送的所有消息亦可原样发给衍生类的对象。根据可以发送的消息，我们能知道类的类型。这意味着派生类具有与基类相同的类型！

由于基类和派生类具有相同的接口，因此那个接口必须进行特殊的设计。也就是说，对象接收到一条特定的消息后，必须有一个"方法"能够执行。若只是简单地继承一个类，并不做其他任何事情，来自基类接口的方法就会直接照搬到派生类。这意味着派生类的对象不仅有相同的类型，也有同样的行为，这一后果通常是我们不愿见到的。图3-5展示了基类和派生类的关系。

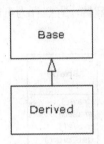

图3-5 基类和派生类

有两种做法可将新得的派生类与原来的基类区分开。第一种做法十分简单：为派生类添加新函数（功能）。这些新函数并非基础类接口的一部分。进行这种处理时，一般都是意识到基类不能满足我们的要求，所以需要添加更多的函数。这是一种最简单、最基本的继承用法，大多数时候都可完美地解决我们的问题。然而，事先还是要仔细调查自己的基类是否真的需要这些额外的函数。

尽管extends关键字暗示着我们要为接口"扩展"新功能，但实情并非肯定如此。为区分我们的新类，第二个办法是改变基类一个现有函数的行为。我们将其称作"改善"那个函数。为改善一个函数，只需为衍生类的函数建立一个新定义即可。我们的目标是："尽管使用的函数接口未变，但它的新版本具有不同的表现"。

针对继承可能会产生这样的一个争论：继承只能改善原基础类的函数吗？若答案是肯定的，则派生类型就是与基类完全相同的类型，因为都拥有完全相同的接口。这样造成的结果就是：我们完全能够将派生类的一个对象换成基类的一个对象！可将其想象成一种"纯替换"。在某种意义上，这是进行继承的一种理想方式。此时，我们通常认为基类和派生类之间存在一种"等价"关系——因为我们可以理直气壮地说："哈士奇就是一种狗"。为了对继承进行测试，一个办法就是看看自己是否能把它们套入这种"等价"关系中，看看是否有意义。

在许多时候，我们必须为派生类型加入新的接口元素。所以不仅扩展了接口，也创建了一种新类型。这种新类型仍可替换成基类，但这种替换并不是完美的，因为不可在基类里访问新函数。我们将其称作"类似"关系；新类型拥有旧类型的接口，但也包含了其他函数，所以不能说它们是完全等价的。举个例子来说，让我们考虑一下制冷机的情况。假定我们的房间连好了用于制冷的各种控制器；也就是说，我们已拥有必要的"接口"来控制制冷。现在假设制冷机出了故障，我们把它换成一台新型的冷、热两用空调，冬天和夏天均可使用。冷、热空调"类似"制冷机，但能做更多的事情。由于我们的房间只安装了控制制冷的设备，因此它们只限于同新机器的制冷部分打交道。新机器的接口已得到了扩展，但现有的系统并不知道除原始接口以外的任何东西。

认识了等价与类似的区别后再进行替换时就会有把握得多。尽管大多数时候"纯替换"已经足够，但你会发现在某些情况下仍然有明显的理由需要在派生类的基础上增添新功能。通过前面对这两种情况的讨论，相信大家已心中有数。

3.8.2 关于 Shape 的讨论

另外一个是"Shape"示例，基类是"Shape"，每个 Shape 都有尺寸、颜色、位置等，并且都可以画、清除、移动、上色等。特定 Shape 的派生类型 circle、square、triangle 等，都可能有自己的特征和行为。例如，某些 Shape 可以翻转，有些行为可能会有所不同，比如，计算一个 Shape 的面积（见图 3-6）。

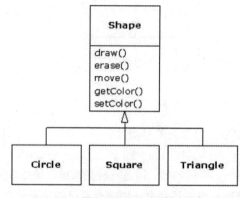

图 3-6　Shape 类型

有 2 种方法可以区分原来的基类和新派生类。

第一种非常简单：只需向派生类添加新的方法（见图 3-7）。这些新方法不是基类接口的一部分。这意味着基类没有你所希望的方法，所以增加了更多的方法。这个是简单而原始的继承使用，你的问题可能会得到完美的解决，另外，你的基类可能也需要这些额外的方法。在面向对象程序设计中，经常会出现这种发现和迭代。

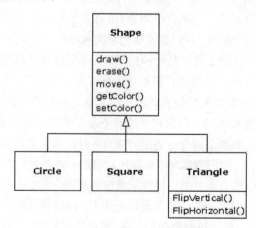

图 3-7　向派生类添加新的方法

虽然继承可能有时意味着将添加新的方法到接口，但是这不一定总是对的。第二种更重要的方式添加新类来改变现有基类方法的行为，被称为"覆盖（overriding）"（见图 3-8）。

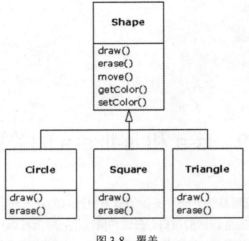

图 3-8　覆盖

覆盖的方法只需为派生类中的方法创建一个新的定义："使用的是相同的接口方法，但是会在新类型里做不同的事情"。

3.8.3　实战：继承的示例

不同种类的对象往往有一定量的共同点。例如，哈士奇（Husky）、贵宾犬（Poodle），所有的狗都有共同的特点：有颜色、有名字、会叫唤、会摇尾。然而，每种狗都有额外的差异，比如颜色不同、名字不同、叫声不同。

面向对象的编程允许类从其他类继承常用的状态和行为。在这个例子中，Dog 现在变成了 Husky 和 Poodle 的超类。在 Java 编程语言中，每一个类被允许具有一个直接超类，每个超类具有无限数量的子类的潜力，示例如图 3-9 所示。

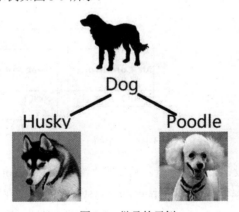

图 3-9　继承的示例

继承使用 extends 关键字：

```
class Husky extends Dog {
    // ...
}
```

```
class Poodle extends Dog {
    // ...
}
```

3.9 is-a 和 is-like-a 的关系

有时候，继承只应该重写基类方法（不添加基类中没有的新方法），这将意味着派生类完全是同一类的基类，因为它有完全相同的接口。在这种情况下，完全可以用基类的对象替换派生类的对象。这可以被认为是纯粹的替代，通常被称为替代原则。从这个意义上说，这是对待继承的理想方法。这就是 is-a 关系，比如说，"圆是一种形状（A circle is a shape）"。

有时，必须将新的接口元素添加到派生类型，从而扩展接口。新的类型仍然可以被替换为基类，但替换并不是完美的，因为你的新方法是不可从基类访问的。这可以被描述为一个 is-like-a 关系。新类型拥有旧类型的接口，但它也包含其他的方法，所以你不能真的说它是完全相同的。例如，考虑一个空调（见图 3-10）。假设你的房子与所有的冷却控制连接，也就是说，它有一个接口，允许你控制冷却。想象一下，空调坏了，你用一个热泵替换它，它可以加热和冷却。热泵像一个空调，但它可以做更多。因为你的房子的控制系统设计只是为了控制冷却，它被限制在只能与新的对象的冷却部分通信。新对象的接口已扩展，但现有的系统不知道除了原始接口以外的任何事情。

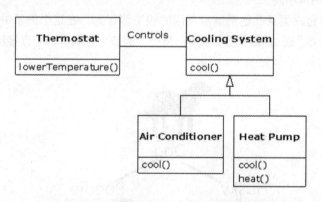

图 3-10 一个例子

当然，一旦你看到这个设计，就很清楚，基本的"冷却系统（cooling system）"是不够的，应该重新命名为"温度控制系统（temperature control system）"，这样也可以包括加热。

3.10 多态性

面向对象具有三大特性：

- 封装
- 继承
- 多态

从一定角度来看，封装和继承几乎都是为多态而准备的。

3.10.1 多态的定义

多态（Polymorphism）指允许不同类的对象对同一消息做出响应，即同一消息可以根据发送对象的不同而采用多种不同的行为方式。发送消息也就是函数调用。

实现多态的技术称为动态绑定（dynamic binding），是指在执行期间判断所引用对象的实际类型，根据其实际的类型调用其相应的方法。

多态的作用是为了消除类型之间的耦合关系。

现实中，关于多态的例子不胜枚举。比方说按下 F1 键这个动作，当前在 Word 下弹出的就是 Word 帮助，在 Windows 下弹出的就是 Windows 帮助和支持。同一个事件发生在不同的对象上会产生不同的结果。

多态存在 3 个必要条件：

- 要有继承。
- 要有重写。
- 父类引用指向子类对象。

3.10.2 理解多态的好处

多态具有以下好处：

- 可替换性（substitutability）。多态对已存在代码具有可替换性。例如，多态对圆 Circle 类工作，对其他任何圆形几何体（如圆环）也同样工作。
- 可扩充性（extensibility）。多态对代码具有可扩充性。增加新的子类不影响已存在类的多态性、继承性，以及其他特性的运行和操作。实际上新加子类更容易获得多态功能。例如，在实现了圆锥、半圆锥以及半球体的多态基础上，很容易增添球体类的多态性。
- 接口性（interface-ability）。多态是超类通过方法签名向子类提供一个共同接口，由子类来完善或者覆盖它而实现的。例如，超类 Shape 规定了两个实现多态的接口方法，即 computeArea() 和 computeVolume()，子类（如 Circle 和 Sphere）为了实现多态，完善或者覆盖这两个接口方法。
- 灵活性（flexibility）。它在应用中体现了灵活多样的操作，提高了使用效率。
- 简化性（simplicity）。多态简化对应用软件的代码编写和修改过程，尤其在处理大量对象的运算和操作时，这个特点尤为突出和重要。

第 4 章

集合框架

Java 集合框架是在 Java 编程中使用最为频繁的工具集。本章着重介绍常用的框架，包括 List、Set、Map、Queue、Deque 等接口。

4.1 集合框架概述

集合用于存储、检索、操作和传递聚合数据，有点像简易版本的内存数据库，因此集合有时候也被称为容器。通常，集合用来表示形成自然组的数据项，例如扑克牌（卡片集合）、邮件文件夹（字母集合）或电话目录（名称到电话号码的映射）。如果之前已经使用过 Java 或者其他任何编程语言，那么对于集合应该不会陌生。

4.1.1 集合框架的定义

集合框架（Collections Framework）是用于表示和操作集合的统一体系结构。所有集合框架都包含以下内容：

- 接口：表示集合的抽象数据类型。接口允许独立于其表示的细节来操纵集合。在面向对象语言中，接口通常形成层次结构。
- 实现：集合接口的具体实现。实质上，它们是可重用的数据结构。
- 算法：对实现集合接口的对象执行有用计算（如搜索和排序）的方法。算法被认为是多态的，也就是说，相同的方法可以用于适当的集合接口的许多不同实现。实质上，算法是可重用的功能。

除了 Java 集合框架之外，最著名的集合框架示例是 C++标准模板库（STL）和 Smalltalk 的集合层次结构。从历史上看，集合框架相当复杂，这使得它们具有陡峭的学习曲线的声誉。我们相信 Java 集合框架打破了这一传统。

4.1.2 Java 集合框架的优点

Java 集合框架提供以下优点：

- 减少编程工作：通过提供有用的数据结构和算法，集合框架可以让开发者专注于程序的业务部分。通过促进不相关 API 之间的互操作性，Java 集合框架使开发者无须编写适配器对象或转换代码来连接 API。
- 提高程序速度和质量：Java 集合框架提供有用数据结构和高性能、高质量的算法实现，每个接口的各种实现是可互换的，因此可以通过切换集合实现来轻松调整程序。因为无须花精力重复编写底层数据结构的操作，所以开发者可以有更多的时间用于改进程序的质量和性能。
- 允许不相关的 API 之间的互操作性：集合接口的 API 能够无缝实现本地数据与网络数据的互操作。
- 减少学习和使用新 API 的工作量：许多 API 自然地在输入上收集集合并将它们作为输出提供。过去，每个这样的 API 都有一个专门用于操作其集合的小型子 API。这些集合子 API 之间几乎没有一致性，因此开发者必须从头开始学习每一个，并且在使用它们时很容易出错。随着标准集合接口的出现，问题就消失了。
- 减少设计新 API 的工作量：设计人员和实施人员每次创建依赖于集合的 API 时都不必重新发明轮子；相反，他们可以使用标准的集合接口促进。对于实现这些接口的对象进行操作的新算法也是如此。

4.1.3 集合框架常见的接口

Java 集合框架中的核心集合接口封装了不同类型的集合，这些接口允许独立于其表示的细节来操纵集合。核心集合接口是 Java 集合框架的基础。核心集合接口可形成层次结构，如图 4-1 所示。

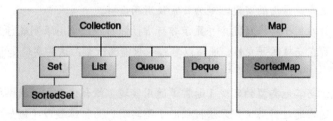

图 4-1 核心集合接口

在图 4-1 中，主要有两个接口树。一个以 Collection 开头，包括 Set、SortedSet、List 和 Queue。Set 是一种特殊的 Collection，而 SortedSet 是一种特殊的 Set，以此类推。另一个以 Map 开头，包括 SortedMap。这意味着 Map 不是真正的 Collection。

核心集合接口的描述如下：

- Collection：集合层次结构的根。集合表示包含一组元素的对象。Collection 接口是所有集合实现的最小公分母，用于传递集合并在需要最大通用性时对其进行操作。某些类型的集合允许重复元素，而其他集合则不允许。有些是有序的，有些则是无序的。Java 平台不提供此接口的任何直接实现，但提供了更具体的子接口的实现，例如 Set 和 List。
- Set：不能包含重复元素的集合。该接口对数学集抽象进行建模，并用于表示集合，例如包含扑克牌的牌，构成学生日程的课程或在机器上运行的过程。
- List：有序集合（有时称为序列）。List 可以包含重复元素。List 的用户通常可以精确控制列表中每个元素的插入位置，并可以通过整数索引（位置）访问元素。
- Queue：用于在处理之前保存多个元素的集合。除了基本的 Collection 操作外，Queue 还提供额外的插入、提取和检查操作。Queue 通常（但不一定）以 FIFO（先进先出）方式对元素进行排序，但优先级队列除外。优先级队列根据提供的比较器或元素的自然顺序对元素进行排序。无论使用什么顺序，队列的头部都是通过调用删除或轮询删除的元素。在 FIFO 队列中，所有新元素都插入队列的尾部。其他类型的队列可能使用不同的放置规则。每个 Queue 实现都必须指定其排序属性。
- Deque：用于在处理之前保存多个元素的集合。除了基本的集合操作外，Deque 还提供额外的插入、提取和检查操作。Deque 可用作 FIFO（先进先出）和 LIFO（后进先出）。在双端队列中，可以在两端插入、检索和删除所有新元素。
- Map：将键映射到值的对象。Map 不能包含重复的键。每个键最多可以映射一个值。
- SortedSet：一个按升序维护其元素的 Set。提供了几个额外的操作以利用排序。SortedSet 用于自然排序的集合，例如单词列表和成员成绩表等。
- SortedMap：按升序键顺序维护的 Map。这是 SortedSet 的 Map 模拟。SortedMap 用于自然排序的键/值对集合，例如字典和电话目录等。

4.1.4 集合框架的实现

集合框架的每个接口都有默认实现。其实现主要分为以下几类：

- 通用实现：这是最常用的实现，专为日常使用而设计。
- 专用实现：旨在用于特殊情况，并显示非标准性能特征，使用限制或行为。
- 并发实现：旨在支持高并发性，通常以单线程性能为代价。这些实现是 java.util.concurrent 包的一部分。
- 包装器实现：与其他类型的实现（通常是通用实现）结合使用，以提供增加或限制的功能。
- 便利实现：通常通过静态工厂方法提供的小型实现，为特殊集合（例如，单例集）的通用实现提供方便、有效的替代方案。
- 抽象实现：这是骨架实现，有助于构建自定义的实现。Java 允许开发者自定义集合的实现，但大多数情况下并不需要这么做。

Java 提供的集合框架接口的实现如表 4-1 所示。

表 4-1 集合框架接口的实现

接口	哈希表的实现	可调整大小的数组实现	树的实现	链接列表的实现	哈希表+链接列表的实现
Set	HashSet		TreeSet		LinkedHashSet
List		ArrayList		LinkedList	
Queue					
Deque		ArrayDeque		LinkedList	
Map	HashMap		TreeMap		LinkedHashMap

后续章节还将继续介绍这些实现的具体使用方式。

4.2 Collection 接口

所有通用集合实现都有一个带有 Collection 参数的构造函数，此构造函数（称为转换构造函数）初始化新集合以包含指定集合中的所有元素。换句话说，它允许转换集合的类型。这使得 Collection 接口有着非常高的通用性。

例如，有一个 Collection<String> c，它可以转化成 List、Set 或其他类型的 Collection。以下是代码示例：

```
List<String> list = new ArrayList<String>(c);
```

Collection 接口包含执行基本操作的方法，例如 int size()、boolean isEmpty()、boolean contains(Object element)、boolean add(E element)、boolean remove(Object element) 和 Iterator<E> iterator()。

Collection 接口还包含对整个集合进行操作的方法，例如 boolean containsAll(Collection<?> c)、boolean addAll(Collection<? extends E> c)、boolean removeAll(Collection<?> c)、boolean retainAll(Collection<?> c) 和 void clear()。

Collection 接口还存在用于数组操作的附加方法，例如 Object[] toArray() 和 <T> T[] toArray(T[] a)。

在 JDK 8 及更高版本中，Collection 接口还公开方法 Stream<E> stream() 和 Stream<E> parallelStream()，以从底层集合中获取顺序或并行流。有关流的更多信息可以参阅第 13 章。

4.2.1 遍历集合

Java 提供了 3 种遍历集合的方法：使用聚合操作、使用 for-each 和使用迭代器。

1. 使用聚合操作

在 JDK 8 及更高版本中，迭代集合的首选方法是获取流并对其执行聚合操作。聚合操作通常与 Lambda 表达式结合使用，以使用较少的代码使编程更具表现力。以下代码按顺序遍历一组形状并打印出红色对象：

```
myShapesCollection.stream()
.filter(e -> e.getColor() == Color.RED)
.forEach(e -> System.out.println(e.getName()));
```

使用此 API 收集数据的方法有很多种。例如，可能希望将 Collection 的元素转换为 String 对象，然后将它们连接起来，用逗号分隔：

```
String joined = elements.stream()
    .map(Object::toString)
    .collect(Collectors.joining(", "));
```

或者用于统计所有员工的工资：

```
int total = employees.stream()
.collect(Collectors.summingInt(Employee::getSalary)));
```

2. 使用 for-each

for-each 允许使用 for 循环简明地遍历集合或数组。以下代码示例使用 for-each 在单独的行上打印出集合的每个元素：

```
for (Object o : collection) {
    System.out.println(o);
}
```

3. 使用迭代器

使用迭代器 Iterator 对象可以遍历集合并有选择地从集合中删除元素。通过调用集合的 iterator 方法来获得集合的 Iterator。以下是 Iterator 接口：

```
public interface Iterator<E> {
    boolean hasNext();
    E next();
    void remove(); // 可选
}
```

如果迭代器具有更多元素，则 hasNext 方法返回 true，并且下一个方法返回迭代中的下一个元素。remove 方法从基础 Collection 中删除 next 返回的最后一个元素。每次调用 next 时，只调用 remove 方法一次，如果违反此规则就抛出异常。

比如在下面的例子中需要过滤特定的元素，则应选择使用 Iterator 而不是 for-each：

```
sstatic void filter(Collection<?> c) {
    for (Iterator<?> it = c.iterator(); it.hasNext(); )
        if (!cond(it.next()))
            it.remove();
}
```

4.2.2　集合接口批量操作

批量操作对整个集合执行操作。虽然可以使用基本操作来实现，但是在大多数情况下此类实现往往效率比较低。以下是批量操作：

- containsAll：如果目标 Collection 包含指定 Collection 中的所有元素，就返回 true。
- addAll：将指定 Collection 中的所有元素添加到目标 Collection。
- removeAll：从目标 Collection 中删除包含在指定 Collection 中的所有元素。
- retainAll：从目标 Collection 中删除所有未包含在指定 Collection 中的元素。也就是说，它仅保留目标 Collection 中也包含在指定 Collection 中的那些元素。
- clear：从集合中删除所有元素。

如果在执行操作的过程中修改了目标 Collection，那么 addAll、removeAll 和 retainAll 方法会返回 true。

下面是批量操作功能的一个简单示例，用于从 Collection 中删除指定元素的所有实例 e：

```
c.removeAll(Collections.singleton(e));
```

假设要从 Collection 中删除所有 null 元素，代码如下：

```
c.removeAll(Collections.singleton(null));
```

Collections.singleton 是一个静态工厂方法，返回一个只包含指定元素的不可变 Set。

4.3　Set 接口

Set 接口是一个不能包含重复元素的 Collection。Set 接口仅包含从 Collection 继承的方法，并添加禁止重复元素的限制。

Java 平台包含 3 个通用的 Set 实现：

- HashSet
- TreeSet
- LinkedHashSet

可以通过下面的方式来实例化 Set：

```
Collection<Type> noDups = new HashSet<Type>(c);
```

或者使用 Stream 的聚合操作来生成 Set：

```
c.stream()
 .collect(Collectors.toSet());
```

4.3.1　HashSet、TreeSet 和 LinkedHashSet 的比较

HashSet 将其元素存储在哈希表中，具有最佳性能，但是不能保证迭代的顺序。

TreeSet 将其元素存储在红黑树中，根据其值对元素进行排序，因此它比 HashSet 慢得多。

LinkedHashSet 实现为一个哈希表，其中包含一个链表，它根据插入集合的顺序对其元素进行排序。

4.3.2 Set 接口基本操作

Set 接口基本操作包括:
- size 操作返回 Set 中的元素数。
- isEmpty 方法判断集合是否是空的。
- add 方法将指定的元素添加到 Set 并返回一个布尔值,指示是否添加了元素。
- remove 方法从 Set 中删除指定的元素并返回一个布尔值,指示元素是否存在。

下面的程序用来打印出其参数列表中所有不同的单词,提供了该程序的两个版本:第一个使用 Java 8 聚合操作,第二个使用 for-each。

1. 使用 Java 8 聚合操作

以下是使用聚合操作 Set 的例子:

```java
import java.util.*;
import java.util.stream.*;

public class FindDups {
    public static void main(String[] args) {
        Set<String> distinctWords = Arrays.asList(args).stream()
            .collect(Collectors.toSet());
        System.out.println(distinctWords.size()+
                    " distinct words: " +
                    distinctWords);
    }
}
```

2. 使用 for-each

以下是使用 for-each 操作 Set 的例子:

```java
import java.util.*;

public class FindDups {
    public static void main(String[] args) {
        Set<String> s = new HashSet<String>();
        for (String a : args) {
            s.add(a);
            System.out.println(s.size() + " distinct words: " + s);
        }
    }
}
```

4.3.3 Set 接口批量操作

批量操作特别适合于 Set。假设 s1 和 s2 是集合，Set 支持以下批量操作：

- s1.containsAll(s2)：如果 s2 是 s1 的子集，就返回 true。
- s1.addAll(s2)：将 s1 转换为 s1 和 s2 的并集。
- s1.retainAll(s2)：将 s1 转换为 s1 和 s2 的交集。
- s1.removeAll(s2)：将 s1 转换为 s1 和 s2 的（非对称）集合差异。

以下是一个 Set 批量操作的完整例子：

```java
import java.util.*;

public class FindDups2 {
    public static void main(String[] args) {
        Set<String> uniques = new HashSet<String>();
        Set<String> dups    = new HashSet<String>();

        for (String a : args) {
            if (!uniques.add(a)) {
                dups.add(a);
            }
        }

        uniques.removeAll(dups);

        System.out.println("Unique words:    " + uniques);
        System.out.println("Duplicate words: " + dups);
    }
}
```

4.4 Map 接口

Map 是将键映射到值的对象。Map 不能包含重复键，每个键最多可映射一个值。

Map 接口包括基本操作的方法（如 put、get、remove、containsKey、containsValue、size 和 empty）、批量操作（如 putAll 和 clear）和集合视图（如 keySet、entrySet 和 values）。

Java 平台包含 3 个通用的 Map 实现：HashMap、TreeMap 和 LinkedHashMap。它们的行为和性能完全类似于 HashSet、TreeSet 和 LinkedHashSet。

4.4.1 Map 接口基本操作

Map 基本操作的方法（如 put、get、remove、containsKey、containsValue、size 和 empty）与

Hashtable 中的对应操作完全相同。以下程序用于统计单词出现的次数：

```java
import java.util.HashMap;
import java.util.Map;

class Freq {

    public static void main(String[] args) {
        Map<String, Integer> m = new HashMap<String, Integer>();

        for (String a : args) {
            Integer freq = m.get(a);
            m.put(a, (freq == null) ? 1 : freq + 1);
        }

        System.out.println(m.size() + " distinct words:");
        System.out.println(m);
    }
}
```

4.4.2 Map 接口批量操作

putAll 操作是 Collection 接口的 addAll 操作的 Map 模拟。除了将一个 Map 转储到另一个 Map 之外，它还有第二个用途，提供一种使用默认值实现属性映射创建的简洁方法。下面演示第二个用途的静态工厂方法：

```java
static <K, V> Map<K, V> newAttributeMap(Map<K, V>defaults, Map<K, V> overrides)
{
    Map<K, V> result = new HashMap<K, V>(defaults);
    result.putAll(overrides);
    return result;
}
```

4.4.3 Map 集合视图

Collection 视图方法允许以下 3 种方式将 Map 视为 Collection：

- keySet：Map 中包含的键集。
- values：Map 中包含的值集合。此 Collection 不是 Set，因为多个键可以映射到相同的值。
- entrySet：Map 中包含的键值对集合。Map 接口提供了一个名为 Map.Entry 的小型嵌套接口。

Collection 视图提供迭代 Map 的唯一方法。此示例使用 for-each 来迭代 Map 中的键：

```java
for (KeyType key : m.keySet()) {
    System.out.println(key);
}
```

以下示例使用迭代器来过滤数据：

```
for (Iterator<Type> it = m.keySet().iterator(); it.hasNext(); ) {
    if (it.next().isBogus()) {
        it.remove();
    }
}
```

以下示例将 Map 的键和值都迭代输出：

```
for (Map.Entry<KeyType, ValType> e : m.entrySet()) {
    System.out.println(e.getKey() + ": " + e.getValue());
}
```

Collection 视图还支持多种形式来删除元素，包括 remove、removeAll、retainAll、clear 和 Iterator.remove 操作。

需要注意的是，Collection 视图在任何情况下都不支持元素添加。

4.5　List 接口

List 是一个有序的 Collection，所以有时称为序列。List 可能包含重复元素。除了从 Collection 继承的操作之外，List 接口还包括以下操作：

- 位置访问：根据列表中的数字位置操作元素，包括 get、set、add、addAll 和 remove 等方法。
- 搜索：搜索列表中的指定对象并返回其数字位置。搜索方法包括 indexOf 和 lastIndexOf。
- 迭代：扩展 Iterator 语义以利用列表的顺序特性。listIterator 方法提供此行为。
- 范围视图：sublist 方法对列表执行任意范围操作。

Java 平台包含两个通用的 List 实现：ArrayList 通常是性能更好的实现；而 LinkedList 在某些情况下提供更好的性能。

4.5.1　集合操作

List 继承自 Collection，因此拥有 Collection 所继承过来的操作。比如 remove 操作始终从列表中删除指定元素的第一个匹配项；add 和 addAll 操作始终将新元素附加到列表的末尾。因此，以下示例用于将一个列表连接到另一个列表。

```
list1.addAll(list2);
```

上面的操作是非破坏性的，因为它产生第三个 List，其中包含了附加到第一个列表的第二个列表。如果是使用 Java 8 及之后的版本，则可以使用 Stream 将数据聚合到 List 中。示例如下：

```
List<String> list = people.stream()
    .map(Person::getName)
    .collect(Collectors.toList());
```

4.5.2 位置访问和搜索操作

基本的位置访问操作是 get、set、add 和 remove。其中，set 和 remove 操作返回被覆盖或删除的旧值。还有一些操作，比如 indexOf 和 lastIndexOf 用于返回列表中指定元素的第一个或最后一个索引。

addAll 操作从指定位置开始插入指定 Collection 的所有元素。元素按指定 Collection 的迭代器返回的顺序插入。

4.5.3 List 的迭代器

List 的迭代器操作返回的迭代器以适当的顺序返回列表的元素。List 还提供了一个更丰富的迭代器，称为 ListIterator，它允许在任一方向遍历列表，在迭代期间修改列表，并获取迭代器的当前位置。

ListIterator 从 Iterator 继承了 3 个方法：hasNext、next 和 remove。ListIterator 还有一个 hasPrevious 方法，用于操作引用游标之前的元素。

以下是在 List 中向后迭代的标准用法：

```
for (ListIterator<Type> it = list.listIterator(list.size());
it.hasPrevious(); ) {
    Type t = it.previous();
    ...
}
```

请注意前面的 listIterator 的参数。List 接口有两种形式的 listIterator 方法。没有参数的表单返回位于列表开头的 ListIterator；带有 int 参数的表单返回一个位于指定索引处的 ListIterator。索引引用初始调用 next 返回的元素。对 previous 的初始调用将返回索引为 index-1 的元素。在长度为 n 的列表中，索引从 0 到 n（包括 0 和 n），共有 n+1 个有效值。

直观地说，游标总是在两个元素之间——一个将通过调用 previous 返回，一个将通过调用 next 返回。n+1 个有效索引值对应于元素之间的 n+1 个间隙，从第一个元素之前的间隙到最后一个元素之后的间隙。图 4-2 显示包含 4 个元素的列表中的 5 个可能的游标位置。

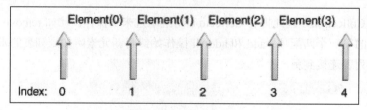

图 4-2　5 个可能的游标位置

4.5.4 范围视图操作

范围视图操作 subList(int fromIndex, int toIndex) 用于返回此列表的部分 List 视图，

其索引范围从 fromIndex（包括）到 toIndex（不包括），这个半开放范围反映了典型的 for 循环：

```
for (int i = fromIndex; i < toIndex; i++) {
    ...
}
```

正如术语视图所暗示的那样，返回的 List 由调用了 subList 的 List 进行备份，因此前者中的更改将反映在后者中。

此方法消除了对显式范围操作的需要（对于数组通常存在的排序），任何期望 List 的操作都可以通过传递 subList 视图而不是整个 List 来用作范围操作。例如，以下语句从 List 中删除一系列元素：

```
list.subList(fromIndex, toIndex).clear();
```

可以构造类似的语句以搜索范围中的元素：

```
int i = list.subList(fromIndex, toIndex).indexOf(o);
int j = list.subList(fromIndex, toIndex).lastIndexOf(o);
```

注意，前面的语句返回 subList 中找到的元素的索引，而不是 list 中的索引。

4.5.5　List 常用算法

Collections 类中的大多数多态算法专门应用于 List。拥有所有这些算法可以很容易地操作列表。下面介绍 List 的常用算法：

- sort：使用合并排序算法对 List 进行排序，快速、稳定。稳定排序是指不重新进行相同元素的排序。
- shuffle：随机置换 List 中的元素。
- reverse：反转 List 中元素的顺序。
- rotate：将 List 中的所有元素旋转指定的距离。
- swap：交换列表中指定位置的元素。
- replaceAll：将所有出现的一个指定值替换为另一个。
- fill：用指定的值覆盖 List 中的每个元素。
- copy：将源列表复制到目标列表。
- binarySearch：使用二进制搜索算法搜索有序 List 中的元素。
- indexOfSubList：返回一个 List 的第一个子列表的索引，该列表等于另一个。
- lastIndexOfSubList：返回一个 List 的最后一个子列表的索引，该列表等于另一个。

4.6　Queue 接口

Queue 就是队列，除了基本的 Collection 操作外，Queue 接口还提供额外的插入、删除和检查等操作。Queue 接口定义如下：

```java
public interface Queue<E> extends Collection<E> {
    E element();
    boolean offer(E e);
    E peek();
    E poll();
    E remove();
}
```

每个 Queue 方法都有两种形式，在操作失败时，要么抛出异常，要么返回特殊值（比如 null 或 false，具体取决于操作）。接口的常规结构如表 4-2 所示。

表 4-2　Queue 接口结构

操作类型	抛出异常	返回特殊值
Insert	add(e)	offer(e)
Remove	remove()	poll()
Examine	element()	peek()

　　Queue 通常以 FIFO（先进先出）方式对元素进行排序，但也有例外，比如（优先级队列）。PriorityQueue 根据元素的值对元素进行排序。无论使用什么排序，队列的头部都是通过调用 remove 或 poll 移除的元素。在 FIFO 队列中，所有新元素都插入队列的尾部。其他类型的队列可能使用不同的放置规则，但每个 Queue 实现都必须指定其排序属性。

　　Queue 接口的实现可以限制它所拥有的元素数量，那么这样的队列被称为有界。java.util.concurrent 中的某些 Queue 实现是有界的，但也有一些 Queue 的实现是无界的。

　　Queue 从 Collection 继承的 add 方法用于插入一个元素，除非它违反了队列的容量限制，在这种情况下它会抛出 IllegalStateException。offer 方法仅用于有界队列，与 add 的不同之处仅在于它通过返回 false 来表示插入元素失败。

　　remove 和 poll 方法都移除并返回队列的头部。仅当队列为空时，remove 和 poll 方法的行为才有所不同。在这种情况下，remove 抛出 NoSuchElementException，而 poll 返回 null。

　　element 和 peek 方法返回但不移除队列的头部，它们之间的差异与 remove 和 poll 的方式完全相同：若队列为空，则 element 抛出 NoSuchElementException，而 peek 返回 null。

　　队列实现通常不允许插入 null 元素，为实现 Queue 而进行了改进的 LinkedList 实现是一个例外，由于历史原因，它允许 null 元素，但是开发者应该避免利用它，因为 null 被 poll 和 peek 方法用作特殊的返回值。

4.7　Deque 接口

　　Deque 是一种双端队列，支持在两个端点处插入和移除元素。Deque 接口是比 Stack 和 Queue 更丰富的抽象数据类型，因为它同时实现堆栈和队列。Deque 接口定义了访问 Deque 实例两端元素的方法，提供了插入、移除和检查元素的方法，ArrayDeque 和 LinkedList 等预定义类都实现了 Deque

接口。

需要注意的是，Deque 接口既可以用作后进先出堆栈，也可以用作先进先出队列。Deque 接口中给出的方法分为以下 3 个部分。

4.7.1 插入

addFirst 和 offerFirst 方法在 Deque 实例的开头插入元素，方法 addLast 和 offerLast 在 Deque 实例的末尾插入元素。当 Deque 实例的容量受到限制时，首选方法是 offerFirst 和 offerLast，因为如果队列已满，那么 addFirst 可能无法抛出异常。

4.7.2 移除

removeFirst 和 pollFirst 方法从 Deque 实例的开头删除元素，removeLast 和 pollLast 方法从末尾删除元素。如果 Deque 为空，那么方法 pollFirst 和 pollLast 返回 null，方法 removeFirst 和 removeLast 则会抛出异常。

4.7.3 检索

方法 getFirst 和 peekFirst 检索 Deque 实例的第一个元素，这些方法不会从 Deque 实例中删除该值。同样，方法 getLast 和 peekLast 检索最后一个元素。如果 Deque 实例为空，则方法 getFirst 和 getLast 会抛出异常，而方法 peekFirst 和 peekLast 将返回 null。

表 4-3 列出 12 种 Deque 元素的插入、移除和检索方法。

表 4-3　12 种 Deque 元素的插入、移除和检索方法

操作类型	第一个元素（Deque 实例的开头）	最后一个元素（Deque 实例的结尾）
插入	addFirst(e)、offerFirst(e)	addLast(e)、offerLast(e)
移除	removeFirst()、pollFirst()	removeLast()、pollLast()
检索	getFirst()、peekFirst()	getLast()、peekLast()

除了插入、删除和检查 Deque 实例的这些基本方法之外，Deque 接口还有一些预定义的方法。例如，removeFirstOccurence，如果 Deque 实例中存在指定元素，那么方法将删除第一个出现的指定元素；如果元素不存在，则 Deque 实例保持不变。另一种类似的方法是 removeLastOccurence，此方法删除 Deque 实例中最后一次出现的指定元素，这些方法的返回类型都是 boolean，如果元素存在于 Deque 实例中则将返回 true。

第 5 章

异常处理

本章介绍 Java 的异常类型以及处理机制。

5.1 异常捕获与处理

Java 使用异常处理机制为程序提供了错误处理的能力。在编写异常处理程序时经常会使用 3 个异常处理程序组件：try、catch 和 finally。在 Java 7 中引入了 try-with-resources 语句，方便处理 Closeable 资源（例如流）的异常处理。

5.1.1 先从一个例子入手

为了更好地理解异常处理机制，我们定义了名为 ListOfNumbers 的类。在构造时，ListOfNumbers 会创建一个 ArrayList，其中包含 10 个序列值为 0 到 9 的整数元素。ListOfNumbers 类还定义了一个名为 writeList 的方法，该方法将数列表写入一个名为 OutFile.txt 的文本文件中。此示例使用在 java.io 中定义的输出类，这些类包含在基本 I/O 中。

```java
import java.io.FileWriter;
import java.io.PrintWriter;
import java.util.ArrayList;
import java.util.List;

class ListOfNumbers {

    private List<Integer> list;
    private static final int SIZE = 10;
```

```java
    public ListOfNumbers() {
        list = new ArrayList<Integer>(SIZE);
        for (int i = 0; i < SIZE; i++) {
            list.add(i);
        }
    }

    public void writeList() {
        // FileWriter 构造函数会抛出 IOException,必须捕获该异常
        PrintWriter out = new PrintWriter(new FileWriter("OutFile.txt"));

        for (int i = 0; i < SIZE; i++) {
            // get(int)方法会抛出 IndexOutOfBoundsException,必须捕获该异常
            out.println("Value at: " + i + " = " + list.get(i));
        }
        out.close();
    }
}
```

构造函数 FileWriter 初始化文件上的输出流。如果文件无法打开,构造函数会抛出一个 IOException 异常。第二个对 ArrayList 类的 get 方法的调用,如果其参数的值太小(小于 0)或太大(超过 ArrayList 当前包含的元素数量),就将抛出 IndexOutOfBoundsException。

如果尝试编译 ListOfNumbers 类,那么编译器将打印有关 FileWriter 构造函数抛出的异常错误消息。但是,它不显示有关 get 抛出的异常错误消息。原因是构造函数 IOException 抛出的异常是一个检查异常,而 get 方法 IndexOutOfBoundsException 抛出的异常是未检查的异常。如图 5-1 所示,在 IDE 中,也仅仅会对检查异常做提示。

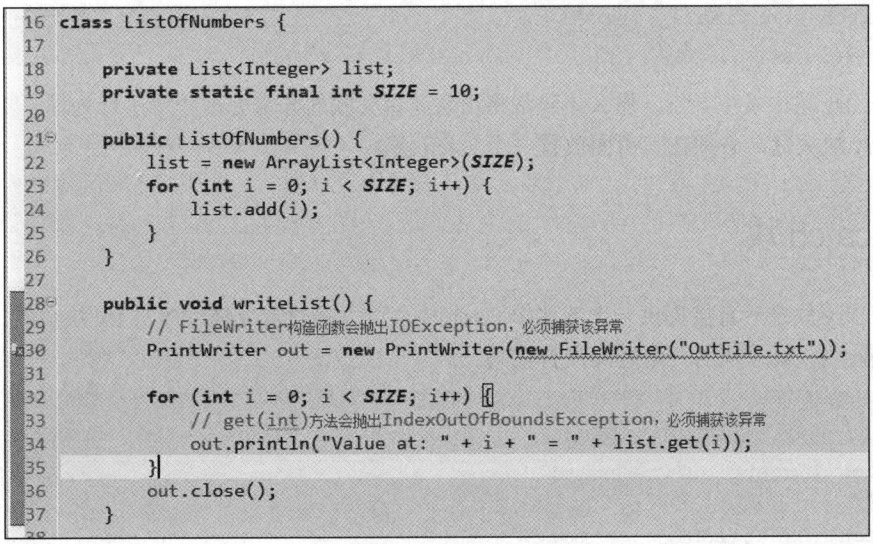

图 5-1　IDE 对检查异常的提示

现在,我们已经熟悉了 ListOfNumbers 类,并且知道了其中哪些地方可能抛出异常。下一步我们就可以编写异常处理程序来捕获和处理这些异常了。

5.1.2　try 块

构造异常处理程序的第一步是封装可能在 try 块中抛出异常的代码。一般来说，try 块看起来像下面这样：

```
try {
    code
}
catch and finally blocks . . .
```

示例标记 code 中的代码段可以包含一个或多个可能抛出的异常。

每行可能抛出异常的代码都可以用单独的一个 try 块，或者多个异常放置在一个 try 块中。以下示例非常简短，因此只使用一个 try 块。

```
private List<Integer> list;
private static final int SIZE = 10;

public void writeList() {
    PrintWriter out = null;
    try {
        System.out.println("Entered try statement");
        out = new PrintWriter(new FileWriter("OutFile.txt"));
        for (int i = 0; i < SIZE; i++) {
            out.println("Value at: " + i + " = " + list.get(i));
        }
    }
    catch and finally blocks . . .
}
```

如果在 try 块中发生异常，那么该异常将由与其相关联的异常处理程序进行处理。要将异常处理程序与 try 块关联，必须在其后面放置一个 catch 块。

5.1.3　catch 块

通过在 try 块之后直接提供一个或多个 catch 块，可以将异常处理程序与 try 块关联。在 try 块的结尾和第一个 catch 块的开始之间没有代码。

```
try {

} catch (ExceptionType name) {

} catch (ExceptionType name) {

}
```

每个 catch 块是一个异常处理程序，处理由其参数指示的异常类型。参数类型 ExceptionType 声明了处理程序可以处理的异常类型，并且必须是从 Throwable 类继承的类的名称。处理程序可以使用名称引用异常。

catch 块包含了在调用异常处理程序时执行的代码。当处理程序是调用堆栈中第一个与 ExceptionType 匹配的异常抛出的类型时，运行时系统将调用异常处理程序。若抛出的对象可以合法地分配给异常处理程序的参数，则系统认为它是匹配的。

以下是 writeList 方法的两个异常处理程序：

```
try {

} catch (IndexOutOfBoundsException e) {
    System.err.println("IndexOutOfBoundsException: " + e.getMessage());
} catch (IOException e) {
    System.err.println("Caught IOException: " + e.getMessage());
}
```

异常处理程序可以做的不仅仅是打印错误消息或停止程序。它们可以执行错误恢复，提示用户做出决定，或者使用异常链将错误传播到更高级别的处理程序，如"异常链"部分所述。

5.1.4 在一个异常处理程序中处理多个类型的异常

在 Java 7 和更高版本中，单个 catch 块可以处理多种类型的异常。此功能可以减少代码重复，并减少定义过于宽泛的异常。

在 catch 子句中，多个类型的异常使用竖线（|）分隔每个异常类型：

```
catch (IOException|SQLException ex) {
    logger.log(ex);
    throw ex;
}
```

> **注 意**
>
> 如果 catch 块处理多个异常类型，那么 catch 参数将隐式为 final。在本示例中，catch 参数 ex 是 final，因此不能在 catch 块中为其分配任何值。

5.1.5 finally 块

finally 块总是在 try 块退出时执行。这确保即使发生意外异常也会执行 finally 块。finally 的用处不仅仅是异常处理，它还允许程序员避免清理代码意外绕过 return、continue 或 break。因此，将清理代码放在 finally 块中是一个好的做法，即使没有预期的异常。

> **注 意**
>
> 如果在执行 try 或 catch 代码时 JVM 退出，则 finally 块可能无法执行。同样，如果执行 try 或 catch 代码的线程被中断或杀死，则 finally 块可能不执行，即使应用程序作为一个整体继续。

writeList 方法的 try 块打开一个 PrintWriter。程序应该在退出 writeList 方法之前关闭该流。这提出了一个有点复杂的问题，因为 writeList 的 try 块可以以 3 种方式中的一种退出：

- new FileWriter 语句失败并抛出 IOException。
- list.get(i)语句失败并抛出 IndexOutOfBoundsException。
- 一切成功，try 块正常退出。

运行时系统总是执行 finally 块内的语句，而不管 try 块内发生了什么，所以它是执行清理的完美场所。

下面的 finally 块为 writeList 方法清理，然后关闭 PrintWriter。

```
finally {
   if (out != null) {
      System.out.println("Closing PrintWriter");
      out.close();
   } else {
      System.out.println("PrintWriter not open");
   }
}
```

finally 块是防止资源泄漏的关键工具。当关闭文件或恢复资源时，将代码放在 finally 块中，以确保资源始终恢复。Java 7 中提供了 try-with-resources 语句，当不再需要时能够自动释放系统资源。

5.1.6　try-with-resources 语句

try-with-resources 是 Java 7 中一个新的异常处理机制，能够很容易地关闭在 try-catch 语句块中使用的资源。资源（resource）是指在程序完成后必须关闭的对象。try-with-resources 语句确保了每个资源在语句结束时关闭。所有实现了 java.lang.AutoCloseable 接口的对象（其中包括实现了 java.io.Closeable 的所有对象），都可以被自动关闭。

例如，我们自定义一个资源类：

```
class AutoCloseableDemo {

   /**
    * @param args
    */
   public static void main(String[] args) {
      try(Resource res = new Resource()) {
         res.doSome();
      } catch(Exception ex) {
         ex.printStackTrace();
      }
   }
}

class Resource implements AutoCloseable {
```

```java
    void doSome() {
        System.out.println("do something");
    }
    @Override
    public void close() throws Exception {
        System.out.println("resource is closed");
    }
}
```

执行输出如下:

```
do something
resource is closed
```

资源被自动关闭。

再来看一个例子,可以同时关闭多个资源:

```java
class AutoCloseableMutiResourceDemo {

    /**
     * @param args
     */
    public static void main(String[] args) {
        try (ResourceSome some = new ResourceSome();
                ResourceOther other = new ResourceOther()) {
            some.doSome();
            other.doOther();
        } catch (Exception ex) {
            ex.printStackTrace();
        }
    }
}

class ResourceSome implements AutoCloseable {
    void doSome() {
        System.out.println("do something");
    }

    @Override
    public void close() throws Exception {
        System.out.println("some resource is closed");
    }
}

class ResourceOther implements AutoCloseable {
    void doOther() {
        System.out.println("do other things");
    }

    @Override
    public void close() throws Exception {
```

```
        System.out.println("other resource is closed");
    }
}
```

最终输出为:

```
do something
do other things
other resource is closed
some resource is closed
```

在 try 语句中越是最后使用的资源越早被关闭。

try-with-resource 语句在 Java 9 中已经做了改进，简化了使用。

5.2 通过方法声明抛出异常

5.1 节展示了如何为 ListOfNumbers 类中的 writeList 方法编写异常处理程序。有时，它适合代码捕获可能发生在其中的异常,但在其他情况下最好让一个方法进一步推给上层并调用堆栈来处理异常。例如，将 ListOfNumbers 类提供为类包的一部分，则可能无法预期所有用户的需求。在这种情况下，最好不要捕获异常，而是允许将异常抛给上层，让上层来决定如何处理它。

如果 writeList 方法没有捕获其中可能发生的已检查异常，那么 writeList 方法必须指定它可以抛出这些异常。让我们修改原始的 writeList 方法来指定它可以抛出的异常，而不是捕捉它们。注意，下面是不能编译的 writeList 方法的原始版本。

```java
public void writeList() {
    PrintWriter out = new PrintWriter(new FileWriter("OutFile.txt"));
    for (int i = 0; i < SIZE; i++) {
        out.println("Value at: " + i + " = " + list.get(i));
    }
    out.close();
}
```

要指定 writeList 可以抛出两个异常，可为 writeList 方法的方法声明添加一个 throws 子句。throws 子句包含 throws 关键字，后面是由该方法抛出的所有异常的逗号分隔列表。该子句在方法名和参数列表之后，在定义方法范围的大括号之前。示例如下:

```java
public void writeList() throws IOException, IndexOutOfBoundsException {
```

IndexOutOfBoundsException 是未检查异常（unchecked exception），在 throws 子句中不是强制的，所以可以写成下面这样:

```java
public void writeList() throws IOException {
```

5.3 如何抛出异常

在可以捕获异常之前，一些代码必须抛出一个异常。任何代码都可能会抛出异常，有些是你自己的代码，有些是其他人编写的包或 Java 运行时环境的代码。无论是什么引发的异常，它总是通过 throw 语句抛出。

Java 平台提供了许多异常类，这些类都是 Throwable 类的后代，并且都允许程序区分在程序执行期间可能发生的各种类型的异常。

开发者还可以创建自己的异常类来表示在编写的类中可能发生的问题。事实上，如果是包的开发人员，可能必须创建自己的一组异常类，以允许用户区分包中可能发生的错误与 Java 平台或其他包中发生的错误。

5.3.1 throw 语句

所有方法都使用 throw 语句抛出异常。throw 语句需要一个参数——Throwable 对象。Throwable 对象是 Throwable 类中任何子类的实例。以下是一个 throw 语句的例子。

```
throw someThrowableObject;
```

让我们来看一下上下文中的 throw 语句。 以下 pop 方法取自实现公共堆栈对象的类。该方法从堆栈中删除顶层元素并返回对象。

```java
public Object pop() {
    Object obj;

    if (size == 0) {
        throw new EmptyStackException();
    }

    obj = objectAt(size - 1);
    setObjectAt(size - 1, null);
    size--;
    return obj;
}
```

pop 方法将会检查栈中的元素。如果栈是空的（它的 size 等于 0），那么 pop 实例化一个 EmptyStackException 对象（java.util 的成员）并抛出它。EmptyStackException 继承自 java.lang.Throwable 类。

> **注 意**
>
> pop 方法的声明不包含 throws 子句。EmptyStackException 不是已检查异常，因此不需要 pop 来声明它可能发生。

5.3.2 Throwable 类及其子类

继承自 Throwable 类的对象包括直接后代（直接从 Throwable 类继承的对象）和间接后代（从 Throwable 类的子代或孙代继承的对象）。图 5-2 说明了 Throwable 类及其重要的子类的类层次结构。

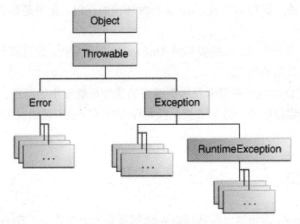

图 5-2　Throwable 类及其子类

正如图 5-2 所示，Throwable 有两个直接的后代——Error 和 Exception。

5.3.3 Error 类

当 Java 虚拟机中发生动态链接故障或其他硬故障时，虚拟机会抛出 Error。Error 在正常情况下不大可能出现，绝大部分的 Error 都会导致程序处于非正常、不可恢复状态，比如常见的 OutOfMemoryError。

在一般的程序中，通常不捕获或抛出 Error。

5.3.4 Exception 类

大多数程序抛出和捕获从 Exception 类派生的对象。Exception 表示发生了问题，但它不是严重的系统问题。我们编写的大多数程序将抛出并捕获 Exception 而不是 Error。

Java 平台定义了 Exception 类的许多后代，这些后代表示可能发生的各种类型的异常。例如，IllegalAccessException 表示找不到特定方法，NegativeArraySizeException 表示程序尝试创建一个负大小的数组等。

Exception 的子类 RuntimeException 主要用于指示不正确使用 API 产生的异常。RuntimeException 的一个示例是 NullPointerException，当方法尝试通过空引用访问对象的成员时会发生此空指针异常。

大多数应用程序不应该抛出运行时异常或 RuntimeException 的子类，详情可参见 5.6 节的内容。

5.4 异常链

应用程序通常会通过抛出另一个异常来响应异常。实际上，第一个异常引起第二个异常，以此类推，这就是"异常链（Chained Exceptions）"。异常链有助于用户知道什么时候一个异常会导致另一个异常。以下是 Throwable 中支持异常链的方法和构造函数：

- Throwable getCause()
- Throwable initCause(Throwable)
- Throwable(String, Throwable)
- Throwable(Throwable)

initCause 和 Throwable 构造函数的 Throwable 参数是导致当前异常的异常。getCause 返回导致当前异常的异常，initCause 设置当前异常的原因。

以下示例显示如何使用异常链：

```
try {

} catch (IOException e) {
    throw new SampleException("Other IOException", e);
}
```

在此示例中，当捕获到 IOException 时将创建一个新的 SampleException 异常，附加原始的异常原因，并将异常链抛出到下一个更高级别的异常处理程序。

5.4.1 访问堆栈跟踪信息

现在让我们假设更高级别的异常处理程序想要以自己的格式转储堆栈跟踪。

> **注　意**
>
> 堆栈跟踪（stack trace）提供有关当前线程的执行历史信息，并列出在异常发生时调用的类和方法的名称。堆栈跟踪是一个有用的调试工具，通常在抛出异常时会使用。

在异常对象上调用 getStackTrace 方法可获取堆栈跟踪信息，代码如下：

```
catch (Exception cause) {
    StackTraceElement elements[] = cause.getStackTrace();
    for (int i = 0, n = elements.length; i < n; i++) {
        System.err.println(elements[i].getFileName()
            + ":" + elements[i].getLineNumber()
            + ">> "
            + elements[i].getMethodName() + "()");
    }
}
```

5.4.2 记录异常日志

如果要记录 catch 块中所发生的异常，最好不要手动解析堆栈跟踪并将输出发送到 System.err()，而是使用 Java 日志框架（比如 java.util.logging）将日志的内容输出发送到文件。

以下是使用日志框架的示例：

```java
try {
    Handler handler = new FileHandler("OutFile.log");
    Logger.getLogger("").addHandler(handler);

} catch (IOException e) {
    Logger logger = Logger.getLogger("package.name");
    StackTraceElement elements[] = e.getStackTrace();
    for (int i = 0, n = elements.length; i < n; i++) {
        logger.log(Level.WARNING, elements[i].getMethodName());
    }
}
```

java.util.logging 是 Java 自身提供的日志框架。除此之外，业界还提供了诸如 Log4j、Logback 和 SLF4J 等第三方开源的日志框架。这些框架往往拥有比较好的性能。

- Log4j 是 Apache 旗下的 Java 日志记录工具，它是由 Ceki Gülcü 首创的。
- Log4j 2 是 Log4j 的升级产品。
- Commons Logging 是 Apache 基金会所属的项目，是一套 Java 日志接口，之前叫 Jakarta Commons Logging，后更名为 Commons Logging。
- SLF4J（Simple Logging Facade for Java）类似于 Commons Logging，是一套简易 Java 日志门面，本身并无日志的实现。同样也是 Ceki Gülcü 首创的。
- Logback 是 SLF4J 的实现，与 SLF4J 是同一个作者。

这些框架都能很好地支持 UDP 以及 TCP 协议。应用程序将日志条目发送到控制台或文件系统。通常使用文件回收技术来避免日志填满所有磁盘空间。

日志处理的最佳实践之一是关闭生产中的大部分日志条目，因为磁盘 I/O 的成本很高。磁盘 I/O 不但会减慢应用程序的运行速度，还会严重影响可伸缩性。将日志写入磁盘也需要较高的磁盘容量，当磁盘用完之后，就有可能会降低应用程序的性能。日志框架提供了在运行时控制日志记录的选项，以限制必须打印的内容以及不打印的内容。这些框架中的大部分都对日志记录控件提供了细粒度的控制，还提供了在运行时更改这些配置的选项。

另外，日志可能包含重要的信息，如果分析得当，那么可能具有很高的价值。因此，限制日志条目本质上限制了我们理解应用程序行为的能力。所以，日志是一把双刃剑。

5.5 创建异常类

需要抛出异常的类型时，可以选择使用由别人编写的异常（Java 平台提供了许多可以使用的异常类），或者使用自己编写的异常类。在做出抉择的时候，先考虑以下问题：

- 你需要一个 Java 平台中没有的异常类型吗？
- 用户能够区分你的异常与由其他供应商编写的类抛出的异常吗？
- 你的代码是否抛出不止一个相关的异常？
- 如果使用他人的异常，那么用户是否可以访问这些异常？

如果对上面任何问题的回答都是"是"，就应该编写自己的异常类；否则，建议使用现有的异常类。

5.5.1 一个创建异常类的例子

假设正在写一个链表类，该类支持以下方法：

- objectAt(int n)：返回列表中第 n 个位置的对象。如果参数小于 0 或大于当前列表中的对象数，就抛出异常。
- firstObject()：返回列表中的第一个对象。如果列表不包含对象，就抛出异常。
- indexOf(Object o)：搜索指定对象的列表，并返回其在列表中的位置。如果传入方法的对象不在列表中，就抛出异常。

链表类可以抛出多个异常，使用一个异常处理程序捕获链表所抛出的所有异常是很方便的。同时，所有相关代码都应打包在一起。因此，链表应该提供自己的一组异常类。

图 5-3 给出了链表抛出异常的一个可能的类层次结构。

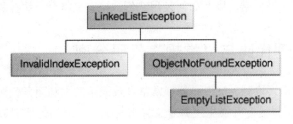

图 5-3 类层次结构

5.5.2 选择超类

任何 Exception 子类都可以用作 LinkedListException 的父类。然而，这些子类有些是专用的，有些又与 LinkedListException 完全无关。因此，LinkedListException 的父类应该是 Exception。

开发人员大多数情况下所编写的应用程序都会抛出 Exception 对象。Error 通常用于系统中严重的硬错误,开发人员一般不做捕获。

5.6 未检查异常

由于 Java 编程语言并不需要捕获方法或声明未检查异常(包括 RuntimeException、Error 及其子类),因此开发人员可能会试图编写只抛出未检查异常的代码,或使所有异常子类继承自 RuntimeException(运行时异常)。虽然这对于程序员来说似乎很方便,但是它避开了捕获或者声明异常的需求,并且可能会导致其他人在使用你的类时产生问题。

运行时异常可能发生在程序中的任何地方,在典型的程序中它们可以非常多。例如,NullPointerException(空指针异常)、IndexOutOfBoundsException(下标越界异常)等都是非检查异常,在程序中可以选择捕获处理,也可以不处理。如果在每个方法声明中添加运行时异常就会降低程序的清晰度,因此编译器不需要捕获或声明运行时异常(尽管可以做到)。

通常的做法是当用户调用一个方法不正确时,抛出一个 RuntimeException。例如,一个方法可以检查其中一个参数是否为 null。如果参数为 null,那么该方法可能会抛出 NullPointerException 异常,这是一个未检查异常。

一般来说,不要抛出一个 RuntimeException 或创建一个 RuntimeException 的子类,这样你就不会被声明哪些方法可以抛出什么异常所困扰了。

一个原则是:如果客户端可以合理地从期望异常中恢复,就使其成为一个已检查异常;如果客户端无法从异常中恢复,就将其设置为未检查异常。

5.7 使用异常带来的优势

现在已经知道了什么是异常,以及如何使用它们,接下来将会介绍在程序中使用异常的优点。

5.7.1 将错误处理代码与"常规"代码分离

在传统的编程中,错误检测、报告和处理常常导致混淆意大利面条代码(spaghetti code)。而异常提供了一种方式,可以区分开当主逻辑发生异常情况时不同的处理细节。例如,以下示例会将整个文件读入内存。

```
readFile {
    open the file;
    determine its size;
    allocate that much memory;
    read the file into memory;
    close the file;
```

乍一看，这个功能很简单，但它忽略了以下所有潜在错误。

- 无法打开文件会发生什么？
- 无法确定文件的长度会发生什么？
- 不能分配足够的内存会发生什么？
- 读取失败会发生什么？
- 文件无法关闭会怎么样？

为了处理这些情况，readFile 函数必须有更多的代码来执行错误检测、报告和处理。下面展示该函数可能会是什么样子。

```
errorCodeType readFile {
    initialize errorCode = 0;

    open the file;
    if (theFileIsOpen) {
        determine the length of the file;
        if (gotTheFileLength) {
            allocate that much memory;
            if (gotEnoughMemory) {
                read the file into memory;
                if (readFailed) {
                    errorCode = -1;
                }
            } else {
                errorCode = -2;
            }
        } else {
            errorCode = -3;
        }
        close the file;
        if (theFileDidntClose && errorCode == 0) {
            errorCode = -4;
        } else {
            errorCode = errorCode and -4;
        }
    } else {
        errorCode = -5;
    }
    return errorCode;
}
```

这里面有很多错误检测、报告的细节，使得原来的 7 行代码被淹没在这些代码中。更糟的是，代码的逻辑流已经丢失，因此很难判断代码是否正确。在编写该方法三个月后再来修改这个方法时，难以确保代码能够继续正确运行。因此，许多程序员会通过简单地忽略它来解决这个问题。这样当他们的程序崩溃时，就会生成报告错误。

异常是开发人员编写代码的主要流程，并处理其他地方的特殊情况。如果 readFile 函数使用异常而不是传统的错误管理技术，应该更像下面的示例：

```
readFile {
    try {
        open the file;
        determine its size;
        allocate that much memory;
        read the file into memory;
        close the file;
    } catch (fileOpenFailed) {
        doSomething;
    } catch (sizeDeterminationFailed) {
        doSomething;
    } catch (memoryAllocationFailed) {
        doSomething;
    } catch (readFailed) {
        doSomething;
    } catch (fileCloseFailed) {
        doSomething;
    }
}
```

注意，异常不会减少你在法执行检测、报告和处理错误方面的工作，但它们可以帮助你更有效地组织工作。

5.7.2　将错误沿调用堆栈向上传递

异常的第二个优点是能够在方法的调用堆栈上将错误向上传递。假设 readFile 方法是在主程序进行的一系列嵌套方法中的最底层，比如首先是 method1 调用 method2，而后调用 method3，最后调用 readFile。

```
method1 {
    call method2;
}

method2 {
    call method3;
}

method3 {
    call readFile;
}
```

假设 method1 是对 readFile 中可能发生的错误感兴趣的唯一方法。传统的错误通知技术强制 method2 和 method3 将 readFile 返回的错误代码传递到调用堆栈，直到错误代码最终到达 method1。

```
method1 {
    errorCodeType error;
    error = call method2;
```

```
    if (error)
        doErrorProcessing;
    else
        proceed;
}

errorCodeType method2 {
    errorCodeType error;
    error = call method3;
    if (error)
        return error;
    else
        proceed;
}

errorCodeType method3 {
    errorCodeType error;
    error = call readFile;
    if (error)
        return error;
    else
        proceed;
}
```

回想一下，Java 运行时环境通过调用堆栈向后搜索以找到任何对处理特定异常感兴趣的方法。一个方法可以阻止在其中抛出的任何异常，从而允许另外一个方法在调用栈上更远的地方来捕获它。因此，只有关心错误的方法才需要担心检测错误。

```
method1 {
    try {
        call method2;
    } catch (exception e) {
        doErrorProcessing;
    }
}

method2 throws exception {
    call method3;
}

method3 throws exception {
    call readFile;
}
```

如上述伪代码所示，任何可以在方法中抛出的已检查异常都必须在 throws 子句中指定。

5.7.3 对错误类型进行分组和区分

在程序中抛出的所有异常都是对象，异常的分组或分类是类层次结构的自然结果。Java 平台中一组相关异常类的示例是 IOException。IOException 是最常见的，表示执行 I/O 时可能发生的任何类型的错误。它的后代表示更具体的错误。例如，FileNotFoundException 意味着文件无法在磁盘上找到。

一个方法可以处理非常特定的异常。FileNotFoundException 类没有后代，因此下面的处理程序只能处理一种类型的异常。

```
catch (FileNotFoundException e) {
   ...
}
```

可以在 catch 语句中指定任何异常的超类来基于其组或常规类型捕获异常。例如，为了捕获所有 I/O 异常，无论其具体类型如何，异常处理程序都会指定一个 IOException 参数。

```
catch (IOException e) {
   ...
}
```

这个处理程序将能够捕获所有 I/O 异常，包括 FileNotFoundException、EOFException 等。你可以通过查询传递给异常处理程序的参数来查找有关发生的详细信息。 例如，使用以下命令打印堆栈跟踪。

```
catch (IOException e) {
   e.printStackTrace();
   e.printStackTrace(System.out);
}
```

下面的例子可以处理所有的异常：

```
catch (Exception e) {
   ...
}
```

Exception 类接近 Throwable 类层次结构的顶部。因此，这个处理程序将会捕获除处理程序想要捕获的那些异常之外的许多其他异常。

在大多数情况下，异常处理程序应该尽可能的具体。原因是处理程序必须做的第一件事是在选择最佳恢复策略之前要确定发生的是什么类型的异常。实际上，如果不捕获特定的错误，处理程序必须适应任何可能性。太过通用的异常处理程序可能会捕获和处理程序员不期望并且处理程序不想要的异常，从而使代码更容易出错。

如上所述，开发人员可以以常规方式创建异常分组来处理异常，也可以使用特定的异常类型来区分异常，从而可以以确切的方式来处理异常。

5.8　try-with-resources 语句的详细用法

关于 try-with-resources 语句，在前面章节也做过介绍，最早是在 Java 7 中引入的。在 Java 9 中，又对 try-with-resources 进行了改进，使得用户可以更加方便、简洁地使用 try-with-resources 语句。

为了演示 try-with-resources 语句的好处，先来看一个在 Java 7 之前对于资源处理的例子。

5.8.1 手动关闭资源

在 Java 7 之前，资源需要手动关闭。下面是一个很常见的文件操作的例子：

```
Charset charset = Charset.forName("US-ASCII");
String s = ...;
BufferedWriter writer = null;
try {
    writer = Files.newBufferedWriter(file, charset);
    writer.write(s, 0, s.length());
} catch (IOException x) {
    System.err.format("IOException: %s%n", x);
} finally {

    // 牢记要释放资源
    if (writer != null) {
        writer.close();
    }
}
```

在 Java 7 之前，一定要在 finally 中执行 close，以释放资源。

5.8.2 Java 7 中的 try-with-resources 介绍

try-with-resources 是 Java 7 中一个新的异常处理机制，能够很容易地关闭在 try-catch 语句块中使用的资源。所谓的资源（resource）是指在程序完成后，必须关闭的对象。try-with-resources 语句确保了每个资源在语句结束时关闭。所有实现了 java.lang.AutoCloseable 接口（其中，它包括实现了 java.io.Closeable 的所有对象），可以使用作为资源。

例如，我们自定义一个资源类：

```
class AutoCloseableDemo {

    /**
     * @param args
     */
    public static void main(String[] args) {
        try(Resource res = new Resource()) {
            res.doSome();
        } catch(Exception ex) {
            ex.printStackTrace();
        }
    }
}

class Resource implements AutoCloseable {
```

```
    void doSome() {
        System.out.println("do something");
    }
    @Override
    public void close() throws Exception {
        System.out.println("resource is closed");
    }
}
```

执行输出如下：

```
do something
resource is closed
```

可以看到，资源终止被自动关闭了。

再来看一个例子，是同时关闭多个资源的情况：

```
class AutoCloseableMutiResourceDemo {

    /**
     * @param args
     */
    public static void main(String[] args) {
        try (ResourceSome some = new ResourceSome();
             ResourceOther other = new ResourceOther()) {
            some.doSome();
            other.doOther();
        } catch (Exception ex) {
            ex.printStackTrace();
        }
    }
}

class ResourceSome implements AutoCloseable {
    void doSome() {
        System.out.println("do something");
    }

    @Override
    public void close() throws Exception {
        System.out.println("some resource is closed");
    }
}

class ResourceOther implements AutoCloseable {
    void doOther() {
        System.out.println("do other things");
    }

    @Override
    public void close() throws Exception {
```

```
        System.out.println("other resource is closed");
    }
}
```

最终输出为:

```
do something
do other things
other resource is closed
some resource is closed
```

在 try 语句中越是最后使用的资源,越是最早被关闭。

5.8.3　try-with-resources 在 Java 9 中的改进

作为 JEP 213 规范（http://openjdk.java.net/jeps/213）的一部分,try-with-resources 声明在 Java 9 中已得到改进。如果已经有一个资源是 final 或等效于 final 的变量,则可以在 try-with-resources 语句中使用该变量,而无须在 try-with-resources 语句中声明一个新变量。

例如,给定资源的声明:

```java
// A final resource
final Resource resource1 = new Resource("resource1");
// An effectively final resource
Resource resource2 = new Resource("resource2");
```

用老方法编写代码来管理这些资源是类似的:

```java
// JDK 9 之前的写法
try (Resource r1 = resource1;
     Resource r2 = resource2) {
    // 通过 r1 和 r2 来使用 resource1 和 resource 2
}
```

而新方法可以是:

```java
// JDK 9 的写法
try (resource1;
     resource2) {
    // 使用 resource1 和 resource 2
}
```

看上去简洁很多!

5.9　实战：使用 try-with-resources

以下示例用于演示 Java 7 和 Java 9 中 try-with-resources 在用法上的差异。

```java
class TryWithResourcesDemo {
```

```java
    /**
     * @param args
     */
    public static void main(String[] args) {
        ResourceSome some = new ResourceSome();
        ResourceOther other = new ResourceOther();
        
        // JDK7
        try (ResourceSome _some = some;
                ResourceOther _other = other) {
            _some.doSome();
            _other.doOther();
        } catch (Exception ex) {
            ex.printStackTrace();
        }
        
        // JDK9
        try (some;
                other) {
            some.doSome();
            other.doOther();
        } catch (Exception ex) {
            ex.printStackTrace();
        }
    }
}

class ResourceSome implements AutoCloseable {
    void doSome() {
        System.out.println("do something");
    }
    
    @Override
    public void close() throws Exception {
        System.out.println("some resource is closed");
    }
}

class ResourceOther implements AutoCloseable {
    void doOther() {
        System.out.println("do other things");
    }
    
    @Override
    public void close() throws Exception {
        System.out.println("other resource is closed");
    }
}
```

运行程序,控制台输出如下:

```
do something
do other things
other resource is closed
some resource is closed
do something
do other things
other resource is closed
some resource is closed
```

第 6 章

I/O 处理

本章介绍 Java 的 I/O 处理，内容主要涉及 I/O 流和文件 I/O 的处理。

6.1 I/O 流

数据就像水一样从一个地方流到另外一个地方。流是一个很形象的概念，当程序需要读取数据的时候，就会开启一个通向数据源的流；当程序需要写入数据的时候，就会开启一个通向目的地的流。因此，流是有方向性的。

流主要有以下分类：

- 按流向分：分为"输入流"（Input Stream）和"输出流"（Output Stream），两者统称为 I/O 流。
- 按数据传输单位分：分为"字节流"和"字符流"。

6.1.1 字节流

首先认识一下字节流（Byte Streams）。字节流用于处理原始的二进制数据 I/O，它输入、输出的是 8 位字节。在 Java 中，处理字节流相关的类为 InputStream 和 OutputStream，分别处理输入流和输出流。

字节流的类有许多，在本节重点讲解文件 I/O 字节流 FileInputStream 和 FileOutputStream。其他种类的字节流用法类似，主要区别在于它们构造的方式，大家可以举一反三。

1. 字节流的用法

下面的例子演示从 xanadu.txt 文件内容复制到 outagain.txt 的过程。每次只复制一个字节：

```java
public class CopyBytes {
    /**
     * @param args
     * @throws IOException
     */
    public static void main(String[] args) throws IOException {
        FileInputStream in = null;
        FileOutputStream out = null;

        try {
            in = new FileInputStream("resources/xanadu.txt");
            out = new FileOutputStream("resources/outagain.txt");
            int c;

            while ((c = in.read()) != -1) {
                out.write(c);
            }
        } finally {
            if (in != null) {
                in.close();
            }
            if (out != null) {
                out.close();
            }
        }
    }
}
```

CopyBytes 花费大部分时间在简单的循环里面，从输入流每次读取一个字节到输出流，如图 6-1 所示。

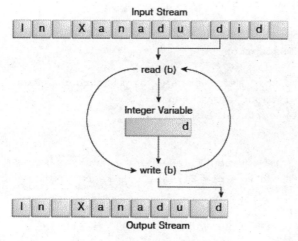

图 6-1　读取一个字节到输出流

2. 字节流的注意事项

在使用流的时候要注意，记得始终关闭流。使用 finally 块可保证即使发生错误两个流还是能被关闭的。这种做法有助于避免严重的资源泄漏。

一个可能的错误是，CopyBytes 无法打开一个或两个文件。当发生这种情况时，对应解决方案是判断该文件的流是否其初始 null 值。这就是为什么 CopyBytes 可以确保每个流变量在调用前都包含了一个对象的引用。

CopyBytes 程序可以运行，但是它实际上代表了一种低级别的 I/O，在实际项目中应该避免这么写程序。因为 xanadu.txt 包含字符数据，所以最好的方法是使用字符流。字节流应只用于最原始的 I/O。所有其他流类型是建立在字节流之上的。

6.1.2 字符流

字符流（Character Streams）处理字符数据的 I/O，并自动处理与本地字符集的转化。Java 平台存储字符值使用 Unicode 约定。字符流 I/O 会自动将这个内部格式与本地字符集进行转换。在西方的语言环境中，本地字符集通常是 ASCII 的 8 位超集。

对于大多数应用，字符流的 I/O 操作不会比字节流的 I/O 操作复杂。使用字符的程序应当使用字符流来代替字节流，其好处是可以自动适应本地字符集，并可以准备国际化，而这完全不需要程序员额外的工作。

如果不需要考虑国际化，就可以简单地使用字符流类，而不必太注意字符集问题。以后，如果程序需要做国际化了，此时程序也能够适应这种需求的扩展。

1. 字符流的用法

字符流类主要涉及 Reader 和 Writer 两个类。对应文件 I/O 的处理，Java 提供了 FileReader 和 FileWriter 两个类。

下面是一个字符流的用法示例：

```java
public class CopyCharacters {
    /**
     * @param args
     * @throws IOException
     */
    public static void main(String[] args) throws IOException {
        FileReader inputStream = null;
        FileWriter outputStream = null;

        try {
            inputStream = new FileReader("resources/xanadu.txt");
            outputStream = new FileWriter("resources/characteroutput.txt");

            int c;
            while ((c = inputStream.read()) != -1) {
                outputStream.write(c);
            }
        } finally {
            if (inputStream != null) {
                inputStream.close();
```

```
            }
            if (outputStream != null) {
                outputStream.close();
            }
        }
    }
}
```

CopyCharacters 与 CopyBytes 是非常相似的。最重要的区别在于 CopyCharacters 使用 FileReader 和 FileWriter 来进行输入/输出，而 CopyBytes 是使用 FileInputStream 和 FileOutputStream 来进行的。注意，这两个 CopyBytes 和 CopyCharacters 使用 int 变量来读取和写入。在 CopyCharacters 中，int 变量保存在其最后的 16 位字符值；而在 CopyBytes 中，int 变量保存在其最后的 8 位字节值。

2．字符流使用字节流

字符流往往是对字节流的"包装"。字符流使用字节流来执行物理 I/O，同时字符流处理字符和字节之间的转换。例如，FileReader 使用的是 FileInputStream，而 FileWriter 使用的是 FileOutputStream。

有两种通用的字节到字符的"桥梁"流：InputStreamReader 和 OutputStreamWriter。当没有预包装的字符流类时，使用它们来创建字符流。

6.1.3 面向行的 I/O

字符 I/O 通常发生在较大的单位而不仅仅是单个字符。一个常用的单位是行，用行结束符结尾。行结束符可以是回车（"\r"）、换行符（"\n"）或者是回车/换行符（"\r\n"）。

要处理面向行的 I/O，必须使用两个类，即 BufferedReader 和 PrintWriter。以下是代码示例：

```java
public class CopyLines {
    /**
     * @param args
     * @throws IOException
     */
    public static void main(String[] args) throws IOException {
        BufferedReader inputStream = null;
        PrintWriter outputStream = null;

        try {
            inputStream = new BufferedReader(new FileReader("resources/xanadu.txt"));
            outputStream = new PrintWriter(new FileWriter("resources/characteroutput.txt"));

            String l;
            while ((l = inputStream.readLine()) != null) {
                outputStream.println(l);
            }
        } finally {
            if (inputStream != null) {
```

```
            inputStream.close();
        }
        if (outputStream != null) {
            outputStream.close();
        }
    }
}
```

调用 readLine 方法会按行返回文本行。CopyLines 使用 println 来输出带有当前操作系统的行终止符的每一行。这可能与输入文件中不是相同的行终止符。

6.1.4　缓冲流

缓冲流（Buffered Streams）通过减少调用本地 API 的次数来优化流的输入和输出。

目前为止，大多数时候我们的示例是使用非缓冲 I/O。这意味着每次读或写请求是由基础 OS 直接处理的。这可以使一个程序效率低得多，因为每个这样的请求通常引发磁盘访问、网络活动或一些其他的操作，而这些操作是相对昂贵的。

为了减少这种开销，Java 平台实现缓冲 I/O 流：

- 缓冲输入流：从被称为缓冲区（buffer）的存储器区域读出数据。仅当缓冲区是空时，本地输入 API 才被调用。
- 缓冲输出流：将数据写入到缓存区，只有当缓冲区已满才调用本机输出 API。

可以将程序的非缓冲流转化为缓冲流，以提升程序的执行效率。以下是一个示例：

```
inputStream = new BufferedReader(new FileReader("xanadu.txt"));
outputStream = new BufferedWriter(new FileWriter("characteroutput.txt"));
```

用于包装非缓存流的缓冲流类有 4 个：BufferedInputStream 和 BufferedOutputStream 用于创建字节缓冲字节流，BufferedReader 和 BufferedWriter 用于创建字符缓冲字节流。

6.1.5　刷新缓冲流

刷新缓冲流是指在某个缓冲的关键点就可以将缓冲输出，而不必等待它填满。

一些缓冲输出类通过一个可选的构造函数参数支持 autoflush（自动刷新）。当自动刷新开启，某些关键事件就会导致缓冲流被刷新。例如，在操作 PrintWriter 对象时，在每次调用 println 或者 format 方法时都会触发刷新缓冲流。

如果要手动刷新流，就调用其 flush 方法。flush 方法可以用于任何输出流，但对非缓冲流是没有效果的。

6.1.6　扫描和格式化文本

扫描和格式化允许程序读取和写入格式化的文本。

对于人而言，人们更加倾向于阅读整齐的格式化数据。为了实现这样的目的，Java 平台提供了两个 API：

- 扫描 API：使用分隔符模式将其输入分解并做好标记。
- 格式化 API：将数据重新组合成格式良好的可读形式。

1. 扫描

默认情况下，Scanner 使用空格字符来将输入进行分隔标记。示例如下：

```java
public class ScanXan {
    /**
     * @param args
     * @throws IOException
     */
    public static void main(String[] args) throws IOException {
        Scanner s = null;

        try {
            s = new Scanner(new BufferedReader(new FileReader("resources/xanadu.txt")));

            while (s.hasNext()) {
                System.out.println(s.next());
            }
        } finally {
            if (s != null) {
                s.close();
            }
        }
    }
}
```

虽然 Scanner 不是流，但是仍然需要关闭它，以表明与它的底层流执行已经完成。

可以使用 useDelimiter() 来指定一个正则表达式，从而实现使用不同的标记分隔符。例如，想要标记分隔符是一个逗号，后面还跟着空格，就可以用下面的方式：

```java
s.useDelimiter(",\\s*");
```

2. 转换成独立标记

上面的 ScanXan 示例是将所有的输入标记为简单的字符串值。Scanner 还支持所有的基本类型（除 char 外）以及 BigInteger 和 BigDecimal。此外，数值还可以使用千位分隔符。因此，在一个美国的区域设置，Scanner 能正确地读出字符串"32,767"是一个整数值。

这里要注意的是语言环境，因为千位分隔符和小数点符号是特定于语言环境的，所以如果我们没有指定 Scanner 的语言环境，则上面的例子将无法正常在所有的语言环境中运行。可以使用下面的语句来设置语言环境：

```java
s.useLocale(Locale.US);
```

下面的 ScanSum 示例会将读取的 double 值列表进行相加：

```java
public class ScanSum {
    /**
     * @param args
     * @throws IOException
     */
    public static void main(String[] args) throws IOException {
        Scanner s = null;
        double sum = 0;

        try {
            s = new Scanner(new BufferedReader(new FileReader("resources/usnumbers.txt")));
            s.useLocale(Locale.US);

            while (s.hasNext()) {
                if (s.hasNextDouble()) {
                    sum += s.nextDouble();
                } else {
                    s.next();
                }
            }
        } finally {
            s.close();
        }

        System.out.println(sum);
    }
}
```

当 usnumbers.txt 文件是以下内容时：

```
8.5
32,767
3.14159
1,000,000.1
```

程序输出为：

```
1032778.74159
```

3. 格式化

实现格式化流对象要么是字符流类的 PrintWriter 实例，要么为字节流类的 PrintStream 实例。

像所有的字节和字符流对象一样，PrintStream 和 PrintWriter 实例实现了一套标准的方法，用于简单的字节和字符输出。此外，PrintStream 和 PrintWriter 执行的是同一套方法，用于将内部数据转换成格式化输出：

- print 和 println 在一个标准的方式里面格式化独立的值。
- format 用于格式化几乎任何数量的格式字符串值，且具有多种精确选择。

4. 使用 print 和 println 方法

调用 print 或 println 方法时，其输出使用 toString 方法变换后的值的单一值。观察下面的例子：

```java
public class Root {
    /**
     * @param args
     */
    public static void main(String[] args) {
        int i = 2;
        double r = Math.sqrt(i);

        System.out.print("值 ");
        System.out.print(i);
        System.out.print(" 的平方根是 ");
        System.out.print(r);
        System.out.println(".");

        i = 5;
        r = Math.sqrt(i);
        System.out.println("值 " + i + " 的平方根是 " + r + ".");
    }
}
```

输出为：

```
值 2 的平方根是 1.4142135623730951.
值 5 的平方根是 2.23606797749979.
```

i 和 r 变量被格式化了两次：第一次用于 print；第二次是由 Java 编译器转换码自动生成的，利用了 toString。虽然可以用这种方式格式化任意值，但是对于结果没有太多的控制权。

5. 使用 format 方法进行格式化

format 方法用于格式化基于格式字符串的参数。格式字符串嵌入了包含格式说明的静态文本。只有使用了格式说明，字符串才能进行格式转换。

下面的示例使用格式字符串进行数字的格式化：

```java
public class Root2 {
    /**
     * @param args
     */
    public static void main(String[] args) {
        int i = 2;
        double r = Math.sqrt(i);

        System.out.format("值 %d 的平方根是 %f.%n", i, r);
    }
}
```

上述程序的输出为：

值 2 的平方根是 1.414214.

上述例子中所使用的格式含义为:

- d: 格式化整数值为小数。
- f: 格式化浮点值作为小数。
- n: 输出特定于平台的行终止符。

这里有一些其他的转换格式:

- x: 格式化整数为十六进制值。
- s: 格式化任何值作为字符串。
- tB: 格式化整数作为一个语言环境特定的月份名称。

除了用于转换,格式说明符可以包含若干附加的元素,以进一步定制格式化输出。示例如下:

```java
public class Format {
    /**
     * @param args
     */
    public static void main(String[] args) {
        System.out.format("%f, %1$+020.10f %n", Math.PI);
    }
}
```

输出为:

3.141593, +00000003.1415926536

附加元素都是可选的。图 6-2 显示了长格式符是如何分解成元素的。

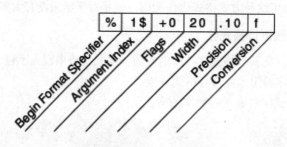

图 6-2　长格式符分解成元素

在图 6-2 中,元素必须出现在指定的位置上。根据不同的工作需要,上述元素是可选的:

- Precision(精确):对于浮点值,这是格式化值的数学精度。对于 s 和其他一般的转换,这是格式化值的最大宽度。如果有必要,该值可以右截断。
- Width(宽度):格式化值的最小宽度;如有必要,该值被填充。默认值是左边用空格填充。
- Flags(标志):指定附加格式设置选项。在 Format 示例中,+标志指定的数量应始终标志格式式,0 标志指定 0 是填充字符。
- Argument Index(参数索引):允许指定的参数明确匹配。

6.1.7 命令行 I/O

命令行 I/O 描述标准流和控制台对象的交互。

1. 标准流（Standard Streams）

标准流是许多操作系统的一项功能。默认情况下，它们从键盘读取输入和写出到显示器。它们还支持对文件和程序之间的 I/O，但该功能是通过命令行解释器完成的，而不是由程序控制的。

Java 平台支持 3 种标准流：

- 标准输入（Standard Input，通过 System.in 访问）。
- 标准输出（Standard Output，通过 System.out 访问）。
- 标准错误（Standard Error，通过 System.err 访问）。

上面这些对象被自动定义，并不需要被打开。标准输出和标准错误都用于输出。

由于历史的原因，标准流是字节流，而非字符流。System.out 和 System.err 定义为 PrintStream 的对象。虽然这在技术上是一个字节流，但是 PrintStream 利用内部字符流对象来模拟多种字符流的功能。

相比之下，System.in 是一个没有字符流功能的字节流。若想将标准的输入作为字符流，可以包装 System.in 在 InputStreamReader 中：

```
InputStreamReader cin = new InputStreamReader(System.in);
```

2. 控制台（Console）

更先进的替代标准流的对象是控制台。Console 具有大部分标准流所提供的功能。此外，Console 对于安全的密码输入特别有用。Console 对象还提供了真正的输入/输出字符流，是通过 reader 和 writer 方法来实现的。

若程序想使用 Console，则必须尝试通过调用 System.console() 来获取 Console 对象。如果 Console 对象存在，就通过此方法将其返回；如果返回 NULL，那么 Console 操作是不允许的，要么是因为操作系统不支持，要么是程序本身是在非交互环境中启动的。

Console 对象支持通过读取密码的方法安全输入密码。安全性主要体现在两方面：

- 密码在用户的屏幕是不可见的。
- readPassword 返回的是一个字符数组，而不是字符串。

为什么密码使用的是字符数组，而不是字符串？

因为在 Java 的底层实现机制中有字符串池这样一个机制。Java 的设计者认为共享带来的高效率远远胜过于提取、拼接字符串所带来的低效率，所以在 Java 中将字符串常量全部放在公共的存储池中，字符串变量指向存储池中相应的位置。如果采用 String 来存储密码结果，就会将密码这一字符串存放于字符串池中，即使我们不再使用密码这一变量了，这个结果仍然会存放在字符串池中一段时间，并且对于字符串来说，它是不会改变的。很明显，这样的一种机制会给我们存储密码带来很大的安全隐患。Java 设计者也认识到了这个问题，所以他们建议使用字符数组来存储返回的密码，因为字符数组是可以改变其中的元素的。当我们使用完这个密码之后，应该立刻用一个填充值来覆盖数组元素，这样就大大地降低了密码的安全隐患。

以下例子（演示几种 Console 方法）是更改用户密码的原型程序：

```java
public class Password {
    /**
     * @param args
     */
    public static void main(String[] args) {
        Console c = System.console();
        if (c == null) {
            System.err.println("没有 Console 对象.");
            System.exit(1);
        }

        String login = c.readLine("输入用户名登录: ");
        char[] oldPassword = c.readPassword("输入旧密码: ");

        if (verify(login, oldPassword)) {
            boolean noMatch;
            do {
                char[] newPassword1 = c.readPassword("输入新密码: ");
                char[] newPassword2 = c.readPassword("再次输入新密码: ");
                noMatch = !Arrays.equals(newPassword1, newPassword2);
                if (noMatch) {
                    c.format("两次密码不匹配. 重试.%n");
                } else {
                    change(login, newPassword1);
                    c.format("用户 %s 的密码已经更改完成.%n", login);
                }
                Arrays.fill(newPassword1, ' ');
                Arrays.fill(newPassword2, ' ');
            } while (noMatch);
        }

        Arrays.fill(oldPassword, ' ');
    }

    static boolean verify(String login, char[] password) {
        // ...
        return true;
    }

    static void change(String login, char[] password) {
        // ...
    }
}
```

上面的流程是：

- 尝试检索 Console 对象。如果对象是不可用的，就中止。
- 调用 Console.readLine 提示并读取用户的登录名。

- 调用 Console.readPassword 提示并读取用户的现有密码。
- 调用 verify 确认该用户被授权可以改变密码。（在本例中，假设 verify 总是返回 true。）
- 重复下列步骤，直到用户输入两次相同的密码：
  - 调用 Console.readPassword 两次。
  - 如果用户输入的两次密码都相同，就调用 change 去改变它。（change 是一个虚拟的方法，总是返回 true。）
  - 用空格覆盖这两个密码。
- 用空格覆盖旧的密码。

6.1.8 数据流

数据流（Data Streams）用于处理基本数据类型和字符串值的二进制 I/O。所有数据流都实现了 DataInput 或 DataOutput 接口。其中，DataInputStream 和 DataOutputStream 是其中使用较为广泛的实现类。

下面的例子展示数据流的写出、写入操作，首先将写出的一组数据记录到文件，然后再次从文件中读取这些记录。每个记录的格式如表 6-1 所示。

表 6-1 记录的格式

记录中的顺序	数据类型	数据描述	输出方法	输入方法	示例值
1	double	Item price	DataOutputStream.writeDouble	DataInputStream.readDouble	19.99
2	int	Unit count	DataOutputStream.writeInt	DataInputStream.readInt	12
3	String	Item description	DataOutputStream.writeUTF	DataInputStream.readUTF	"Java T-Shirt"

1. 数据流写出操作

首先，定义几个常量、数据文件的名称以及数据。

```
static final String dataFile = "invoicedata";

static final double[] prices = { 19.99, 9.99, 15.99, 3.99, 4.99 };
static final int[] units = { 12, 8, 13, 29, 50 };
static final String[] descs = {
    "Java T-shirt",
    "Java Mug",
    "Duke Juggling Dolls",
    "Java Pin",
    "Java Key Chain"
};
```

数据流打开一个输出流，提供一个缓冲的文件输出字节流：

```
out = new DataOutputStream(new BufferedOutputStream(
        new FileOutputStream(dataFile)))
```

数据流写出记录并关闭输出流:

```java
for (int i = 0; i < prices.length; i ++) {
    out.writeDouble(prices[i]);
    out.writeInt(units[i]);
    out.writeUTF(descs[i]);
}
```

其中,writeUTF 方法以 UTF-8 形式写出字符串值。

2. 数据流写入操作

现在,关注一下数据流读回数据的操作。

首先,它必须提供一个输入流和变量来保存输入数据。像 DataOutputStream、DataInputStream 类,必须构造成一个字节流的包装器。

```java
in = new DataInputStream(new
        BufferedInputStream(new FileInputStream(dataFile)));

double price;
int unit;
String desc;
double total = 0.0;
```

现在,数据流就可以读取流里面的每个记录并将数据报告出来:

```java
try {
    while (true) {
        price = in.readDouble();
        unit = in.readInt();
        desc = in.readUTF();
        System.out.format("预定了 %d 件 %s ,价位是 $%.2f%n", unit, desc, price);
        total += unit * price;
    }
} catch (EOFException e) {
}
```

注意,数据流通过捕获 EOFException 检测文件结束的条件而不是测试无效的返回值。所有实现了 DataInput 的方法都使用 EOFException 类来代替返回值。还要注意的是数据流中的各个 write 都需要匹配相应的 read,需要由开发人员来保证。

上面的例子有一个不足之处,它使用浮点数来表示货币价值。在一般情况下,浮点数是不好的精确数值。正确的类型用于货币值是 java.math.BigDecimal 的。不幸的是,BigDecimal 是一个对象的类型,因此不能与数据流工作。

接下来,我们将介绍对象流。BigDecimal 是可以使用对象流工作的。

6.1.9 对象流

对象流(Object Streams)用于处理对象的二进制 I/O。大多数情况下(但不是全部),标准类支持它们的对象的序列化,都需要实现 Serializable 接口。

对象流类包括 ObjectInputStream 和 ObjectOutputStream 类。这些类实现了 ObjectInput 与 ObjectOutput 接口，而这些接口又都是 DataInput 和 DataOutput 的子接口。这意味着，所有包含在数据流中的基本数据类型 I/O 方法也在对象流中实现了。这样一个对象流可以包含基本数据类型值和对象值的混合。

下面是一个对象流的例子：

```java
public class ObjectStreams {
    static final String dataFile = "invoicedata";

    static final BigDecimal[] prices = {
        new BigDecimal("19.99"),
        new BigDecimal("9.99"),
        new BigDecimal("15.99"),
        new BigDecimal("3.99"),
        new BigDecimal("4.99") };
    static final int[] units = { 12, 8, 13, 29, 50 };
    static final String[] descs = { "Java T-shirt",
        "Java Mug",
        "Duke Juggling Dolls",
        "Java Pin",
        "Java Key Chain" };

    public static void main(String[] args)
        throws IOException, ClassNotFoundException {

        ObjectOutputStream out = null;
        try {
            out = new ObjectOutputStream(new
                    BufferedOutputStream(new FileOutputStream(dataFile)));

            out.writeObject(Calendar.getInstance());
            for (int i = 0; i < prices.length; i ++) {
                out.writeObject(prices[i]);
                out.writeInt(units[i]);
                out.writeUTF(descs[i]);
            }
        } finally {
            out.close();
        }

        ObjectInputStream in = null;
        try {
            in = new ObjectInputStream(new
                    BufferedInputStream(new FileInputStream(dataFile)));

            Calendar date = null;
            BigDecimal price;
            int unit;
```

```java
            String desc;
            BigDecimal total = new BigDecimal(0);

            date = (Calendar) in.readObject();

            System.out.format("日期 %tA, %<tB %<te, %<tY:%n", date);

            try {
                while (true) {
                    price = (BigDecimal) in.readObject();
                    unit = in.readInt();
                    desc = in.readUTF();
                    System.out.format("预定了 %d 件 %s ,价位是 $%.2f%n", unit, desc, price);

                    total = total.add(price.multiply(new BigDecimal(unit)));
                }
            } catch (EOFException e) {
            }
            System.out.format("总计: $%.2f%n", total);
        } finally {
            in.close();
        }
    }
}
```

如果 readObject()不返回预期的对象类型，试图将它转换为正确的类型可能会抛出一个 ClassNotFoundException。在这个简单的例子中，这是不可能发生的，所以不要试图捕获异常。相反，通知编译器我们已经意识到这个问题，添加 ClassNotFoundException 到主方法的 throws 子句中即可。

writeObject 和 readObject 方法简单易用，但它们包含了一些非常复杂的对象管理逻辑。这不像 Calendar 类，它只是封装了原始值。但许多对象包含其他对象的引用。如果 readObject 从流重构一个对象，它必须能够重建所有的原始对象所引用的对象。这些额外的对象可能有它们自己的引用，以此类推。在这种情况下，writeObject 遍历对象引用的整个网络，并将该网络中的所有对象写入流。因此，writeObject 单个调用可以导致大量的对象被写入流。

如图 6-3 所示，其中 writeObject 调用名为 a 的单个对象。这个对象包含对象的引用 b 和 c，而 b 包含引用 d 和 e。调用 writeObject(a)写入的不只是一个 a，还包括所有需要重新构成的这个网络中的其他 4 个对象。当通过 readObject 读回 a 时，其他 4 个对象也被读回，同时所有原始对象的引用被保留。

如果在同一个流的两个对象引用了同一个对象会发生什么？流只包含一个对象的一个副本，尽管它可以包含任意数量的引用。因此，如果你明确地写一个对象到流两次，那么实际上只是写入了两次引用。例如，下面的代码写入一个对象 ob 两次到流：

```java
Object ob = new Object();
out.writeObject(ob);
out.writeObject(ob);
```

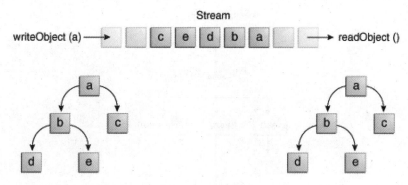

图 6-3 对象的引用

每个 writeObject 都对应一个 readObject，所以从流里面读回的代码如下：

```
Object ob1 = in.readObject();
Object ob2 = in.readObject();
```

ob1 和 ob2 都是相同对象的引用。

如果一个单独的对象被写入到两个不同的数据流，它被有效地复用，那么程序从两个流读回的将是两个不同的对象。

6.2 文件 I/O

本节主要介绍 Java 7 版本以来引入的新的 I/O 机制（也被称为 NIO 2）。相关的包在 java.nio.file 中，其中 java.nio.file.attribute 提供对文件 I/O 以及访问默认文件系统的全面支持。虽然 API 涉及很多类，但是平时只需要重点关注几个常用的。

6.2.1 路径

文件系统是用某种媒体形式存储和组织文件的，一般是一个或多个硬盘驱动器。以这样的方式，它们可以很容易地检索文件。目前使用的大多数文件系统存储文件是树（或层次）结构。在树的顶部是一个（或多个）根节点。在根节点下，有文件和目录（在 Microsoft Windows 系统中是指文件夹）。每个目录可以包含文件和子目录，而这又可以包含文件和子目录，以此类推，有可能是无限深度。

1. 什么是路径

图 6-4 显示了一个包含一个根节点的目录树。Microsoft Windows 支持多个根节点，每个根节点映射到一个卷，如 C:\ 或 D:\。Solaris OS 支持一个根节点，由斜杠 / 表示。

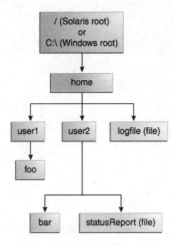

图 6-4 路径

文件系统通过路径来确定文件。例如，图 6-4 中的 statusReport 在 Solaris OS 中描述为：

```
/home/sally/statusReport
```

在 Microsoft Windows 下，描述如下：

```
C:\home\sally\statusReport
```

用来分隔目录名称的字符（也称为分隔符）是特定于文件系统的：Solaris OS 中使用正斜杠（/），而 Microsoft Windows 使用反斜杠（\）。

2. 相对路径与绝对路径

路径可以是相对或绝对的。绝对路径总是包含根元素以及找到该文件所需要的完整的目录列表。例如，/home/sally/statusReport 是一个绝对路径。所有找到的文件所需的信息都包含在路径字符串里。

相对路径需要与另一路径进行组合才能访问到文件。例如，joe/foo 是一个相对路径，没有更多的信息，程序不能可靠地定位 joe/foo 目录。

3. 符号链接（Symbolic Links）

文件系统对象最典型的是目录或文件——每个人都熟悉这些对象。但是，某些文件系统还支持符号链接的概念。符号链接也被称为软链接（soft link）。

符号链接是一个特殊文件，用于引用到另一个文件。在大多数情况下，符号链接对于应用程序来说是透明的，符号链接上面的操作会被自动重定向到链接的目标（链接的目标是指所指向的文件或目录）。当符号链接删除或重命名时，链接本身被删除或重命名，而不是链接的目标。

在图 6-5 中，logFile 对于用户来说似乎是一个普通文件，但它实际上是 dir/logs/HomeLogFile 文件的符号链接。HomeLogFile 是链接的目标。

符号链接通常对用户来说是透明的。读取或写入符号链接是和读取或写入到任何其他文件或目录是一样的。

解析链接是指在文件系统中用实际位置取代符号链接。在这个例子中，logFile 解析为 dir/logs/HomeLogFile。

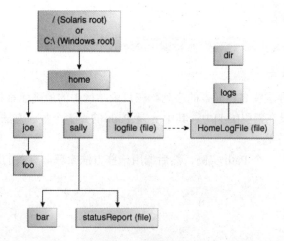

图 6-5　符号链接

在实际情况下，大多数文件系统自由使用符号链接。有时，一不小心创建符号链接就会导致循环引用。循环引用是指链接的目标点回到原来的链接。循环引用可能是间接的：目录 a 指向目录 b，b 指向目录 c，其中 c 包含的子目录指回目录 a。当一个程序被递归遍历目录结构时，循环引用可能会导致混乱。但是，这种情况已经做了限制，不会导致程序无限循环。

接下来将讨论 Java 文件 I/O 的核心 Path 类。

6.2.2　Path 类

该 Path 类是从 Java 7 开始引入的，位于 java.nio.file 包中。

Path 类用于表示文件系统中的路径。Path 对象包含了文件名和目录列表，主要用于构建路径，以及检查、定位和操作文件。

Path 的实例是与操作系统相关的。在 Solaris OS 中，路径使用 Solaris 语法（/home/joe/foo），而在 Microsoft Windows 中，路径使用 Windows 语法（C:\home\joe\foo）。需要注意的是，Solaris 文件系统中的路径不能与 Windows 文件系统的路径进行匹配。

6.2.3　Path 的操作

Path 类包括各种方法，总结如下。

1. 创建路径

Path 实例包含用于指定文件或目录的位置的信息。在它被定义的时候，一个 Path 上设置了一系列的一个或多个名称。根元素或文件名可能被包括在内，但也不是必须这样的。Path 也可能包含一个单一的目录或文件名。

可以通过 Paths 助手类的 get 方法很容易地创建一个 Path 对象：

```
Path p1 = Paths.get("/tmp/foo");
Path p2 = Paths.get(args[0]);
Path p3 = Paths.get(URI.create("file:///Users/joe/FileTest.java"));
```

Paths.get 是下面方式的简写:

```
Path p4 = FileSystems.getDefault().getPath("/users/sally");
```

2. 检索有关一个路径

可以把路径作为储存这些名称元素的序列。在目录结构中的最高元素将设在索引为 0 的目录结构中,而最低元件将设在索引[n-1]中,其中 n 是 Path 的元素个数。方法可用于检索各个元素或使用这些索引 Path 的子序列。

下面的代码片段定义一个 Path 实例,然后调用一些方法来获取有关的路径信息:

```
// Microsoft Windows 语法
Path path = Paths.get("C:\\home\\joe\\foo");

// Solaris OS 语法
Path path = Paths.get("/home/joe/foo");

System.out.format("toString: %s%n", path.toString());
System.out.format("getFileName: %s%n", path.getFileName());
System.out.format("getName(0): %s%n", path.getName(0));
System.out.format("getNameCount: %d%n", path.getNameCount());
System.out.format("subpath(0,2): %s%n", path.subpath(0,2));
System.out.format("getParent: %s%n", path.getParent());
System.out.format("getRoot: %s%n", path.getRoot());
```

表 6-2 总结了上例中 Windows 和 Solaris OS 不同的输出。

表 6-2　Windows 和 Solaris OS 不同的输出

方法	Solaris OS	Microsoft Windows
toString	/home/joe/foo	C:
getFileName	foo	foo
getName(0)	home	home
getNameCount	3	3
subpath(0,2)	home/joe	home
getParent	/home/joe	
getRoot	/	C:\

下面是一个相对路径的例子:

```
// Solaris OS 语法
Path path = Paths.get("sally/bar");
or
// Microsoft Windows 语法
Path path = Paths.get("sally\\bar");
```

表 6-3 总结了上例中 Windows 和 Solaris OS 不同的输出。

表 6-3 Windows 和 Solaris OS 不同的输出

方法	Solaris OS	Microsoft Windows
toString	sally/bar	sally
getFileName	bar	bar
getName(0)	sally	sally
getNameCount	2	2
subpath(0,1)	sally	sally
getParent	sally	sally
getRoot	null	null

3. 从 Path 中移除冗余

许多文件系统使用"."符号表示当前目录，使用".."表示父目录。可能有一个 Path 包含冗余目录信息的情况，比如一个服务器配置为保存日志文件在"/dir/logs/."目录，你想删除后面的"/."，此时可以使用 Path 移除冗余的功能。

下面的例子都包含冗余：

```
/home/./joe/foo
/home/sally/../joe/foo
```

normalize 方法可删除任何多余的元素，其中包括任何出现的"."或"目录/..."。前面的例子删除了冗余后就变成了 /home/joe/foo。

4. 转换一个路径

可以使用 3 个方法来转换路径：

- toUri
- toAbsolutePath
- toRealPath

其中，**toUri** 将路径转换为可以在浏览器中打开的一个 URI 字符串，例如：

```
Path p1 = Paths.get("/home/logfile");
// 结果是 file:///home/logfile
System.out.format("%s%n", p1.toUri());
```

toAbsolutePath 方法将路径转为绝对路径。如果传递的路径已是绝对的，就返回同一个 Path 对象。toAbsolutePath 方法非常有助于处理用户输入的文件名。例如：

```
public class FileTest {
    /**
     * @param args
     */
    public static void main(String[] args) {
        
        if (args.length < 1) {
            System.out.println("usage: FileTest file");
            System.exit(-1);
```

```
        }

        // 将输入的字符串转为 Path 对象
        Path inputPath = Paths.get(args[0]);

        // 将路径转为绝对路径
        Path fullPath = inputPath.toAbsolutePath();
    }
}
```

该 toAbsolutePath 方法转换用户输入并返回一个 Path 对象。该 Path 对象可进一步提供查询功能。

toRealPath 方法返回一个已经存在文件的真实路径，此方法执行以下其中一个：

- 如果 true 被传递到该方法，同时文件系统支持符号链接，那么该方法可以解析路径中的任何符号链接。
- 如果 Path 是相对的，就返回一个绝对路径。
- 如果 Path 中包含任何冗余元素，就返回一个删除冗余元素后的路径。

若文件不存在或者无法访问，则方法抛出异常。可以捕捉处理异常：

```
try {
    Path fp = path.toRealPath();
} catch (NoSuchFileException x) {
    System.err.format("%s: no such" + " file or directory%n", path);
    // 省略代码处理逻辑...
} catch (IOException x) {
    System.err.format("%s%n", x);
    // 省略代码处理逻辑...
}
```

5. 连接两个路径

可以使用 resolve 连接两个路径。比如传递一个局部路径（partial path，不包括一个根元素的路径），可以将局部路径追加到原始的路径。

例如，考虑下面的代码片段：

```
// Solaris
Path p1 = Paths.get("/home/joe/foo");
// 结果是/home/joe/foo/bar
System.out.format("%s%n", p1.resolve("bar"));
```

或者

```
// Microsoft Windows
Path p1 = Paths.get("C:\\home\\joe\\foo");
// 结果是C:\home\joe\foo\bar
System.out.format("%s%n", p1.resolve("bar"));
```

传递相对路径到 resolve 方法返回路径中的传递路径：

```
// 结果是/home/joe
```

```
Paths.get("foo").resolve("/home/joe");
```

6. 在两个路径间创建路径

文件 I/O 代码中的常见需求是路径能在不同的文件系统中兼容。relativize 方法满足了这一点，新路径是相对于原来路径的。

例如，定义为 joe 和 sally 的相对路径：

```
Path p1 = Paths.get("joe");
Path p2 = Paths.get("sally");
```

在没有任何其他信息的情况下，假定 joe 和 sally 是同一级别的节点。从 joe 导航到 sally，你会希望首先导航上一级父节点，然后向下找到 sally：

```
// 结果是../sally
Path p1_to_p2 = p1.relativize(p2);
// 结果是../joe
Path p2_to_p1 = p2.relativize(p1);
```

下面是复杂点的例子：

```
Path p1 = Paths.get("home");
Path p3 = Paths.get("home/sally/bar");
// 结果是sally/bar
Path p1_to_p3 = p1.relativize(p3);
// 结果是../..
Path p3_to_p1 = p3.relativize(p1);
```

下面是一个完整的使用 relativize 和 resolve 的例子：

```java
import static java.nio.file.FileVisitResult.CONTINUE;
import static java.nio.file.FileVisitResult.SKIP_SUBTREE;
import static java.nio.file.StandardCopyOption.COPY_ATTRIBUTES;
import static java.nio.file.StandardCopyOption.REPLACE_EXISTING;

import java.io.IOException;
import java.nio.file.CopyOption;
import java.nio.file.FileAlreadyExistsException;
import java.nio.file.FileSystemLoopException;
import java.nio.file.FileVisitOption;
import java.nio.file.FileVisitResult;
import java.nio.file.FileVisitor;
import java.nio.file.Files;
import java.nio.file.Path;
import java.nio.file.Paths;
import java.nio.file.attribute.BasicFileAttributes;
import java.nio.file.attribute.FileTime;
import java.util.EnumSet;

class Copy {

    static boolean okayToOverwrite(Path file) {
        String answer = System.console().readLine("覆盖 %s (yes/no)? ", file);
```

```java
            return (answer.equalsIgnoreCase("y") ||
answer.equalsIgnoreCase("yes"));
        }

        /**
         * 复制文件
         *
         * @param source
         * @param target
         * @param prompt
         * @param preserve
         */
        static void copyFile(Path source, Path target, boolean prompt, boolean
preserve) {
            CopyOption[] options = (preserve) ? new CopyOption[] { COPY_ATTRIBUTES,
REPLACE_EXISTING }
                    : new CopyOption[] { REPLACE_EXISTING };
            if (!prompt || Files.notExists(target) || okayToOverwrite(target)) {
                try {
                    Files.copy(source, target, options);
                } catch (IOException x) {
                    System.err.format("无法复制: %s: %s%n", source, x);
                }
            }
        }

        static class TreeCopier implements FileVisitor<Path> {
            private final Path source;
            private final Path target;
            private final boolean prompt;
            private final boolean preserve;

            TreeCopier(Path source, Path target, boolean prompt, boolean preserve)
{
                this.source = source;
                this.target = target;
                this.prompt = prompt;
                this.preserve = preserve;
            }

            @Override
            public FileVisitResult preVisitDirectory(Path dir, BasicFileAttributes
attrs) {
                CopyOption[] options = (preserve) ? new CopyOption[]
{ COPY_ATTRIBUTES } : new CopyOption[0];

                Path newdir = target.resolve(source.relativize(dir));
                try {
                    Files.copy(dir, newdir, options);
                } catch (FileAlreadyExistsException x) {
```

```java
            // ...
        } catch (IOException x) {
            System.err.format("Unable to create: %s: %s%n", newdir, x);
            return SKIP_SUBTREE;
        }
        return CONTINUE;
    }

    @Override
    public FileVisitResult visitFile(Path file, BasicFileAttributes attrs) {
        copyFile(file, target.resolve(source.relativize(file)), prompt, preserve);
        return CONTINUE;
    }

    @Override
    public FileVisitResult postVisitDirectory(Path dir, IOException exc) {
        if (exc == null && preserve) {
            Path newdir = target.resolve(source.relativize(dir));
            try {
                FileTime time = Files.getLastModifiedTime(dir);
                Files.setLastModifiedTime(newdir, time);
            } catch (IOException x) {
                System.err.format("无法复制所有属性到: %s%n", newdir, x);
            }
        }
        return CONTINUE;
    }

    @Override
    public FileVisitResult visitFileFailed(Path file, IOException exc) {
        if (exc instanceof FileSystemLoopException) {
            System.err.println("检测到周期: " + file);
        } else {
            System.err.format("无法复制: %s: %s%n", file, exc);
        }
        return CONTINUE;
    }
}

static void usage() {
    System.err.println("java Copy [-ip] source... target");
    System.err.println("java Copy -r [-ip] source-dir... target");
    System.exit(-1);
}

public static void main(String[] args) throws IOException {
    boolean recursive = false;
    boolean prompt = false;
```

```java
            boolean preserve = false;

            int argi = 0;
            while (argi < args.length) {
                String arg = args[argi];
                if (!arg.startsWith("-"))
                    break;
                if (arg.length() < 2)
                    usage();
                for (int i = 1; i < arg.length(); i++) {
                    char c = arg.charAt(i);
                    switch (c) {
                    case 'r':
                        recursive = true;
                        break;
                    case 'i':
                        prompt = true;
                        break;
                    case 'p':
                        preserve = true;
                        break;
                    default:
                        usage();
                    }
                }
                argi++;
            }

            int remaining = args.length - argi;
            if (remaining < 2)
                usage();
            Path[] source = new Path[remaining - 1];
            int i = 0;
            while (remaining > 1) {
                source[i++] = Paths.get(args[argi++]);
                remaining--;
            }
            Path target = Paths.get(args[argi]);

            // 检查目标是否是目录
            boolean isDir = Files.isDirectory(target);

            // 复制所有的源文件和目录到指定的目标
            for (i = 0; i < source.length; i++) {
                Path dest = (isDir) ? target.resolve(source[i].getFileName()) : target;

                if (recursive) {
                    // 复制文件时跟踪链接
                    EnumSet<FileVisitOption> opts =
```

```
EnumSet.of(FileVisitOption.FOLLOW_LINKS);
            TreeCopier tc = new TreeCopier(source[i], dest, prompt,
preserve);
            Files.walkFileTree(source[i], opts, Integer.MAX_VALUE, tc);
        } else {
            //不是递归的，因此source不能是目录
            if (Files.isDirectory(source[i])) {
                System.err.format("%s: 是一个目录%n", source[i]);
                continue;
            }
            copyFile(source[i], dest, prompt, preserve);
        }
    }
}
```

7. 比较两个路径

Path 类提供了 equals 方法来检测两个路径是否相等，提供了 startsWith 和 endsWith 方法检测路径中是否由特定的字符串开头或者结尾。这些方法很容易使用，示例如下：

```
Path path = ...;
Path otherPath = ...;
Path beginning = Paths.get("/home");
Path ending = Paths.get("foo");

if (path.equals(otherPath)) {
    // 省略代码处理逻辑...
} else if (path.startsWith(beginning)) {
    // 路径以"/home"开头
} else if (path.endsWith(ending)) {
    // 路径以"foo"结尾
}
```

Path 类实现了 Iterable 接口。iterator 方法返回一个对象，可以遍历路径中的元素名。返回的第一个元素是最接近目录树的根。下面的代码片段遍历路径，打印每个元素的名称：

```
Path path = ...;
for (Path name: path) {
    System.out.println(name);
}
```

该类同时还实现了 Comparable 接口，可以使用 compareTo 方法来对排序过的 Path 对象进行比较。也可以把 Path 对象放到 Collection 中。

如果想验证两个 Path 对象是否定位为一个文件，可以使用 isSameFile 方法。

6.2.4 文件操作

Files 类位于 java.nio.file 包下，提供了一组丰富的静态方法，用于读取、写入和操作文件和目录。Files 方法可以作用于 Path 对象实例。

1. 释放系统资源

有许多使用此 API 的资源，如流或管道都实现或者继承了 java.io.Closeable 接口。一个 Closeable 的资源需在不用时调用 close 方法以释放资源。忘记关闭资源对应用程序的性能可能产生负面影响。

2. 捕获异常

所有方法访问文件系统都可以抛出 IOException。最佳实践是通过 try-with-resources 语句来捕获异常。

使用 try-with-resources 语句的好处是，在资源不需要时，编译器会自动生成代码以关闭资源。下面的代码显示了如何用：

```
Charset charset = Charset.forName("US-ASCII");
String s = ...;
try (BufferedWriter writer = Files.newBufferedWriter(file, charset)) {
    writer.write(s, 0, s.length());
} catch (IOException x) {
    System.err.format("IOException: %s%n", x);
}
```

也可以使用 try-catch-finally 语句，但是一定要在 finally 块中关闭它们。例子如下：

```
Charset charset = Charset.forName("US-ASCII");
String s = ...;
BufferedWriter writer = null;
try {
    writer = Files.newBufferedWriter(file, charset);
    writer.write(s, 0, s.length());
} catch (IOException x) {
    System.err.format("IOException: %s%n", x);
} finally {
    if (writer != null) writer.close();
}
```

除了 IOException 异常，许多异常都继承了 FileSystemException。这个类有一些有用的方法，具体如下：

- getFile：返回所涉及的文件。
- getMessage：获取详细信息。
- getReason：文件系统操作失败的原因。
- getOtherFile：返回所涉及的"其他"文件。

下面的代码片段显示了 getFile 方法的使用：

```
try (...) {
    ...
} catch (NoSuchFileException x) {
    System.err.format("%s does not exist\n", x.getFile());
}
```

3. 可变参数

Files 方法可以接受可变参数，用法如下：

```
Path Files.move(Path, Path, CopyOption...)
```

可变参数可以用逗号隔开的数组，用法如下：

```
import static java.nio.file.StandardCopyOption.*;

Path source = ...;
Path target = ...;
Files.move(source,
          target,
          REPLACE_EXISTING,
          ATOMIC_MOVE);
```

4. 原子操作

有几个 Files 的方法（如 move）是可以在某些文件系统上执行某些原子操作的。

原子文件操作是不能被中断或不能进行"部分"的操作。整个操作要不就执行要不就操作失败。在多个进程中操作相同的文件系统需要保证每个进程访问一个完整的文件，这是非常重要的。

5. 方法链

许多文件 I/O 支持方法链，例如：

```
String value = Charset.defaultCharset().decode(buf).toString();
UserPrincipal group =
    file.getFileSystem().getUserPrincipalLookupService().
         lookupPrincipalByName("me");
```

该技术可以生成紧凑的代码，避免声明不需要的临时变量。

6.2.5 检查文件或目录

1. 验证文件或者目录是否存在

使用 exists(Path, LinkOption...)和 notExists(Path, LinkOption...)方法来验证文件或者目录是否存在。注意!Files.exists(path)不等同于 Files.notExists(path)。当验证文件是否存在时，可能有 3 种结果：

- 该文件被确认存在。
- 该文件被证实不存在。
- 该文件的状态未知。当程序没有访问该文件时，可能会发生此结果。

若 exists 和 notExists 同时返回 false，则该文件是否存在不能被验证。

2. 检查是否可访问

使用 isReadable(Path)、isWritable(Path)和 isExecutable(Path)来验证程序是否可以访问文件。下面的代码片段验证一个特定的文件是否存在，以及该程序能够执行该文件：

```
Path file = ...;
```

```
boolean isRegularExecutableFile = Files.isRegularFile(file) &
          Files.isReadable(file) & Files.isExecutable(file);
```

3. 检查是否有两个路径定位了相同的文件

在使用符号链接的文件系统中，可能有两个定位到相同文件的不同路径。使用 isSameFile(Path, Path)方法比较两个路径，以确定它们在该文件系统上是否定位为同一个文件。例如：

```
Path p1 = ...;
Path p2 = ...;

if (Files.isSameFile(p1, p2)) {
   // ...
}
```

6.2.6 删除文件或目录

可以删除文件、目录或链接。如果是符号链接，那么该链接被删除后，不会删除所链接的目标。对于目录来说，该目录必须是空的，否则删除失败。

Files 类提供了两个删除方法：delete(Path)和 deleteIfExists(Path)。

1. delete(Path)

delete(Path)方法用于删除文件，如果删除失败就将引发异常。例如，文件不存在就抛出 NoSuchFileException。开发人员可以捕获该异常，以确定为什么删除失败：

```
try {
    Files.delete(path);
} catch (NoSuchFileException x) {
    System.err.format("%s: no such" + " file or directory%n", path);
} catch (DirectoryNotEmptyException x) {
    System.err.format("%s not empty%n", path);
} catch (IOException x) {
    System.err.println(x);
}
```

2. deleteIfExists(Path)

deleteIfExists(Path)用于删除文件，但在文件不存在时不会抛出异常。这在多个线程处理删除文件又不想抛出异常时很有用。

6.2.7 复制文件或目录

使用 copy(Path, Path, CopyOption...)方法来复制文件或目录。如果目标文件已经存在，那么复制就会失败，除非指定 REPLACE_EXISTING 选项来替换已经存在的文件。

目录可以被复制。但是，目录内的文件不会被复制，因此新目录是空的，即使原来的目录中包含文件。

当复制一个符号链接时，链接的目标被复制。如果只是想复制链接本身而不是链接的内容，就指定 NOFOLLOW_LINKS 或 REPLACE_EXISTING 选项。

这种方法需要一个可变参数的参数，支持 StandardCopyOption 和 LinkOption 枚举中的以下选项：

- REPLACE_EXISTING：执行复制，即使目标文件已经存在。如果目标是一个符号链接，那么链接本身被复制（而不是链接所指向的目标）。如果目标是一个非空目录，那么复制失败抛出 FileAlreadyExistsException。
- COPY_ATTRIBUTES：将文件属性复制到目标文件。所支持的准确的文件属性是和文件系统和平台相关的，但是 last-modified-time 是支持跨平台的，将被复制到目标文件。
- NOFOLLOW_LINKS：指示符号链接不应该被跟随。如果要复制的文件是一个符号链接，那么该链接被复制（而不是链接的目标）。

下面演示 copy 的用法：

```
import static java.nio.file.StandardCopyOption.*;
...
Files.copy(source, target, REPLACE_EXISTING);
```

其他复制方法还包括：

- copy(InputStream, Path, CopyOptions...)方法：将所有字节从输入流复制到文件中。
- copy(Path, OutputStream)方法：将所有字节从一个文件复制到输出流中。

6.2.8 移动一个文件或目录

使用 move(Path, Path, CopyOption...)方法来进行移动。如果目标文件已经存在，那么移动失败，除非指定了 REPLACE_EXISTING 选项。

空目录可以移动。如果该目录不为空，那么在移动时可以选择只移动该目录而不移动该目录中的内容。在 UNIX 系统中，移动在同一分区内的目录一般包括重命名的目录。在这种情况下，即使目录中包含文件，这种方法仍然可行。

该方法采用可变参数的参数，支持 StandardCopyOption 枚举中的以下选项：

- REPLACE_EXISTING：执行移动，即使目标文件已经存在。如果目标是一个符号链接，符号链接被替换，但它指向的目标是不会受到影响的。
- ATOMIC_MOVE：此举为一个原子文件操作。如果文件系统不支持原子移动，将引发异常。在 ATOMIC_MOVE 选项下，将文件移动到一个目录时，可以保证任何进程访问目录时看到的都是一个完整的文件。

下面的示例演示如何使用 move 方法：

```
import static java.nio.file.StandardCopyOption.*;
...
Files.move(source, target, REPLACE_EXISTING);
```

第 7 章

网络编程

本章介绍 Java 网络编程。Java 自诞生之日起就是面向互联网的，因此才有了今日霸主的地位。

7.1 网络基础

在互联网上之间的通信交流，一般是基于 TCP（Transmission Control Protocol，传输控制协议）或者 UDP（User Datagram Protocol，用户数据报协议），主要包含以下几层：

- 应用层（Application），对应 OSI 的应用层、表示层、会话层。
- 传输层（Transport），对应 OSI 的传输层。
- 网络层（Network），对应 OSI 的网络层。
- 链路层（Link），对应 OSI 的数据链路层和物理层。

在编写 Java 应用时，我们只需关注应用层，而不用关心 TCP 和 UDP 所在的传输层是如何实现的。java.net 包含了编程所需的类，这些类是与操作系统无关的，比如 URL、URLConnection、Socket 和 ServerSocket 类是使用 TCP 连接网络的，DatagramPacket、DatagramSocket 和 MulticastSocket 类是用于 UDP 的。

Java 支持的协议只有 TCP 和 UDP，以及建立在 TCP 和 UDP 之上的其他应用层协议。所有其他传输层、网际层和更底层的协议（如 ICMP、IGMP、ARP、RARP、RSVP 等）在 Java 中只能链接到原生代码来实现。

7.1.1 了解 OSI 参考模型

OSI 参考模型（Open Systems Interconnection Reference Model），开放式通信系统互联参考模

型是国际标准化组织（ISO）提出的一个试图使各种计算机在世界范围内互连为网络的标准框架。OSI 模型把网络通信的工作分为 7 层，分别是物理层、数据链路层、网络层、传输层、会话层、表示层和应用层。表 7-1 描述了各个层次的关系。

表 7-1　OSI 各层次关系表

层次	数据格式	功能与连接方式	典型设备
应用层（Application）	数据（Data）	网络服务与使用者应用程序间的一个接口	终端设备（PC、手机、平板等）
表示层（Presentation）	数据（Data）	数据表示、数据安全、数据压缩	终端设备（PC、手机、平板等）
会话层（Session）	数据（Data）	会话层连接到传输层的映射；会话连接的流量控制；数据传输；会话连接恢复与释放；会话连接管理、差错控制	终端设备（PC、手机、平板等）
传输层（Transport）	数据组织成数据段（Segment）	用一个寻址机制来标识一个特定的应用程序（端口号）	终端设备（PC、手机、平板等）
网络层（Network）	分割和重新组合数据包（Packet）	基于网络层地址（IP 地址）进行不同网络系统间的路径选择	路由器
数据链路层（Data Link）	将比特信息封装成数据帧（Frame）	物理层上建立、撤销、标识逻辑链接和链路复用以及差错校验等功能。通过使用接收系统的硬件地址或物理地址来寻址	网桥、交换机
物理层（Physical）	传输比特（bit）流	建立、维护和取消物理连接	光纤、同轴电缆、双绞线、网卡、中继器

OSI 分层的优点：

- 分层清晰、协议规范，易于理解和学习。
- 层间的标准接口方便了工程模块化。
- 创建了一个更好的互连环境。
- 降低了复杂度，使程序更容易修改，产品开发的速度更快。
- 每层利用紧邻的下层服务，更容易记住每层的功能。

OSI 是一个定义良好的协议规范集，并由许多可选部分来完成类似的任务。它定义了开放系统的层次结构、层次之间的相互关系以及各层所包括的可能的任务。

OSI 参考模型并没有提供一个可以实现的方法，而是描述了一些概念，用来协调进程间通信标准的制定，即 OSI 参考模型并不是一个标准，而是一个在制定标准时所使用的概念性框架。

7.1.2　TCP/IP 网络模型与 OSI 模型的对比

以下是 OSI 模型与 TCP/IP 模型的对比：

- 相同点：都有应用层、传输层、网络层；都是下层服务上层。
- 不同点：层数不同；模型与协议出现的次序不同，TCP/IP 先有协议后有模型（出现早），OSI

先有模型后有协议（出现晚）。

7.1.3 了解 TCP

TCP（Transmission Control Protocol）是面向连接的，提供端到端可靠的数据流（flow of data）。TCP 提供超时重发、丢弃重复数据、检验数据、流量控制等功能，保证数据能从一端传到另一端。

"面向连接"是指在正式通信前必须要与对方建立起连接。这一过程与打电话很相似，先拨号振铃，等待对方摘机应答，然后才说明是谁。

TCP 是基于连接的协议，也就是说，在正式收发数据前，必须和对方建立可靠的连接。一个 TCP 连接必须要经过三次"握手"才能建立起来，简单地讲就是：

- A 向主机 B 发出连接请求数据包："我想给你发数据，可以吗？"
- 主机 B 向主机 A 发送同意连接和要求同步（同步就是两台主机一个在发送，一个在接收，协调工作）的数据包："可以，你来吧。"
- 主机 A 发出一个数据包确认主机 B 的要求同步："好的，我来也，你接着吧！"三次"握手"的目的是使数据包的发送和接收同步，经过三次"对话"之后，主机 A 才向主机 B 正式发送数据。

那么，TCP 如何保证数据的可靠性？总结来说，TCP 通过下列方式来提供可靠性：

- 应用数据被分割成 TCP 认为最适合发送的数据块。这和 UDP 完全不同，应用程序产生的数据报长度将保持不变。由 TCP 传递给 IP 的信息单位称为报文段或段（segment）。
- 当 TCP 发出一个段后，它启动一个定时器，等待目的端确认收到这个报文段。如果不能及时收到一个确认，将重发这个报文段（可自行了解 TCP 协议中自适应的超时及重传策略）。
- 当 TCP 收到发自 TCP 连接另一端的数据时，它将发送一个确认。这个确认不是立即发送，通常将推迟几分之一秒。
- TCP 将保持它首部和数据的检验和。这是一个端到端的检验和，目的是检测数据在传输过程中的任何变化。如果收到段的检验和有差错，TCP 将丢弃这个报文段并不确认收到此报文段（希望发送端超时并重发）。
- 既然 TCP 报文段作为 IP 数据报来传输，而 IP 数据报的到达可能会失序，因此 TCP 报文段的到达也可能会失序。如果有必要，TCP 将对收到的数据重新排序，并将收到的数据以正确的顺序交给应用层。
- IP 数据报会发生重复，所以 TCP 的接收端必须丢弃重复的数据。
- TCP 还能提供流量控制。TCP 连接的每一方都有固定大小的缓存空间。TCP 的接收端只允许另一端发送接收端缓存区所能接纳的数据。这将防止较快主机致使较慢主机的缓存区溢出。

7.1.4 了解 UDP

UDP（User Datagram Protocol）不是面向连接的，主机发送独立的数据报（datagram）给其他主机，不保证数据到达。由于 UDP 在传输数据报前不用在客户和服务器之间建立连接，且没有超时重发等机制，故而传输速度很快。

无连接是一开始就发送信息（严格说来，是没有开始和结束的），只是一次性的传递，事先不需要接收方的响应，因而在一定程度上也无法保证信息传递的可靠性。就像写信一样，我们只是将信寄出去，却不能保证收信人一定可以收到。

TCP 是面向连接的，有比较高的可靠性，一些要求比较高的服务一般使用这个协议，如 FTP、Telnet、SMTP、HTTP、POP3 等；而 UDP 是面向无连接的，使用这个协议的常见服务有 DNS、SNMP、即时聊天工具等。如果你的应用对于可靠性的要求不高，而又希望有较高的传输效率，那么可以选择 UDP。

7.1.5　了解端口

一般来说，一台计算机具有单个物理连接到网络的能力。数据通过这个连接去往特定的计算机。然而，该数据可以被用在计算机上运行的不同应用中。那么，计算机如何知道使用哪个应用程序转发数据呢？答案是使用端口。

在互联网上传输的数据是通过计算机的标识和端口来定位的。计算机的标识是 32 位的 IP 地址。端口由一个 16 位的数字组成。

诸如面向连接的通信（如 TCP），服务器应用将套接字绑定到一个特定端口号。这时向系统注册服务，用来接收该端口的数据。然后，客户端可以与服务器在服务器端口会合，如图 7-1 所示。

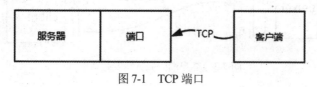

图 7-1　TCP 端口

TCP 和 UDP 协议使用端口来将接收到的数据映射到一个计算机上运行的进程中。

在基于数据报的通信（如 UDP）中，数据报包中包含它的目的地的端口号，然后 UDP 将数据包路由到相应的应用程序，如图 7-2 所示。

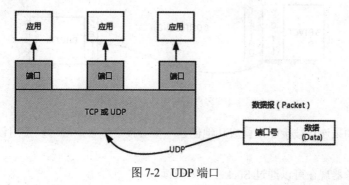

图 7-2　UDP 端口

端口号的取值范围是从 0 到 65535（16 位），其中 0~1023 是受限的，它们被知名的服务所保留使用，比如 HTTP（端口是 80）和 FTP（端口是 20、21）等系统服务。这些端口被称为众所周知的端口（well-known ports）。应用程序不应该试图绑定到它们。可以访问 http://www.iana.org/assignments/service-names-port-numbers/service-names-port-numbers.xhtml 来查询

各种常用的已经被分配的端口号列表。

7.2 Socket

Socket（套接字）是在网络上运行两个程序之间的双向通信链路的一个端点。Socket 绑定到一个端口号，使得 TCP 层可以标识数据最终要被发送到哪个应用程序。

7.2.1 了解 Socket

正常情况下，一台服务器在特定计算机上运行，并具有被绑定到特定端口号的 Socket。服务器只是等待，并监听用于客户发起的连接请求的 Socket。

对于客户端而言，客户端知道服务器所运行的主机名称以及服务器正在侦听的端口号。建立连接请求时，客户端尝试与主机服务器和端口会合。客户端也需要在连接中将自己绑定到本地端口以便于给服务器做识别。本地端口号通常是由系统分配的。图 7-3 展示了客户端向服务端发起请求的过程。

图 7-3　客户端向服务端发起请求

如果一切顺利，服务器将接受连接。一旦接受，服务器获取绑定到相同的本地端口的新 Socket，并且还能获知客户端的地址和端口。它需要一个新的 Socket，以便可以继续监听原来用于客户端连接请求的 Socket。图 7-4 展示客户端与服务端建立连接的过程。

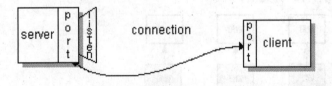

图 7-4　客户端与服务端建立连接

在客户端，如果连接被接受，就成功地创建一个套接字。客户端可以使用该 Socket 与服务器进行通信。

客户机和服务器现在可以通过 Socket 写入或读取了。

端点是 IP 地址和端口号的组合。每个 TCP 连接可以通过它的两个端点被唯一标识。这样，主机和服务器之间可以有多个连接。

java.net 包中提供了一个类 Socket，实现了 Java 程序和网络上其他程序之间的双向连接。Socket 类隐藏任何特定系统的细节。通过使用 java.net.Socket 类，而不是依赖于原生代码，Java 程序可以用独立于平台的方式与网络进行通信。

此外，java.net 包含了 ServerSocket 类，实现了服务器的 Socket 可以监听和接受客户端的连接。下面将展示如何使用 Socket 和 ServerSocket 类。

7.2.2 实战：实现一个 echo 服务器

让我们来看一个例子，程序可以使用 Socket 类连接到服务器，客户端可以通过 Socket 向服务器发送数据和接收数据。

EchoClient 示例程序实现一个客户端，连接到 echo 服务器。echo 服务器从它的客户端接收数据并原样返回。EchoServer 实现 echo 服务器，客户端可以连接到支持 Echo 协议（http://tools.ietf.org/html/rfc862）的任何主机。

EchoClient 创建一个 Socket，从而得到 echo 服务器的连接。它从标准输入流中读取用户输入，然后通过 Socket 转发该文本给 echo 服务器。服务器通过该 Socket 将文本原样输入回客户端。客户机程序读取并显示从服务器传递给它的数据。

注意，下面的 EchoClient 例子既从 Socket 写入数据又从 Socket 中读取数据。

```java
class EchoClient {
    public static void main(String[] args) throws IOException {

        if (args.length != 2) {
            System.err.println(
                "Usage: java EchoClient <host name> <port number>");
            System.exit(1);
        }

        String hostName = args[0];
        int portNumber = Integer.parseInt(args[1]);

        try (
            Socket echoSocket = new Socket(hostName, portNumber);
            PrintWriter out =
                new PrintWriter(echoSocket.getOutputStream(), true);
            BufferedReader in =
                new BufferedReader(
                    new InputStreamReader(echoSocket.getInputStream()));
            BufferedReader stdIn =
                new BufferedReader(
                    new InputStreamReader(System.in))
        ) {
            String userInput;
            while ((userInput = stdIn.readLine()) != null) {
                out.println(userInput);
                System.out.println("echo: " + in.readLine());
            }
        } catch (UnknownHostException e) {
            System.err.println("不明主机，主机名为： " + hostName);
```

```java
            System.exit(1);
        } catch (IOException e) {
            System.err.println("不能从主机中获取I/O, 主机名为: " +
                hostName);
            System.exit(1);
        }
    }
}
```

EchoServer 代码如下:

```java
class EchoServer {
    public static void main(String[] args) throws IOException {

        if (args.length != 1) {
            System.err.println("Usage: java EchoServer <port number>");
            System.exit(1);
        }

        int portNumber = Integer.parseInt(args[0]);

        try (
            ServerSocket serverSocket =
                new ServerSocket(Integer.parseInt(args[0]));
            Socket clientSocket = serverSocket.accept();
            PrintWriter out =
                new PrintWriter(clientSocket.getOutputStream(), true);
            BufferedReader in = new BufferedReader(
                new InputStreamReader(clientSocket.getInputStream()));
        ) {
            String inputLine;
            while ((inputLine = in.readLine()) != null) {
                out.println(inputLine);
            }
        } catch (IOException e) {
            System.out.println("监听端口一场, 端口: " + portNumber);
            System.out.println(e.getMessage());
        }
    }
}
```

首先启动服务器, 在命令行输入如下代码, 设定一个端口号, 比如7 (Echo协议指定端口是7):

```
java EchoServer 7
```

而后启动客户端, echoserver.example.com 是主机的名称, 如果是本机, 主机名称可以是 localhost:

```
java EchoClient echoserver.example.com 7
```

输出效果如下:

```
你好吗?
```

```
echo：你好吗？
我很好哦
echo：我很好哦
要过年了，waylau.com 祝你 新年大吉，身体健康哦！
echo：要过年了，waylau.com 祝你 新年大吉，身体健康哦！
```

7.3 I/O 模型的演进

什么是同步？什么是异步？阻塞和非阻塞又有什么区别？本节先从 UNIX 的 I/O 模型讲起，介绍 5 种常见的 I/O 模型。而后引出 Java I/O 模型的演进过程，并用实例说明如何选择合适的 Java I/O 模型来提高系统的并发量和可用性。

7.3.1 UNIX I/O 模型的基本概念

由于 Java 的 I/O 依赖于操作系统的实现，因此先了解 UNIX 的 I/O 模型有助于理解 Java 的 I/O。

1. 同步和异步

同步和异步描述的是用户线程与内核的交互方式：

- 同步是指用户线程发起 I/O 请求后需要等待或者轮询内核 I/O 操作完成后才能继续执行。
- 异步是指用户线程发起 I/O 请求后仍继续执行，当内核 I/O 操作完成后会通知用户线程，或者调用用户线程注册的回调函数。

2. 阻塞和非阻塞

阻塞和非阻塞描述的是用户线程调用内核 I/O 操作的方式：

- 阻塞是指 I/O 操作需要彻底完成后才返回到用户空间。
- 非阻塞是指 I/O 操作被调用后立即返回给用户一个状态值，无须等到 I/O 操作彻底完成。

一个 I/O 操作其实分成了两个步骤：发起 I/O 请求和实际的 I/O 操作。

阻塞 I/O 和非阻塞 I/O 的区别在于第一步，即发起 I/O 请求是否会被阻塞：如果阻塞直到完成就是传统的阻塞 I/O，如果不阻塞就是非阻塞 I/O。

同步 I/O 和异步 I/O 的区别就在于第二个步骤是否阻塞，如果实际的 I/O 读写阻塞请求进程，那么就是同步 I/O，否则为异步 I/O。

7.3.2 UNIX I/O 模型

UNIX 下共有 5 种 I/O 模型：

- 阻塞 I/O。
- 非阻塞 I/O。

- I/O 复用（select 和 poll）。
- 信号驱动 I/O（SIGIO）。
- 异步 I/O（Posix.1 的 aio_系列函数）。

若读者想深入了解 UNIX 的网络知识，推荐阅读 W.Richard Stevens 的《UNIX Network Programming, Volume 1, Second Edition: Networking APIs: Sockets and XTI》一书，本节只简单介绍这 5 种模型，文中的图例引用自该书。

1. 阻塞 I/O 模型

请求无法立即完成则保持阻塞。

- 阶段 1：等待数据就绪。网络 I/O 的情况就是等待远端数据陆续抵达，磁盘 I/O 的情况就是等待磁盘数据从磁盘上读取到内核态内存中。
- 阶段 2：数据复制。出于系统安全，用户态的程序没有权限直接读取内核态内存，因此内核负责把内核态内存中的数据复制一份到用户态内存中。

阻塞 I/O 模型如图 7-5 所示。

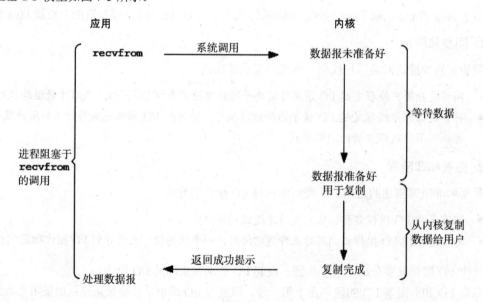

图 7-5 阻塞 I/O 模型

本节中将 recvfrom 函数视为系统调用。一般 recvfrom 实现都有一个从应用程序进程中运行到内核中运行的切换，一段事件后再跟一个返回到应用进程的切换。

在图 7-5 中，进程阻塞的整段时间是指从调用 recvfrom 开始到它返回的这段时间，当进程返回成功指示时，应用进程开始处理数据报。

2. 非阻塞 I/O 模型

非阻塞 I/O 的工作流程如下：

- Socket 设置为 NONBLOCK（非阻塞）就是告诉内核，当所请求的 I/O 操作无法完成时不要将进程睡眠，而是立刻返回一个错误码（EWOULDBLOCK），这样请求就不会阻塞。
- I/O 操作函数将不断地测试数据是否已经准备好，如果没有准备好就继续测试，直到数据准备好为止。在整个 I/O 请求的过程中，虽然用户线程每次发起 I/O 请求后可以立即返回，但是为了等到数据，仍需要不断地轮询、重复请求，这是对 CPU 时间的极大浪费。
- 数据准备好了，从内核复制到用户空间。

非阻塞 I/O 模型如图 7-6 所示。

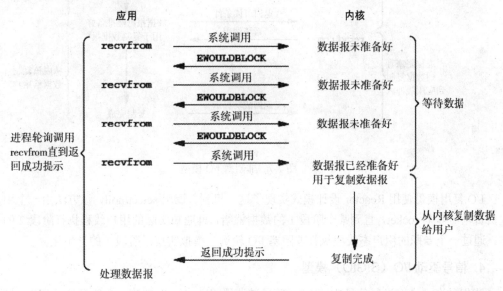

图 7-6 非阻塞 I/O 模型

一般很少直接使用这种模型，而是在其他 I/O 模型中使用非阻塞 I/O 这一特性。这种方式对单个 I/O 请求的意义不大，但是给 I/O 复用铺平了道路。

3. I/O 复用模型

I/O 复用会用到 select 或者 poll 函数，在这两个系统调用中的某一个上阻塞，而不是阻塞于真正的 I/O 系统调用。函数也会使进程阻塞，和阻塞 I/O 不同的是，这两个函数可以同时阻塞多个 I/O 操作，而且可以同时对多个读操作、多个写操作的 I/O 函数进行检测，直到有数据可读或可写时才真正调用 I/O 操作函数。

I/O 复用模型如图 7-7 所示。

从流程上来看，使用 select 函数进行 I/O 请求和同步阻塞模型没有太大的区别，甚至还多了添加监视 socket，以及调用 select 函数的额外操作，效率更差。但是，使用 select 最大的优势是用户可以在一个线程内同时处理多个 Socket 的 I/O 请求。用户可以注册多个 Socket，然后不断地调用 select 来读取被激活的 Socket，达到在同一个线程内同时处理多个 I/O 请求的目的。在同步阻塞模型中，必须通过多线程的方式才能达到这个目的。

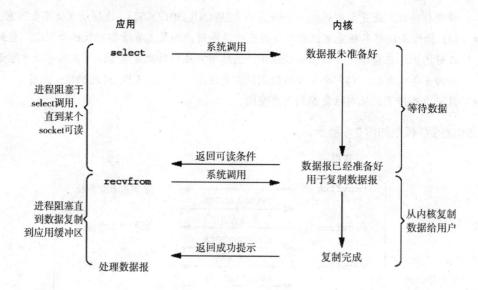

图 7-7 非阻塞 I/O 模型

I/O 复用模型使用 Reactor 设计模式实现了这一机制。调用 select/poll，该方法由一个用户态线程负责轮询多个 socket，直到某个阶段 1 的数据就绪，再通知实际的用户线程执行阶段 2 的复制操作。通过一个专职的用户态线程执行非阻塞 I/O 轮询，模拟实现了阶段 1 的异步化。

4. 信号驱动 I/O（SIGIO）模型

我们允许 socket 进行信号驱动 I/O，并通过调用 sigaction 来安装一个信号处理函数，进程继续运行并不阻塞。当数据准备好时，进程会收到一个 SIGIO 信号，可以在信号处理函数中调用 recvfrom 来读取数据报，并通知主循环数据已准备好被处理，也可以通知主循环来读取数据报。

信号驱动 I/O（SIGIO）模型如图 7-8 所示。

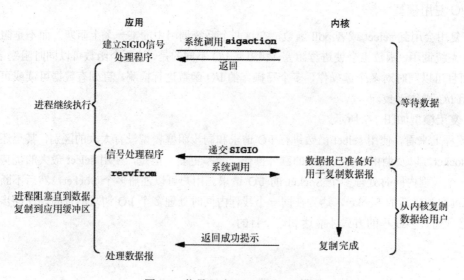

图 7-8 信号驱动 I/O（SIGIO）模型

该模型的好处是，当等待数据报到达时，可以不阻塞。主循环可以继续执行，只是等待信号处理程序的通知；或者数据已准备好被处理，或者数据报已准备好被读。

5. 异步 I/O 模型

异步 I/O 是 POSIX 规范定义的。通常，这些函数会通知内核来启动操作并在整个操作（包括从内核复制数据到我们的缓存中）完成时通知我们。

该模式与信号驱动 I/O（SIGIO）模型的不同点在于，驱动 I/O（SIGIO）模型告诉我们 I/O 操作何时可以启动，而异步 I/O 模型告诉我们 I/O 操作何时完成。

图 7-9 展示了异步 I/O 模型。

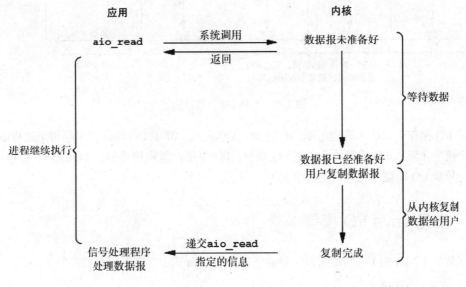

图 7-9　异步 I/O 模型

调用 aio_read 函数，告诉内核传递描述字、缓存区指针、缓存区大小、文件偏移，然后立即返回，我们的进程不阻塞于等待 I/O 操作的完成。当内核将数据复制到缓存区后，才会生成一个信号，来通知应用程序。

异步 I/O 模型使用 Proactor 设计模式实现了这一机制。有关"Proactor 设计模式"可以参阅 https://en.wikipedia.org/wiki/Proactor_pattern。

异步 I/O 模型告知内核：当整个过程（包括阶段 1 和阶段 2）全部完成时，通知应用程序来读数据。

6. 几种 I/O 模型的比较

前 4 种模型的区别是阶段 1 不相同，阶段 2 基本相同，都是将数据从内核复制到调用者的缓存区。异步 I/O 的两个阶段都不同于前 4 个模型。几种 I/O 模型的比较如图 7-10 所示。

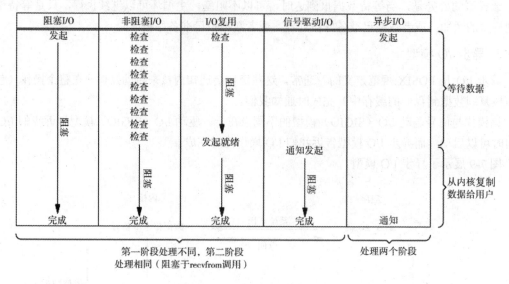

图 7-10 几种 I/O 模型的比较

同步 I/O 操作引起请求进程阻塞，直到 I/O 操作完成。异步 I/O 操作不引起请求进程阻塞。上面前 4 个模型（阻塞 I/O 模型、非阻塞 I/O 模型、I/O 复用模型和信号驱动 I/O 模型）都是同步 I/O 模型，而异步 I/O 模型才是真正的异步 I/O。

7.3.3 常见 Java I/O 模型

在了解了 UNIX 的 I/O 模型之后，就能明白其实 Java 的 I/O 模型也是类似的了。

1. "阻塞 I/O"模式

下面是在前面介绍过的 EchoServer 示例，是一个简单的阻塞 I/O 的例子。服务器启动后，等待客户端连接。在客户端连接服务器后，服务器就阻塞读写数据流。

EchoServer 代码：

```java
class EchoServer {
    public static int DEFAULT_PORT = 7;

    public static void main(String[] args) throws IOException {

        if (args.length != 1) {
            System.err.println("Usage: java EchoServer <port number>");
            System.exit(1);
        }

        int portNumber = Integer.parseInt(args[0]);

        try (ServerSocket serverSocket = new ServerSocket(Integer.parseInt(args[0]));
            Socket clientSocket = serverSocket.accept();
```

```java
                PrintWriter out = new
PrintWriter(clientSocket.getOutputStream(), true);
                BufferedReader in = new BufferedReader(new
InputStreamReader(clientSocket.getInputStream()));) {
            String inputLine;
            while ((inputLine = in.readLine()) != null) {
                out.println(inputLine);
            }
        } catch (IOException e) {
            System.out.println("监听端口一场,端口: " + portNumber);
            System.out.println(e.getMessage());
        }
    }
}
```

2. 改进为"阻塞 I/O+多线程"模式

使用多线程来支持多个客户端访问服务器。代码改进如下:

```java
class MultiThreadEchoServer {
    public static int DEFAULT_PORT = 7;

    public static void main(String[] args) throws IOException {

        int port;

        try {
            port = Integer.parseInt(args[0]);
        } catch (RuntimeException ex) {
            port = DEFAULT_PORT;
        }
        Socket clientSocket = null;
        try (ServerSocket serverSocket = new ServerSocket(port);) {
            while (true) {
                clientSocket = serverSocket.accept();

                // 多线程
                new Thread(new EchoServerHandler(clientSocket)).start();
            }
        } catch (IOException e) {
            System.out.println("监听端口异常,端口: " + port);
            System.out.println(e.getMessage());
        }
    }
}
```

处理器类 EchoServerHandler 代码如下:

```java
class EchoServerHandler implements Runnable {
    private Socket clientSocket;

    public EchoServerHandler(Socket clientSocket) {
```

```java
            this.clientSocket = clientSocket;
        }

        /*
         * (non-Javadoc)
         *
         * @see java.lang.Runnable#run()
         */
        @Override
        public void run() {
            try (PrintWriter out = new PrintWriter(clientSocket.getOutputStream(), true);
                    BufferedReader in = new BufferedReader(new InputStreamReader(clientSocket.getInputStream()));) {

                String inputLine;
                while ((inputLine = in.readLine()) != null) {
                    out.println(inputLine);
                }
            } catch (IOException e) {
                System.out.println(e.getMessage());
            }
        }
    }
```

该模型存在的问题是，每次接收到新的连接都要新建一个线程，处理完后销毁线程，代价大。当有大量的短连接出现时，性能比较低。

3. 改进为"阻塞 I/O+线程池"模式

针对上面多线程的模型中出现的线程重复创建、销毁带来的开销，可以采用线程池来优化。每次接收到新连接后从池中取一个空闲线程进行处理，处理完后再放回池中，重用线程避免了频繁创建和销毁线程带来的开销。

改进后的代码如下：

```java
class ThreadPoolEchoServer {
    public static int DEFAULT_PORT = 7;

    public static void main(String[] args) throws IOException {

        int port;

        try {
            port = Integer.parseInt(args[0]);
        } catch (RuntimeException ex) {
            port = DEFAULT_PORT;
        }
        ExecutorService threadPool = Executors.newFixedThreadPool(5);
        Socket clientSocket = null;
        try (ServerSocket serverSocket = new ServerSocket(port);) {
```

```
            while (true) {
                clientSocket = serverSocket.accept();

                // Thread Pool
                threadPool.submit(new Thread(new 
EchoServerHandler(clientSocket)));
            }
        } catch (IOException e) {
            System.out.println("监听端口异常,端口: " + port);
            System.out.println(e.getMessage());
        }
    }
}
```

该模型存在的问题是,在大量短连接的场景中性能会有所提升,因为不用每次都创建和销毁线程,而是重用连接池中的线程。在大量长连接的场景中,因为线程被连接长期占用,不需要频繁地创建和销毁线程,因而没有什么优势。虽然这种方法可以适用于小到中度规模的客户端的并发数,但是如果连接数超过 100 000 或更多,那么性能将很不理想。

4. 改进为"非阻塞 I/O"模式

"阻塞 I/O+线程池"网络模型虽然比"阻塞 I/O+多线程"网络模型在性能方面有所提升,但是这两种模型都存在一个共同的问题:读和写操作都是同步阻塞的,面对大并发(持续大量连接同时请求)的场景,需要消耗大量的线程来维持连接。CPU 在大量的线程之间频繁切换,性能损耗很大。一旦单机的连接超过 1 万甚至达到几万的时候,服务器的性能就会急剧下降。

NIO 的 Selector 可以很好地解决这个问题:用主线程(一个线程或者是 CPU 个数的线程)保持住所有的连接,管理和读取客户端连接的数据,将读取的数据交给后面的线程池处理,线程池处理完业务逻辑后,将结果交给主线程发送响应给客户端,少量的线程就可以处理大量连接的请求。

Java NIO 由以下几个核心部分组成:

- Channel。
- Buffer。
- Selector。

要使用 Selector,需要向 Selector 注册 Channel,然后调用它的 select()方法。这个方法会一直阻塞到某个注册的通道有事件就绪。一旦这个方法返回,线程就可以处理这些事件(事件的例子有新连接进来、数据接收等)。

代码改进如下:

```
class NonBlokingEchoServer {
    public static int DEFAULT_PORT = 7;

    public static void main(String[] args) throws IOException {

        int port;

        try {
            port = Integer.parseInt(args[0]);
```

```java
        } catch (RuntimeException ex) {
            port = DEFAULT_PORT;
        }
        System.out.println("监听端口: " + port);

        ServerSocketChannel serverChannel;
        Selector selector;
        try {
            serverChannel = ServerSocketChannel.open();
            InetSocketAddress address = new InetSocketAddress(port);
            serverChannel.bind(address);
            serverChannel.configureBlocking(false);
            selector = Selector.open();
            serverChannel.register(selector, SelectionKey.OP_ACCEPT);
        } catch (IOException ex) {
            ex.printStackTrace();
            return;
        }

        while (true) {
            try {
                selector.select();
            } catch (IOException ex) {
                ex.printStackTrace();
                break;
            }
            Set<SelectionKey> readyKeys = selector.selectedKeys();
            Iterator<SelectionKey> iterator = readyKeys.iterator();
            while (iterator.hasNext()) {
                SelectionKey key = iterator.next();
                iterator.remove();
                try {
                    if (key.isAcceptable()) {
                        ServerSocketChannel server = (ServerSocketChannel) key.channel();
                        SocketChannel client = server.accept();
                        System.out.println("接受连接，来自" + client);
                        client.configureBlocking(false);
                        SelectionKey clientKey = client.register(selector,
                                SelectionKey.OP_WRITE | SelectionKey.OP_READ);
                        ByteBuffer buffer = ByteBuffer.allocate(100);
                        clientKey.attach(buffer);
                    }
                    if (key.isReadable()) {
                        SocketChannel client = (SocketChannel) key.channel();
                        ByteBuffer output = (ByteBuffer) key.attachment();
                        client.read(output);
                    }
                    if (key.isWritable()) {
                        SocketChannel client = (SocketChannel) key.channel();
```

```
                    ByteBuffer output = (ByteBuffer) key.attachment();
                    output.flip();
                    client.write(output);

                    output.compact();
                }
            } catch (IOException ex) {
                key.cancel();
                try {
                    key.channel().close();
                } catch (IOException cex) {
                }
            }
        }
    }
}
```

5. 改进为"异步 I/O"模式

Java 7 版本之后，引入了对异步 I/O（NIO.2）的支持，为构建高性能的网络应用提供了一个利器。代码改进如下：

```
class AsyncEchoServer {

    public static int DEFAULT_PORT = 7;

    public static void main(String[] args) throws IOException {
        int port;

        try {
            port = Integer.parseInt(args[0]);
        } catch (RuntimeException ex) {
            port = DEFAULT_PORT;
        }

        ExecutorService taskExecutor = Executors.newCachedThreadPool
(Executors.defaultThreadFactory());

        try (AsynchronousServerSocketChannel asynchronousServerSocketChannel
= AsynchronousServerSocketChannel.open()) {
            if (asynchronousServerSocketChannel.isOpen()) {

                asynchronousServerSocketChannel.setOption
(StandardSocketOptions.SO_RCVBUF, 4 * 1024);
                asynchronousServerSocketChannel.setOption
(StandardSocketOptions.SO_REUSEADDR, true);

                asynchronousServerSocketChannel.bind(new
InetSocketAddress(port));
```

```java
                    System.out.println("等待连接...");
                    while (true) {
                        Future<AsynchronousSocketChannel> asynchronousSocketChannelFuture = asynchronousServerSocketChannel
                                .accept();
                        try {
                            final AsynchronousSocketChannel asynchronousSocketChannel = asynchronousSocketChannelFuture
                                    .get();
                            Callable<String> worker = new Callable<String>() {
                                @Override
                                public String call() throws Exception {
                                    String host = asynchronousSocketChannel.getRemoteAddress().toString();
                                    System.out.println("进来的连接来自: " + host);
                                    final ByteBuffer buffer = ByteBuffer.allocateDirect(1024);

                                    while (asynchronousSocketChannel.read(buffer).get() != -1) {
                                        buffer.flip();
                                        asynchronousSocketChannel.write(buffer).get();
                                        if (buffer.hasRemaining()) {
                                            buffer.compact();
                                        } else {
                                            buffer.clear();
                                        }
                                    }
                                    asynchronousSocketChannel.close();
                                    System.out.println(host + " 成功启动!");
                                    return host;
                                }
                            };
                            taskExecutor.submit(worker);
                        } catch (InterruptedException | ExecutionException ex) {
                            System.err.println(ex);
                            System.err.println("\n 服务器正在关闭...");
                            taskExecutor.shutdown();
                            while (!taskExecutor.isTerminated()) {
                            }
                            break;
                        }
                    }
                } else {
                    System.out.println("异步服务器 Socket 管道不能打开!");
                }
            } catch (IOException ex) {
                System.err.println(ex);
```

            }
        }
    }

7.4 HTTP Client API 概述

Java 自诞生之日起就支持网络编程。早期的 Java HTTP API 由 java.net 包中的几种类型组成，这些 API 主要存在以下问题：

- 它被设计为支持多个协议，如 HTTP、FTP、Gopher 等，其中很多协议都已经过时不再被使用了。
- API 设计得太抽象了，很难使用。
- 它包含许多未公开的行为。
- 它只支持一种模式，即阻塞模式，这要求每个请求/响应要有一个单独的线程，无法支撑开发高并发的应用。

HTTP Client API 在 Java 9 被引入，在 Java 10 进行了更新，不过一直处于孵化状态，在 Java 11 中获得正式发布，包名由 jdk.incubator.http 改为 java.net.http。HTTP Client API 实现了 HTTP 和 WebSocket，用来取代遗留的 java.net.HttpURLConnection。该 API 用来在 Java 程序中作为客户端请求 HTTP 服务，Java 中服务端 HTTP 的支持由 Servlet 实现。

新的 HTTP/2 客户端 API 与现有的 API 相比有以下几个好处：

- 在大多数常见情况下，学习和使用简单易用。
- 它提供基于事件的通知。例如，当收到首部信息、收到正文并发生错误时会生成通知。
- 它支持服务器推送，这允许服务器将资源推送到客户端，而客户端不需要明确的请求。它使得与服务器的 WebSocket 通信设置变得简单。
- 它支持 HTTP/2 和 HTTPS/TLS 协议。
- 它同时工作在同步（阻塞模式）和异步（非阻塞模式）模式。

使用 Java 9 的 HTTP Client 服务，必须熟悉 jdk.incubator.http 包中的以下类：

- HttpClient：一个对多个请求配置了公共信息的容器。所有的请求通过一个 HttpClient 进行发送。
- HttpRequest：表示可以发送到服务器的一个 HTTP 请求。
- HttpResponse：表示 HttpRequest 的响应。
- WebSocket：WebSocket 接口。

7.5　HttpRequest

　　HttpRequest 表示可以发送到服务器的一个 HTTP 请求。HttpRequest 由 HttpRequest builders 构建生成。HttpRequest 通过调用 HttpRequest.newBuilder 获得实例。一个请求的 URI、请求头和请求体都可以设置。请求体提供了 HttpRequest.BodyProcessor 对象的 DELETE、POST 或 PUT 方法。GET 不用设置 body。一旦所有必需的参数都在构建器设置，HttpRequest.Builder.build()就将返回一个 HttpRequest 实例。构建器也可以被多次复制和修改，以构建参数不同的多个相关请求。

　　以下是构建 GET 请求的示例：

```
var request = HttpRequest
            .newBuilder()
            .uri(new URI("https://waylau.com/books/"))
            .GET()
            .build();
```

　　以下是构建 POST 请求的示例：

```
var request = HttpRequest
            .newBuilder()
            .uri(new URI("https://waylau.com/"))
            .POST(BodyProcessor.fromString("Hello world"))
            .build();
```

7.6　HttpResponse

　　HttpResponse 表示 HttpRequest 的响应。通常在响应正文、响应状态代码和响应头被接收之后，HttpResponse 才是可用的。这取决于发送请求时提供的响应体处理程序。此类中提供了访问响应头和响应主体的方法。

　　以下是获取 HttpResponse 的示例：

```
var client = HttpClient
        .newBuilder()
        .build();


var request = HttpRequest
        .newBuilder()
        .uri(new URI("https://waylau.com/books/"))
        .GET()
        .build();

// 同步
var httpResponse = client.send(request,
```

```
HttpResponse.BodyHandlers.ofString());
```

7.7 实战：HTTP Client API 的使用例子

下面演示 HTTP Client API 综合使用的例子。

7.7.1 发起同步请求

首先，创建客户端，代码如下：

```
// 客户端
var client = HttpClient
    .newBuilder()
    .build();
```

其次，定义一个 HttpRequest 对象，代码如下：

```
// 请求
var request = HttpRequest
    .newBuilder()
    .uri(new URI("https://waylau.com/books/"))
    .GET()
    .build();
```

该 HttpRequest 对象用于发起对"https://waylau.com/books/"网址的 GET 请求。

使用客户端来发送请求，同时获取到了 HttpResponse 对象，代码如下：

```
// 同步
var response = client.send(request, HttpResponse.BodyHandlers.ofString());

System.out.println(response.body());
```

执行程序后，可以在控制台看到获取的数据，内容如下：

```
<!DOCTYPE html>
<html>
<head>

<meta charset="utf-8">
<meta http-equiv="X-UA-Compatible" content="IE=edge">
<meta name="viewport" content="width=device-width, initial-scale=1">
<title>Books | waylau.com</title>
<meta name="description" content="柳伟卫/老卫/Way Lau's Personal Site - 关注编程、系统架构、性能优化 | waylau.com">
</head>
...
<article class="post-content">
<h2 id="以下是作者的书籍作品">以下是作者的书籍作品</h2>
```

```html
<ul>
    <li><a href="https://waylau.com/apache-shiro-1.2.x-reference/">Apache Shiro 1.2.x 参考手册</a></li>
    <li><a href="https://github.com/waylau/Jersey-2.x-User-Guide">Jersey 2.x 用户指南</a></li>
    <li><a href="https://github.com/waylau/Gradle-2-User-Guide">Gradle 2 用户指南</a></li>
    <li><a href="https://github.com/waylau/github-help">Github 帮助文档</a></li>
    <li><a href="https://github.com/waylau/activiti-5.x-user-guide">Activiti 5.x 用户指南</a></li>
    <li><a href="https://github.com/waylau/spring-framework-4-reference">Spring Framework 4.x 参考文档</a></li>
    <li><a href="https://waylau.com/netty-4-user-guide/">Netty 4.x 用户指南</a></li>
    <li><a href="https://github.com/waylau/RestDemo">REST 案例大全</a></li>
    <li><a href="https://github.com/waylau/rest-in-action">REST 实战</a></li>
    <li><a href="https://waylau.com/essential-netty-in-action">Netty 实战(精髓)</a></li>
    <li><a href="https://waylau.com/java-code-conventions">Java 编码规范</a></li>
    <li><a href="https://github.com/waylau/apache-mina-2.x-user-guide">Apache MINA 2 用户指南</a></li>
    <li><a href="https://github.com/waylau/css3-tutorial">CSS3 教程</a></li>
    <li><a href="https://github.com/waylau/h2-database-doc">H2 Database 教程</a></li>
    <li><a href="https://github.com/waylau/servlet-3.1-specification">Java Servlet 3.1 规范</a></li>
    <li><a href="https://github.com/waylau/jsse-reference-guide">JSSE 参考指南</a></li>
    <li><a href="https://github.com/waylau/cordova-dev-guide">Apache Cordova 开发指南</a></li>
    <li><a href="https://github.com/waylau/essential-java">Java 编程要点</a></li>
    <li><a href="https://github.com/waylau/distributed-java">分布式 Java</a></li>
    <li><a href="https://github.com/waylau/java-virtual-machine-specification">Java 虚拟机规范</a></li>
    <li><a href="https://github.com/waylau/db2-tutorial">DB2 教程</a></li>
    <li><a href="https://github.com/waylau/distributed-systems-technologies-and-cases-analysis">分布式系统常用技术及案例分析</a>（已出版）</li>
    <li><a href="https://github.com/waylau/apache-isis-tutorial">Apache Isis 教程</a></li>
    <li><a href="https://github.com/waylau/microservices-principles-and-practices">微服务原理与实践</a></li>
    <li><a href="https://github.com/waylau/spring-boot-tutorial">Spring Boot 教程</a></li>
    <li><a href="https://github.com/waylau/gradle-3-user-guide">Gradle 3 用户指南</a></li>
    <li><a href="https://github.com/waylau/spring-security-tutorial">Spring Security 教程</a></li>
```

```html
<li><a href="https://github.com/waylau/thymeleaf-tutorial">Thymeleaf 教程</a></li>
    <li><a href="https://github.com/waylau/nginx-tutorial">NGINX 教程</a></li>
    <li><a href="http://coding.imooc.com/class/125.html">基于 Spring Boot 的博客系统实战</a>（视频）</li>
    <li><a href="https://github.com/waylau/spring-cloud-tutorial">Spring Cloud 教程</a></li>
    <li><a href="https://coding.imooc.com/class/177.html">基于 Spring Cloud 的微服务实战</a>（视频）</li>
    <li><a href="https://github.com/waylau/jdbc-specification">JDBC 4.2 规范</a></li>
    <li><a href="https://github.com/waylau/spring-boot-enterprise-application-development">Spring Boot 企业级应用开发实战</a>（已出版）</li>
    <li><a href="https://github.com/waylau/spring-cloud-microservices-development">Spring Cloud 微服务架构开发实战</a>（已出版）</li>
    <li><a href="https://github.com/waylau/spring-5-book">Spring 5 案例大全</a></li>
    <li><a href="https://github.com/waylau/cloud-native-book-demos">Cloud Native 案例大全</a></li>
    <li><a href="https://github.com/waylau/angular-tutorial">跟老卫学 Angular</a></li>
    <li><a href="https://github.com/waylau/spring-5-book">Spring 5 开发大全</a>（已出版）</li>
    <li><a href="https://github.com/waylau/distributed-systems-technologies-and-cases-analysis">分布式系统常用技术及案例分析（第 2 版）</a>（已出版）</li>
    <li><a href="https://github.com/waylau/modern-java-demos-demos">现代 Java 案例大全</a></li>
    </ul>
    </article>
    </div>
    </div>
    ...
    </html>
```

限于篇幅，这里并未展示完整的返回数据，读者有兴趣的话可以自行去试用。

7.7.2　发起异步请求

在上述示例中，client.send 方法是同步的，意味着请求是阻塞的，需要等到响应处理完成才能返回。

HTTP Client API 同时也是支持异步请求的，实现非常简单，将 client.send 改为 client.sendAsync 即可。示例如下：

```
// 异步
var responseAsync = client.sendAsync(request, HttpResponse.BodyHandlers.ofString());
System.out.println(responseAsync.get().body());
```

sendAsync 方法返回的是 CompletableFuture<HttpResponse<String>>类型的对象。因此，要获取响应结果，需要执行 responseAsync.get()方法。

第 8 章

并发编程

在早期的计算机操作系统中,能拥有资源和独立运行的基本单位是进程。随着计算机技术的发展,进程出现了很多弊端:一是由于进程是资源拥有者,创建、撤销与切换存在较大的时空开销,因此需要引入轻量型进程;二是由于对称多处理机(Symmetric Multi-Processor,SMP)的出现,可以满足多个运行单位,而多个进程并行开销过大。

在 20 世纪 80 年代,出现了能独立运行的基本单位——线程(Thread),使得单机上处理高并发有了可能。

Java 平台是完全支持并发编程的。自从 Java 5 版本以来,Java 平台提供了诸多的高级并发 API,主要集中在 java.util.concurrent 包。

8.1 了解线程

线程是程序执行流的最小单元。一个标准的线程由线程 ID、当前指令指针(PC)、寄存器集合和堆栈组成。另外,线程是进程中的一个实体,是被系统独立调度和分派的基本单位。线程自己不拥有系统资源,只拥有一点在运行中必不可少的资源,但它可与同属一个进程的其他线程共享进程所拥有的全部资源。一个线程可以创建和撤销另一个线程,同一进程中的多个线程之间可以并发执行。线程之间的相互制约致使线程在运行中呈现出间断性。

下面详细了解一下线程及其应用。

8.1.1 线程的状态

线程拥有 3 种基本状态:

- 就绪

- 阻塞
- 运行

线程的状态图如图 8-1 所示。

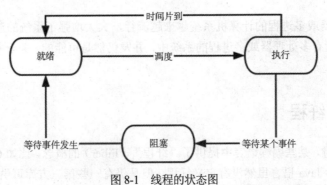

图 8-1 线程的状态图

就绪状态是指线程具备运行的所有条件，逻辑上可以运行，在等待处理机；运行状态是指线程占有处理机正在运行；阻塞状态是指线程在等待一个事件（如某个信号量），逻辑上不可执行。每一个程序都至少有一个线程，若程序只有一个线程，那就是程序本身。

线程是程序中一个单一的顺序控制流程，是进程内一个相对独立的、可调度的执行单元。在单个程序中同时运行多个线程完成不同的工作称为多线程。多数情况下，多线程能提升程序的性能。

8.1.2 进程和线程

进程和线程是并发编程的两个基本执行单元。在大多数编程语言中，并发编程主要涉及线程。

一个计算机系统通常有许多活动的进程和线程。在给定的时间内，每个处理器中只能有一个线程得到真正的运行。对于单核处理器来说，处理时间是通过时间切片在进程和线程之间进行共享的。

进程有一个独立的执行环境。进程通常有一个完整的、私人的基本运行时资源。特别是每个进程都有自己的内存空间。操作系统的进程表（process table）存储了 CPU 寄存器值、内存映像、打开的文件、统计信息、特权信息等。进程一般定义为执行中的程序，也就是当前操作系统的某个虚拟处理器上运行的一个程序。多个进程并发共享同一个 CPU，并且其他硬件资源是透明的，操作系统支持进程之间的隔离。这种并发透明性需要付出相对较高的代价。

进程往往被视为等同于程序或应用程序。然而，用户看到的一个单独的应用程序可能实际上是一组合作的进程。大多数操作系统都支持进程间通信（Inter Process Communication，IPC），如管道和 socket。IPC 既可以用于同个系统进程之间的通信，也可以用在不同系统进程之间的通信。

线程有时被称为轻量级进程（Lightweight Process，LWP）。进程和线程都提供了一个执行环境，但创建一个新的线程比创建一个新的进程需要更少的资源。线程系统一般只维护用来让多个线程共享 CPU 所必需的最少量信息，特别是线程上下文（Thread Context）（一般只包含 CPU 上下文以及某些其他线程管理信息）。通常忽略那些对于多线程管理不是完全必要的信息。这样单个进程中防止数据遭到某些线程不合法的访问任务就完全落在了应用程序开发人员的肩上。线程不像进程那样彼此隔离以及受到操作系统的自动保护，所以在多线程程序开发过程中需要开发人员做更多的努力。

线程存在于进程中,每个进程都至少有一个线程。线程共享进程的资源,包括内存和打开的文件。这使得工作变得高效,但也存在了一个潜在的问题——通信。关于通信的内容,会在后面章节中讲述。

现在多核处理器或多进程的计算机系统越来越流行,大大增强了系统的进程和线程的并发执行能力。即便是在没有多处理器或多进程的系统中,并发仍然是可能的。关于并发的内容会在后面章节中讲述。

8.1.3 线程和纤程

为了提高并发量,某些编程语言中提供了"纤程"(Fiber)的概念,比如 Golang 的 goroutine、Erlang 风格的 actor。Java 语言虽然没有定义纤程,但是仍有一些第三方库可供选择,比如 Quasar。纤程可以理解为比线程更加细颗粒度的并发单元。

由于纤程是以用户方式代码来实现的,并不受操作系统内核管理,因此内核并不知道纤程,也就无法对纤程实现调度。纤程是根据用户定义的算法来调度的。就内核而言,纤程采用非抢占式调度方式,而线程是抢占式调度方式。

一个线程可以包含一个或多个纤程。线程每次执行哪一个纤程的代码是由用户来决定的。

对于开发人员来说,使用纤程可以获得更高的并发量,但同时要面临实现调度纤程的复杂度。

8.1.4 Java 中的线程对象

在面向对象语言开发过程中,每个线程都与 Thread 类的一个实例相关联。下文中的例子将用 Java 来实现和使用线程对象,以作为并发应用程序的基本原型。

1. 定义和启动一个线程

Java 中有两种创建 Thread 实例的方式。

第一种是提供 Runnable 对象。Runnable 接口定义了一个方法 run,用来包含线程要执行的代码。HelloRunnable 示例如下:

```java
class HelloRunnable implements Runnable {
    @Override
    public void run() {
        System.out.println("Hello from a runnable!");
    }

    public static void main(String[] args) {
        (new Thread(new HelloRunnable())).start();
    }
}
```

第二种是继承 Thread。Thread 类本身是实现 Runnable,虽然它的 run 方法什么都没干。HelloThread 示例如下:

```java
class HelloThread extends Thread {
    @Override
    public void run() {
        System.out.println("Hello from a thread!");
    }

    public static void main(String[] args) {
        (new HelloThread()).start();
    }
}
```

注意，这两个例子调用 start 来启动线程。

第一种方式，它使用 Runnable 对象，在实际应用中更普遍，因为 Runnable 对象可以继承 Thread 以外的类。第二种方式，在简单的应用程序中更容易使用，但受限于你的任务类必须是一个 Thread 的后代。本书推荐使用第一种方法，即将 Runnable 任务从 Thread 对象分离出来执行任务。这样会更加灵活，而且适用于高级线程管理 API。

Thread 类还定义了大量用于线程管理的方法。

2. 使用 sleep 来暂停执行

Thread.sleep 可以让当前线程执行暂停一个时间段，这样处理器的时间就可以给其他线程使用了。

sleep 有两种重载形式：一种是指定睡眠时间为毫秒级，另外一种是指定睡眠时间为纳秒级。然而，这些睡眠时间不能保证是精确的，因为它们是由操作系统提供的，并受其限制，因而不能假设 sleep 的睡眠时间是精确的。此外，睡眠周期也可以通过中断来终止，我们将在后面的章节中看到。

如下的 SleepMessages 示例使用 sleep 每隔 4 秒打印一次消息：

```java
class SleepMessages {
    public static void main(String[] args) throws InterruptedException
    {
        String importantInfo[] = {
            "Mares eat oats",
            "Does eat oats",
            "Little lambs eat ivy",
            "A kid will eat ivy too" };

        for (int i = 0; i < importantInfo.length; i++) {

            // 暂停 4 秒
            Thread.sleep(4000);

            // 打印消息
            System.out.println(importantInfo[i]);
        }
    }
}
```

注意，main 声明抛出 InterruptedException。当 sleep 是激活状态的时候，若有另一个线程中断当前线程时，则 sleep 抛出异常。由于该应用程序还没有定义另一个线程来引起中断，因此考虑捕捉 InterruptedException。

3. 中断（interrupt）

中断表明一个线程应该停止它正在做和将要做的事。线程通过在 Thread 对象调用 interrupt 来实现线程的中断。为了中断机制能正常工作，被中断的线程必须支持自己的中断。

如何实现线程支持自己的中断？这要看它目前正在做什么。如果线程调用方法频繁抛出 InterruptedException 异常，那么它只要在 run 方法捕获了异常之后返回即可。例如：

```java
for (int i = 0; i < importantInfo.length; i++) {

    // 暂停 4 秒
    try {
        Thread.sleep(4000);
    } catch (InterruptedException e) {

        // 已经中断，无须更多信息
        return;
    }

    // 打印消息
    System.out.println(importantInfo[i]);
}
```

很多方法都会抛出 InterruptedException，如 sleep，被设计成在收到中断时立即取消它们当前的操作并返回。

如果线程长时间没有调用方法抛出 InterruptedException，那么它必须定期调用 Thread.interrupted（该方法在接收到中断后将返回 true）。

```java
for (int i = 0; i < inputs.length; i++) {

    heavyCrunch(inputs[i]);

    if (Thread.interrupted()) {

        // 已经中断，无须更多信息
        return;
    }
}
```

在这个简单的例子中，代码简单地测试该中断，如果已接收到中断线程就退出。在更复杂的应用程序中，它可能会更有意义地抛出一个 InterruptedException：

```java
if (Thread.interrupted()) {
    throw new InterruptedException();
}
```

中断机制是使用被称为中断状态的内部标志实现的。调用 Thread.interrupt 可以设置该标志。

当一个线程通过调用静态方法 Thread.interrupted 来检查中断时，中断状态被清除。非静态 isInterrupted 方法用于线程来查询另一个线程的中断状态，而不会改变中断状态标志。

按照惯例，任何方法因抛出一个 InterruptedException 而退出都会清除中断状态。当然，它可能因为另一个线程调用 interrupt 而让那个中断状态立即被重新设置回来。

4. join 方法

join 方法允许一个线程等待另一个线程完成。假设 t 是一个正在执行的 Thread 对象，那么"t.join();"会导致当前线程暂停执行直到 t 线程终止。join 允许程序员指定一个等待周期。与 sleep 一样，等待时间依赖于操作系统的时间，同时不能假设 join 等待时间是精确的。

像 sleep 一样，join 通过 InterruptedException 退出来响应中断。

8.1.5 实战：多线程示例

SimpleThreads 示例有两个线程。

第一个线程是每个 Java 应用程序都有的主线程。主线程创建第二个线程，也就是 Runnable 对象的 MessageLoop，并等待它完成。如果 MessageLoop 需要很长时间才能完成，主线程就中断它。

该 MessageLoop 线程打印出一系列消息。如果中断之前就已经打印了所有消息，那么 MessageLoop 线程打印一条消息并退出。

```java
class SimpleThreads {

    // 显示当前执行线程的名称、信息
    static void threadMessage(String message) {
        String threadName =
            Thread.currentThread().getName();
        System.out.format("%s: %s%n",
                          threadName,
                          message);
    }

    private static class MessageLoop
        implements Runnable {
        public void run() {
            String importantInfo[] = {
                "Mares eat oats",
                "Does eat oats",
                "Little lambs eat ivy",
                "A kid will eat ivy too"
            };
            try {
                for (int i = 0; i < importantInfo.length; i++) {

                    // 暂停4秒
                    Thread.sleep(4000);

                    // 打印消息
```

```java
                threadMessage(importantInfo[i]);
            }
        } catch (InterruptedException e) {
            threadMessage("I wasn't done!");
        }
    }
}

public static void main(String args[])
    throws InterruptedException {

    // 在中断 MessageLoop 线程（默认为 1 小时）前先延迟一段时间（单位是毫秒）
    long patience = 1000 * 60 * 60;

    // 如果命令行参数出现
    // 设置 patience 的时间值
    // 单位是秒
    if (args.length > 0) {
        try {
            patience = Long.parseLong(args[0]) * 1000;
        } catch (NumberFormatException e) {
            System.err.println("Argument must be an integer.");
            System.exit(1);
        }
    }

    threadMessage("Starting MessageLoop thread");
    long startTime = System.currentTimeMillis();
    Thread t = new Thread(new MessageLoop());
    t.start();

    threadMessage("Waiting for MessageLoop thread to finish");

    // 循环直到 MessageLoop 线程退出
    while (t.isAlive()) {
        threadMessage("Still waiting...");

        // 最长等待 1 秒
        // 给 MessageLoop 线程来完成
        t.join(1000);
        if (((System.currentTimeMillis() - startTime) > patience)
            && t.isAlive()) {
            threadMessage("Tired of waiting!");
            t.interrupt();

            // 等待
            t.join();
        }
    }
    threadMessage("Finally!");
```

        }
    }

8.2 并发编程是把双刃剑

并发编程是把双刃剑：用得好，可以提升系统的性能、并发能力；用得不好，不但无法提升性能，反而会危害系统的正常运行。

多线程并发会带来如下问题：

- 安全性问题。在没有充足同步的情况下，多个线程中的操作执行顺序是不可预测的，甚至会产生奇怪的结果。线程间的通信主要是通过共享访问字段及其字段所引用的对象来实现的。这种形式的通信是非常有效的，但可能导致 2 种错误：线程干扰（thread interference）和内存一致性错误（memory consistency errors）。
- 活跃度问题。一个并行应用程序的及时执行能力被称为它的活跃度（liveness）。安全性的含义是"永远不发生糟糕的事情"，而活跃度则关注于另外一个目标，即"某件正确的事情最终会发生"。当某个操作无法继续执行下去时就会发生活跃度问题。在串行程序中，活跃度问题形式之一就是无意中造成的无限循环（死循环）。在多线程程序中，常见的活跃度问题主要有死锁、饥饿以及活锁。
- 性能问题。在设计良好的并发应用程序中，线程能提升程序的性能，但无论如何，线程总是带来某种程度的运行时开销。这种开销主要是在线程调度器临时关起活跃线程并转而运行另外一个线程的上下文切换操作（Context Switch）上，因为执行上下文切换需要保存和恢复执行上下文，丢失局部性，并且 CPU 时间将更多地花在线程调度而不是线程运行上。当线程共享数据时，必须使用同步机制。这些机制往往会抑制某些编译器优化，使内存缓存区中的数据无效，以及增加贡献内存总线的同步流量。这些因素都会带来额外的性能开销。

8.2.1 死锁

死锁（Deadlock）是指两个或两个以上的线程永远被阻塞，一直等待对方的资源。

下面是一个 Java 编写的死锁的例子——两个朋友鞠躬。

　　Alphonse 和 Gaston 是朋友，都很有礼貌。礼貌的一个严格的规则是，当你给一个朋友鞠躬时，你必须保持鞠躬，直到你的朋友回礼。不幸的是，这条规则有个缺陷，那就是如果两个朋友同一时间向对方鞠躬，那就永远不会完了。

在这个示例应用程序中，死锁模型是这样的：

```
class Deadlock {
    static class Friend {
        private final String name;

        public Friend(String name) {
```

```java
            this.name = name;
        }

        public String getName() {
            return this.name;
        }

        public synchronized void bow(Friend bower) {
            System.out.format("%s: %s" + " has bowed to me!%n", this.name,
bower.getName());
            bower.bowBack(this);
        }

        public synchronized void bowBack(Friend bower) {
            System.out.format("%s: %s" + " has bowed back to me!%n", this.name,
bower.getName());
        }
    }

    public static void main(String[] args) {
        final Friend alphonse = new Friend("Alphonse");
        final Friend gaston = new Friend("Gaston");
        new Thread(new Runnable() {
            public void run() {
                alphonse.bow(gaston);
            }
        }).start();
        new Thread(new Runnable() {
            public void run() {
                gaston.bow(alphonse);
            }
        }).start();
    }
}
```

当它们尝试调用 bowBack 时，两个线程将被阻塞。无论是哪个线程，都永远不会结束，因为每个线程都在等待对方鞠躬。这就产生死锁了。

8.2.2 饥饿

饥饿（Starvation）描述了一个线程由于访问足够的共享资源而不能执行程序的现象。这种情况一般出现在共享资源被某些"贪婪"线程占用时，从而会导致资源长时间不对其他线程可用。例如，假设一个对象提供一个同步的方法，往往需要很长时间返回。如果一个线程频繁调用该方法，其他线程也需要频繁地同步访问同一个对象，那么通常会被阻塞。

8.2.3 活锁

一个线程常常处于响应另一个线程的动作，如果其他线程也常常响应该线程的动作，那么就可能出现活锁（Livelock）。与死锁的线程一样，程序无法进一步执行。然而，线程是不会阻塞的，它们只是会忙于应对彼此的恢复工作。现实中的例子是，两人面对面也通过一条走廊：Alphonse 移动到他的左侧给 Gaston 让路，而 Gaston 移动到他的右侧想让 Alphonse 过去，两个人同时让路，但其实两人都挡住了对方，他们仍然彼此阻塞。

8.3 解决并发问题的常用方法

下面介绍几种解决并发问题的常用方法。

8.3.1 同步

同步（Synchronization）是避免线程干扰和内存一致性错误的常用手段。下面用 Java 代码来演示这几种问题，并用同步来解决这类问题。

1. 线程干扰

下面将描述当多个线程访问共享数据时错误是如何出现的。

考虑下面一个简单的类 Counter：

```java
class Counter {
    private int c = 0;

    public void increment() {
        c++;
    }

    public void decrement() {
        c--;
    }

    public int value() {
        return c;
    }
}
```

其中的 increment 方法用来对 c 加 1；decrement 方法用来对 c 减 1。然而，在多个线程中都存在对某个 Counter 对象的引用，那么线程间的干扰就可能导致出现我们不想要的结果。

线程间的干扰出现在多个线程对同一个数据进行多个操作的时候，也就是出现了"交错"。这就意味着操作是由多个步骤构成的，而此时在多个步骤的执行上就出现了叠加。

Counter 类对象的操作貌似不可能出现这种"交错（interleave）"，因为其中两个关于 c 的操作都很简单，只有一条语句。然而，即使是一条语句也会被虚拟机翻译成多个步骤。在这里，我们不深究虚拟机具体将上面的操作翻译成了什么样的步骤，只需要知道即使这么简单的 c++ 表达式也会被翻译成 3 个步骤：

- 获取 c 的当前值。
- 对其当前值加 1。
- 将增加后的值存储到 c 中。

表达式 c-- 也会被按照同样的方式进行翻译，只不过第二步变成了减 1，而不是加 1。

假定线程 A 中调用 increment 方法、线程 B 中调用 decrement 方法，并且调用时间基本上相同，如果 c 的初始值为 0，那么这两个操作的"交错"顺序可能如下所示。

- 线程 A：获取 c 的值。
- 线程 B：获取 c 的值。
- 线程 A：对获取到的值加 1，其结果是 1。
- 线程 B：对获取到的值减 1，其结果是 -1。
- 线程 A：将结果存储到 c 中，此时 c 的值是 1。
- 线程 B：将结果存储到 c 中，此时 c 的值是 -1。

这样线程 A 计算的值就丢失了，被线程 B 的值覆盖了。上面的这种"交错"只是其中的一种可能性。在不同的系统环境中，有可能是 B 线程的结果丢失了，或者根本就不会出现错误。这种"交错"是不可预测的，所以线程间相互干扰造成的 bug 是很难定位和修改的。

2. 内存一致性错误

下面介绍通过共享内存出现的不一致性错误。

内存一致性错误是因为不同线程对同一数据产生了不同的"看法"。导致内存一致性错误的原因很复杂，超出了本书的描述范围。庆幸的是，程序员并不需要知道出现这些原因的细节。我们需要的是一种可以避免这种错误的方法。避免出现内存一致性错误的关键在于理解 happens-before 关系。这种关系是一种简单的方法，能够确保一条语句对内存的写操作对于其他特定的语句都是可见的。为了理解这点，我们可以考虑如下示例。假设定义了一个简单的 int 类型的字段并对其进行初始化：

```
int counter = 0;
```

该字段由两个线程共享：A 和 B。假定线程 A 对 counter 进行了自增操作：

```
counter++;
```

然后，线程 B 打印 counter 的值：

```
System.out.println(counter);
```

如果以上两条语句是在同一个线程中执行的，那么输出的结果自然是 1。如果这两条语句是在两个不同的线程中，那么输出的结构有可能是 0。这是因为没有保证线程 A 对 counter 的修改对线程 B 来说是可见的。除非程序员在这两条语句间建立了一定的 happens-before 关系。

我们可以以采取多种方式建立这种 happens-before 关系。使用同步就是其中之一，这点我们将会在下面的内容中看到。

到目前为止，我们已经看到了两种建立 happens-before 的方式：

- 当一条语句中调用了 Thread.start 方法时，每一条和该语句已经建立了 happens-before 的语句都和新线程中的每一条语句有这种 happens-before。引入并创建这个新线程的代码产生的结果对该新线程来说都是可见的。
- 当一个线程终止了并导致其他线程中调用 Thread.join 的语句返回，那么这个终止了的线程中执行了的所有语句都与随后的 join 语句的所有语句建立了这种 happens-before。也就是说，终止了的线程中的代码效果对调用 join 方法的线程来说是可见的。

3. 同步方法

Java 编程语言中提供了两种基本的同步用语：同步方法（synchronized methods）和同步语句（synchronized statements）。同步语句相对而言更为复杂一些，我们将在后面进行描述。这里重点讨论同步方法。我们只需要在声明方法的时候增加关键字 synchronized 即可：

```java
class SynchronizedCounter {
    private int c = 0;

    public synchronized void increment() {
        c++;
    }

    public synchronized void decrement() {
        c--;
    }

    public synchronized int value() {
        return c;
    }
}
```

如果 count 是 SynchronizedCounter 类的实例，那么设置其方法为同步方法会有两个效果：

- 首先，不可能出现对同一对象的同步方法的两个调用的"交错"。当一个线程在执行一个对象的同步方式时，其他所有调用该对象的同步方法的线程都会被挂起，直到第一个线程对该对象操作完毕。
- 其次，当一个同步方法退出时，会自动与该对象的同步方法的后续调用建立 happens-before 关系。这就确保了对该对象的修改对其他线程是可见的。

> **注 意**
>
> 构造函数不能是 synchronized。在构造函数前使用 synchronized 关键字将导致语义错误。同步构造函数是没有意义的，这是因为只有创建该对象的线程才能调用其构造函数。

在创建多个线程共享的对象时，要特别小心对该对象的引用不能过早地"泄漏"。例如，假定我们想要维护一个保存类的所有实例的列表 instances。我们可能会在构造函数中这样写：

```
instances.add(this);
```

但是，其他线程可能会在该对象的构造完成之前就访问该对象。

同步方法是一种简单的可以避免线程相互干扰和内存一致性错误的策略：如果一个对象对多个线程都是可见的，那么所有对该对象的变量的读写都应该是通过同步方法完成的（一个例外就是 final 字段，它在对象创建完成后是不能被修改的，因此，在对象创建完毕后，可以通过非同步的方法对其进行安全地读取）。这种策略是有效的，但是可能导致"活跃度问题"。这点我们会在后面进行描述。

4. 内部锁和同步

同步是构建在被称为"内部锁（intrinsic lock）"或者是"监视锁（monitor lock）"的内部实体上的。在 API 中通常被称为"监视器（monitor）"。内部锁在两个方面扮演着重要的角色：保证对对象状态访问的排他性，建立对象可见性相关的 happens-before 关系。

每一个对象都有一个与之相关联动的内部锁。按照传统的做法，当一个线程需要对一个对象的字段进行排他性访问并保持访问的一致性时，它必须在访问前先获取该对象的内部锁，然后才能访问之，最后释放该内部锁。在线程获取对象的内部锁到释放对象的内部锁的这段时间，我们说该线程拥有该对象的内部锁。只要有一个线程已经拥有了一个内部锁，其他线程就不能再拥有该锁了。其他线程在试图获取该锁的时候被阻塞了。

当一个线程释放了一个内部锁时，就会建立起该动作和后续获取该锁之间的 happens-before 关系。

5. 同步方法中的锁

当一个线程调用一个同步方法的时候，它就自动地获得了该方法所属对象的内部锁，并在方法返回的时候释放该锁。即使由于出现了没有被捕获的异常而导致方法返回，该锁也会被释放。

我们可能会感到疑惑：当调用一个静态的同步方法时会怎样？静态方法是和类相关的，而不是和对象相关的。在这种情况下，线程获取的是该类的类对象内部锁。对于静态字段的方法来说，这是由和类的实例锁相区别的另外一个锁来进行操作的。

6. 同步语句

另外一种创建同步代码的方式就是使用同步语句。和同步方法不同，使用同步语句必须指明要使用哪个对象的内部锁：

```
void addName(String name) {
    synchronized(this) {
        lastName = name;
        nameCount++;
    }
    nameList.add(name);
}
```

在上面的示例中，方法 addName 需要对 lastName 和 nameCount 的修改进行同步，还要避免同步调用其他对象的方法(在同步代码段中调用其他对象的方法可能导致"活跃度"中描述的问题)。

如果没有使用同步语句,那么将不得不使用一个单独、未同步的方法来完成对 nameList.add 的调用。

在改善并发性时,巧妙地使用同步语句能起到很大的帮助作用。例如,我们假定类 MsLunch 有两个实例字段 c1 和 c2,这两个变量绝不会一起使用。所有对这两个变量的更新都需要进行同步,但是没有理由阻止对 c1 的更新和对 c2 的更新出现交错——这样做会创建不必要的阻塞,进而降低并发性。此时,我们没有使用同步方法或者使用和 this 相关的锁,而是创建了两个单独的对象来提供锁。

```java
class MsLunch {
    private long c1 = 0;
    private long c2 = 0;
    private Object lock1 = new Object();
    private Object lock2 = new Object();

    public void inc1() {
        synchronized(lock1) {
            c1++;
        }
    }

    public void inc2() {
        synchronized(lock2) {
            c2++;
        }
    }
}
```

采用这种方式时需要特别小心,我们必须绝对确保相关字段的访问交错是完全安全的。

7. 重入同步

回忆前面提到的:线程不能获取已经被其他线程获取的锁。但是线程可以获取自身已经拥有的锁。允许一个线程能重复获得同一个锁就称为重入同步(reentrant synchronization)。它是这样的一种情况:在同步代码中直接或者间接地调用了还有同步代码的方法,两个同步代码段中使用的是同一个锁。如果没有重入同步,在编写同步代码时需要额外小心,以避免线程将自己阻塞。

8.3.2 原子访问

下面介绍一种可以避免被其他线程干扰的做法的总体思路——原子访问(Atomic Access)。在编程中,原子性动作就是指一次性有效完成的动作,是不能在中间停止的:要么一次性完全执行完毕,要么不执行。在动作没有执行完毕之前是不会产生可见结果的。

通过前面的示例,我们已经发现了诸如 c++这样的自增表达式并不属于原子操作。即使是非常简单的表达式也包含了复杂的动作,这些动作可以被解释成许多别的动作。然而,的确存在一些原子操作:

- 对几乎所有的原生数据类型变量(除了 long 和 double)的读写以及引用变量的读写都是原子性的。

- 对所有声明为 volatile 的变量的读写都是原子性的，包括 long 和 double 类型。

原子性动作是不会出现交错的，因此使用这些原子性动作时不用考虑线程间的干扰。然而，这并不意味着可以移除对原子操作的同步。因为内存一致性错误还是有可能出现的。使用 volatile 变量可以降低内存一致性错误的风险，因为任何对 volatile 变量的写操作都和后续对该变量的读操作建立了 happens-before 关系。这就意味着对 volatile 类型变量的修改对于别的线程来说是可见的。更重要的是，这意味着当一个线程读取一个 volatile 类型的变量时，它看到的不仅仅是对该变量的最后一次修改，还看到了导致这种修改的代码带来的其他影响。

使用简单的原子变量访问比通过同步代码来访问变量更高效，但是需要程序员更加细心地考虑，以避免内存一致性错误。这种额外的付出是否值得完全取决于应用程序的大小和复杂度。

8.3.3 无锁化设计提升并发能力

加锁是为了避免在并发环境下同时访问共享资源产生的风险问题。那么，在并发环境下，是否必须需要加锁？答案是否定的。并非所有的并发都需要加锁。适当地降低锁的粒度，甚至采用无锁化的设计，更能提升并发能力。

比如，JDK 中的 ConcurrentHashMap，巧妙地采用了桶粒度的锁，避免了 put 和 get 中对整个 map 的锁定，尤其在 get 中，只对一个 HashEntry 做锁定操作，性能提升是显而易见的。

程序中可以合理考虑业务数据的隔离性，实现无锁化的并发。例如，程序中预计会有 2 个并发任务，那么每个任务可以对所需要处理的数据进行分组：任务 1 去处理尾数为 0 到 4 的业务数据，任务 2 处理尾数为 5 到 9 的业务数据。那么，这两个并发任务所要处理的数据就是天然隔离的，也就不需要加锁了。

8.3.4 缓存提升并发能力

有时为了提升整个网站的性能，我们会将经常需要访问的数据缓存起来，这样在下次查询时就能快速地找到这些数据。缓存系统往往有比传统的数据存储设备（如关系型数据库）更快的访问速度。

缓存的使用与系统的时效性有非常大的关系。当我们的系统时效性要求不高时，选择使用缓存是极好的。当系统要求的时效性比较高时，并不适合用缓存。

8.3.5 更细颗粒度的并发单元

前面我们也讨论了线程是操作系统内核级别最小的并发单元。为了提供并发能力，某些编程语言提供了更细颗粒度的并发单元，比如纤程。相比于线程，纤程可以轻松实现百万的并发，而且占用更加少的硬件资源。

Java 语言虽然没有定义纤程，但是仍有一些第三方库可供选择，比如 Quasar。感兴趣的读者可以参阅 Quasar 的在线手册（http://docs.paralleluniverse.co/quasar/）。

如果想了解更多 Java 分布式下的并发编程的内容，可以参阅笔者所著的《分布式系统常用技术及案例分析》一书。

8.4 守卫块

多线程之间经常需要协同工作，最常见的方式是使用守卫块（Guarded Blocks）。它循环检查一个条件（通常初始值为 true），直到条件发生变化才跳出循环继续执行。在使用守卫块时有以下几个步骤需要注意。

假设 guardedJoy 方法必须要等待另一线程为共享变量 joy 设值才能继续执行，那么理论上可以用一个简单的条件循环来实现，但在等待过程中 guardedJoy 方法不停地检查循环条件实际上是一种资源浪费。比如：

```java
public void guardedJoy() {
    while(!joy) {}
    System.out.println("Joy has been achieved!");
}
```

更加高效的保护方法是调用 Object.wait 将当前线程挂起，直到有另一个线程发起事件通知（尽管通知的事件不一定是当前线程等待的事件）：

```java
public synchronized void guardedJoy() {
    while(!joy) {
        try {
            wait();
        } catch (InterruptedException e) {}
    }
    System.out.println("Joy and efficiency have been achieved!");
}
```

> **注 意**
>
> 一定要在循环里面调用 wait 方法，不要想当然地认为线程唤醒后循环条件一定发生了改变。

和其他可以暂停线程执行的方法一样，wait 方法会抛出 InterruptedException。在上面的例子中，因为我们关心的是 joy 的值，所以忽略了 InterruptedException。

为什么 guardedJoy 是 synchronized 的？假设 d 是用来调用 wait 的对象，当一个线程调用 d.wait 时，它必须要拥有 d 的内部锁，否则会抛出异常。获得 d 的内部锁的最简单方法是在一个 synchronized 方法里面调用 wait。

当一个线程调用 wait 方法时，它释放锁并挂起，然后另一个线程请求并获得这个锁，调用 Object.notifyAll 通知所有等待该锁的线程：

```java
public synchronized notifyJoy() {
    joy = true;
    notifyAll();
}
```

当第二个线程释放这个锁后，第一个线程再次请求该锁，从 wait 方法返回并继续执行。

> **注　意**
>
> 还有一个通知方法 notify()，它只会唤醒一个线程。但是它并不允许指定哪一个线程被唤醒，所以一般只在大规模并发应用（系统有大量相似任务的线程）中使用。因为对于大规模并发应用来说，我们并不关心哪一个线程被唤醒。

现在我们使用守卫块创建一个生产者/消费者应用。这类应用需要在两个线程之间共享数据：生产者生产数据，消费者使用数据。两个线程通过共享对象通信。在这里，线程协同工作的关键是：生产者发布数据之前，消费者不能去读取数据；消费者没有读取旧数据前，生产者不能发布新数据。

在下面的例子中，数据通过 Drop 对象共享一系列文本消息。

Producer 是生产者线程，发送一组消息，字符串 DONE 表示所有消息都已经发送完成。为了模拟现实情况，生产者线程还会在消息发送时随机暂停。

```java
public class Producer implements Runnable {
    private Drop drop;

    public Producer(Drop drop) {
        this.drop = drop;
    }

    public void run() {
        String importantInfo[] = { "Mares eat oats", "Does eat oats", "Little lambs eat ivy", "A kid will eat ivy too" };
        Random random = new Random();

        for (int i = 0; i < importantInfo.length; i++) {
            drop.put(importantInfo[i]);
            try {
                Thread.sleep(random.nextInt(5000));
            } catch (InterruptedException e) {
            }
        }
        drop.put("DONE");
    }
}
```

Consumer 是消费者线程，读取消息并打印出来，直至读取到字符串 DONE 为止。消费者线程在消息读取时也会随机暂停。

```java
public class Consumer implements Runnable {
    private Drop drop;

    public Consumer(Drop drop) {
        this.drop = drop;
    }

    public void run() {
```

```
        Random random = new Random();
        for (String message = drop.take(); !message.equals("DONE"); message = drop.take()) {
            System.out.format("MESSAGE RECEIVED: %s%n", message);
            try {
                Thread.sleep(random.nextInt(5000));
            } catch (InterruptedException e) {
            }
        }
    }
}
```

ProducerConsumerExample 是主线程,启动生产者线程和消费者线程。

```
public class ProducerConsumerExample {
    public static void main(String[] args) {
        Drop drop = new Drop();
        (new Thread(new Producer(drop))).start();
        (new Thread(new Consumer(drop))).start();
    }
}
```

8.5 不可变对象

如果一个对象被构造后,其状态不能改变,那么这个对象被认为是不可变的(immutable)。不可变对象(Immutable Object)的好处是可以创建简单、可靠的代码。

不可变对象在并发应用中特别有用。因为它们不能改变状态,不能被线程干扰所中断或者被其他线程观察到内部不一致的状态。

开发人员往往不愿使用不可变对象,因为他们担心创建一个新的对象要比更新对象的成本高。实际上这种开销常常被过分高估,而且使用不可变对象所带来的一些效率提升也抵消了这种开销。比如,使用不可变对象降低了垃圾回收所产生的额外开销,也减少了用来确保使用可变对象不出现并发错误的一些额外代码。

8.5.1 一个同步类的例子

接下来看一个可变对象的类,然后将其转化为一个不可变对象的类。通过这个例子说明转化的原则以及使用不可变对象的好处。

在下面的例子中,SynchronizedRGB 是表示颜色的类,每一个对象代表一种颜色,使用 3 个整数表示颜色的三基色,使用字符串表示颜色名称。

```
class SynchronizedRGB {
    // 值必须介于 0 到 255 之间
    private int red;
    private int green;
```

```java
    private int blue;
    private String name;

    private void check(int red,
                      int green,
                      int blue) {
        if (red < 0 || red > 255
            || green < 0 || green > 255
            || blue < 0 || blue > 255) {
            throw new IllegalArgumentException();
        }
    }

    public SynchronizedRGB(int red,
                           int green,
                           int blue,
                           String name) {
        check(red, green, blue);
        this.red = red;
        this.green = green;
        this.blue = blue;
        this.name = name;
    }

    public void set(int red,
                    int green,
                    int blue,
                    String name) {
        check(red, green, blue);
        synchronized (this) {
            this.red = red;
            this.green = green;
            this.blue = blue;
            this.name = name;
        }
    }

    public synchronized int getRGB() {
        return ((red << 16) | (green << 8) | blue);
    }

    public synchronized String getName() {
        return name;
    }

    public synchronized void invert() {
        red = 255 - red;
        green = 255 - green;
        blue = 255 - blue;
        name = "Inverse of " + name;
```

```
    }
}
```

使用 SynchronizedRGB 时需要小心，避免其处于不一致的状态。例如，一个线程执行了以下代码：

```java
SynchronizedRGB color = new SynchronizedRGB(0, 0, 0, "Pitch Black");
...
int myColorInt = color.getRGB();       // 语句 1
String myColorName = color.getName();  // 语句 2
```

如果有另外一个线程在语句 1 之后、语句 2 之前调用了 color.set 方法，那么 myColorInt 的值和 myColorName 的值就会不匹配。为了避免出现这样的结果，必须要像下面这样把两条语句绑定到一块执行：

```
synchronized (color) {
    int myColorInt = color.getRGB();
    String myColorName = color.getName();
}
```

像这种不一致的问题只可能发生在可变对象上。

8.5.2　定义不可变对象的策略

定义不可变对象可以避免多线程引起的不匹配问题。下面给出一些创建不可变对象的简单策略：

- 不要提供 setter 方法，包括修改字段的方法和修改字段引用对象的方法。
- 将类的所有字段定义为 final、private 的。
- 不允许子类重写方法。简单的办法是将类声明为 final，更好的方法是将构造函数声明为私有的，通过工厂方法创建对象。
- 如果类的字段是对可变对象的引用，那么不允许修改被引用对象。
  - 不提供修改可变对象的方法。
  - 不共享可变对象的引用。当一个引用被当作参数传递给构造函数，而这个引用指向的是一个外部的可变对象时，一定不要保存这个引用；如果必须要保存，就创建可变对象的副本，然后保存副本对象的引用。同样，需要返回内部的可变对象时，不要返回可变对象本身，而是返回其副本。

将上述策略应用到 SynchronizedRGB，需要以下几步操作：

- SynchronizedRGB 类有两个 setter 方法：第一个 set 方法只是简单地为字段设值；第二个 invert 方法修改为创建一个新对象，而不是在原有对象上修改。
- 所有的字段都是私有的，加上 final 即可。
- 将类声明为 final 的。
- 只有一个字段是对象引用，并且被引用的对象也是不可变对象。

经过以上这些修改后，我们得到了不可变类 ImmutableRGB：

```java
class ImmutableRGB {
    // 值必须介于 0 到 255 之间
    final private int red;
    final private int green;
    final private int blue;
    final private String name;

    private void check(int red,
                       int green,
                       int blue) {
        if (red < 0 || red > 255
            || green < 0 || green > 255
            || blue < 0 || blue > 255) {
            throw new IllegalArgumentException();
        }
    }

    public ImmutableRGB(int red,
                        int green,
                        int blue,
                        String name) {
        check(red, green, blue);
        this.red = red;
        this.green = green;
        this.blue = blue;
        this.name = name;
    }


    public int getRGB() {
        return ((red << 16) | (green << 8) | blue);
    }

    public String getName() {
        return name;
    }

    public ImmutableRGB invert() {
        return new ImmutableRGB(255 - red,
                    255 - green,
                    255 - blue,
                    "Inverse of " + name);
    }
}
```

8.6 高级并发对象

目前为止,讲述了最初作为 Java 平台一部分的低级别 API。这些 API 对于非常基本的任务来说已经足够,但是对于更高级的任务就需要更高级的 API 了,特别是充分利用了当今多处理器和多核系统的大规模并发应用程序。本节着重介绍 Java 5 以来新增的一些高级并发对象。

8.6.1 锁对象

提供了可以简化许多并发应用的锁的惯用法。

同步代码依赖于一种简单的可重入锁。这种锁使用简单,但也有诸多限制。java.util.concurrent.locks 包提供了更复杂的锁。这里会重点关注其最基本的接口 Lock。Lock 对象作用类似于同步代码使用的内部锁。如同内部锁,每次只有一个线程可以获得 Lock 对象。通过关联 Condition 对象,Lock 对象也支持 wait/notify 机制。

Lock 对象相比于隐式锁最大的优势在于,它们有能力收回获得锁的尝试。如果当前锁对象不可用,或者锁请求超时(如果超时时间已指定),那么 tryLock 方法会收回获取锁的请求。如果在锁获取前另一个线程发送了一个中断,那么 lockInterruptibly 方法也会收回获取锁的请求。

让我们使用 Lock 对象来解决在前面章节中所介绍的活跃度中见到的死锁问题。在"两个朋友见面鞠躬"的例子中,要求 Friend 对象在双方鞠躬前必须先获得锁来模拟解决死锁问题。下面是改善后模型的源代码 Safelock:

```java
class Safelock {
    static class Friend {
        private final String name;
        private final Lock lock = new ReentrantLock();

        public Friend(String name) {
            this.name = name;
        }

        public String getName() {
            return this.name;
        }

        public boolean impendingBow(Friend bower) {
            Boolean myLock = false;
            Boolean yourLock = false;
            try {
                myLock = lock.tryLock();
                yourLock = bower.lock.tryLock();
            } finally {
                if (!(myLock && yourLock)) {
```

```java
                if (myLock) {
                    lock.unlock();
                }
                if (yourLock) {
                    bower.lock.unlock();
                }
            }
        }
        return myLock && yourLock;
    }

    public void bow(Friend bower) {
        if (impendingBow(bower)) {
            try {
                System.out.format("%s: %s has" + " bowed to me!%n", this.name, bower.getName());
                bower.bowBack(this);
            } finally {
                lock.unlock();
                bower.lock.unlock();
            }
        } else {
            System.out.format(
                "%s: %s started" + " to bow to me, but saw that" + " I was already bowing to" + " him.%n",
                this.name, bower.getName());
        }
    }

    public void bowBack(Friend bower) {
        System.out.format("%s: %s has" + " bowed back to me!%n", this.name, bower.getName());
    }
}

static class BowLoop implements Runnable {
    private Friend bower;
    private Friend bowee;

    public BowLoop(Friend bower, Friend bowee) {
        this.bower = bower;
        this.bowee = bowee;
    }

    public void run() {
        Random random = new Random();
        for (;;) {
            try {
                Thread.sleep(random.nextInt(10));
            } catch (InterruptedException e) {
```

```java
            }
            bowee.bow(bower);
        }
    }
}

public static void main(String[] args) {
    final Friend alphonse = new Friend("Alphonse");
    final Friend gaston = new Friend("Gaston");
    new Thread(new BowLoop(alphonse, gaston)).start();
    new Thread(new BowLoop(gaston, alphonse)).start();
}
```

8.6.2 执行器

为加载和管理线程定义了高级的执行器 API。执行器的实现由 java.util.concurrent 包提供,提供了适合大规模应用的线程池管理。

在之前所有的例子中,Thread 对象表示的线程和 Runnable 对象表示的线程所执行的任务之间是紧耦合的。这对于小型应用程序来说没有问题,但对于大规模并发应用来说,合理的做法是将线程的创建与管理和程序的其他部分分离开。封装这些功能的对象就是执行器。接下来将详细描述执行器。

1. 执行器接口

在 java.util.concurrent 中包括 3 个执行器接口:

- Executor: 一个运行新任务的简单接口。
- ExecutorService: 扩展了 Executor 接口,添加了一些用来管理执行器生命周期和任务生命周期的方法。
- ScheduledExecutorService: 扩展了 ExecutorService,支持 future 和(或)定期执行任务。

通常来说,指向 executor 对象的变量应被声明为以上 3 种接口之一,而不是具体的实现类。

2. Executor 接口

Executor 接口只有一个 execute 方法,用来替代通常创建(启动)线程的方法。例如,r 是一个 Runnable 对象,e 是一个 Executor 对象,就可以使用 "e.execute(r);" 代替 "(new Thread(r)).start();"。但是 execute 方法没有定义具体的实现方式,对于不同的 Executor 实现,execute 方法可能是创建一个新线程并立即启动,但更有可能使用已有的工作线程运行 r 或者将 r 放入队列中等待可用的工作线程。

3. ExecutorService 接口

ExecutorService 接口在提供了 execute 方法的同时新加了更加通用的 submit 方法。submit 方法除了和 execute 方法一样可以接受 Runnable 对象作为参数,还可以接受 Callable 对象作为参数。使用 Callable 对象可以使任务返还执行的结果。通过 submit 方法返回的 Future 对象可以读取 Callable

任务的执行结果，或者管理 Callable 任务和 Runnable 任务的状态。ExecutorService 也提供了批量运行 Callable 任务的方法。最后，ExecutorService 还提供了一些关闭执行器的方法。如果需要支持即时关闭，执行器所执行的任务就需要正确处理中断。

4. ScheduledExecutorService 接口

ScheduledExecutorService 接口扩展了 ExecutorService 接口并添加了 schedule 方法。调用 schedule 方法可以在指定的延时后执行一个 Runnable 或者 Callable 任务。ScheduledExecutorService 接口还定义了按照指定时间间隔定期执行任务的 scheduleAtFixedRate 方法和 scheduleWithFixedDelay 方法。

5. 线程池

线程池是最常见的一种执行器的实现。

在 java.util.concurrent 包中多数的执行器实现都使用了由工作线程组成的线程池。工作线程独立于它所执行的 Runnable 任务和 Callable 任务，并且常用来执行多个任务。

使用工作线程可以使创建线程的开销最小化。在大规模并发应用中，创建大量的 Thread 对象会占用大量系统内存，分配和回收这些对象会产生很大的开销。

一种最常见的线程池是固定大小的线程池。这种线程池中始终有一定数量的线程在运行，如果一个线程由于某种原因终止了运行，那么线程池会自动创建一个新的线程来代替它。需要执行的任务通过一个内部队列提交给线程，当没有更多的工作线程可以用来执行任务时，队列保存额外的任务。

使用固定大小的线程池有一个很重要的好处，就是可以实现优雅退化（degrade gracefully）。例如，在一个 Web 服务器中，每一个 HTTP 请求都是由一个单独的线程来处理的，如果为每一个 HTTP 都创建一个新线程，那么当系统的开销超出其能力时就会突然对所有请求停止响应。如果限制 Web 服务器可以创建的线程数量，那么它就不必立即处理所有收到的请求，而是在有能力处理请求时再处理。

创建一个使用线程池的执行器最简单的方法是调用 java.util.concurrent.Executors 的 newFixedThreadPool 方法。Executors 类还提供了一些方法：

- newCachedThreadPool 方法：创建了一个可扩展的线程池，适合用来启动很多短任务的应用程序。
- newSingleThreadExecutor 方法：创建了每次执行一个任务的执行器。
- ScheduledExecutorService 执行器创建的工厂方法。

如果上面的方法都不满足需要，那么可以尝试利用 java.util.concurrent.ThreadPoolExecutor 或者 java.util.concurrent.ScheduledThreadPoolExecutor。

6. Fork/Join

Fork/Join 框架是自 Java 7 版本中所引入的并发框架。

Fork/Join 框架是 ExecutorService 接口的一种具体实现，目的是为了帮助你更好地利用多处理器带来的好处。它是为那些能够被递归地拆解成子任务的工作类型量身设计的，目的在于能够使用所有可用的运算能力来提升应用的性能。

类似于 ExecutorService 接口的其他实现，Fork/Join 框架会将任务分发给线程池中的工作线程。Fork/Join 框架的独特之处在于它使用工作窃取（work-stealing）算法，已完成自己的工作而处于空闲的工作线程能够从其他仍然处于忙碌状态的工作线程处窃取等待执行的任务。

Fork/Join 框架的核心是 ForkJoinPool 类。ForkJoinPool 是对 AbstractExecutorService 类的扩展，实现了工作窃取算法，并可以执行 ForkJoinTask 任务。

以下代码将演示 Fork/Join 框架的基本用法。伪代码如下：

```
if (当前这个任务工作量足够小)
    直接完成这个任务
else
    将这个任务或这部分工作分解成两个部分
    分别触发这两个子任务的执行，并等结果
```

需要将这段代码包裹在一个 ForkJoinTask 的子类中。不过，通常情况下会使用一种更为具体的类型，比如 RecursiveTask（会返回一个结果）或者 RecursiveAction。当 ForkJoinTask 子类准备好后，创建一个代表所有需要完成工作的对象，然后将其作为参数传递给一个 ForkJoinPool 实例的 invoke()方法即可。

7. 实战：模糊图片的例子

接下来会用一个完整的例子来演示 Fork/Join 框架的使用。在这个例子中，可以模糊一张图片。其原始的 source 图片由一个整数的数组表示，每个整数表示一个像素点的颜色数值。与 source 图片相同，模糊之后的 destination 图片也由一个整数数组表示。对图片的模糊操作是通过对 source 数组中的每一个像素点进行处理完成的。处理的过程是这样的：将每个像素点的色值取出，与周围像素的色值（红、黄、蓝 3 个组成部分）放在一起取平均值，得到的结果被放入 destination 数组。因为一张图片会由一个很大的数组来表示，所以这个流程会花费一段较长的时间。如果使用 Fork/Join 框架来实现这个模糊算法，就能够借助多处理器系统的并行处理能力。下面是上述算法结合 Fork/Join 框架的一种简单实现：

```java
class ForkBlur extends RecursiveAction {
    private int[] mSource;
    private int mStart;
    private int mLength;
    private int[] mDestination;

    private int mBlurWidth = 15;

    public ForkBlur(int[] src, int start, int length, int[] dst) {
        mSource = src;
        mStart = start;
        mLength = length;
        mDestination = dst;
    }

    protected void computeDirectly() {
        int sidePixels = (mBlurWidth - 1) / 2;
        for (int index = mStart; index < mStart + mLength; index++) {
```

```
            float rt = 0, gt = 0, bt = 0;
            for (int mi = -sidePixels; mi <= sidePixels; mi++) {
                int mindex = Math.min(Math.max(mi + index, 0),
                            mSource.length - 1);
                int pixel = mSource[mindex];
                rt += (float)((pixel & 0x00ff0000) >> 16)
                    / mBlurWidth;
                gt += (float)((pixel & 0x0000ff00) >>  8)
                    / mBlurWidth;
                bt += (float)((pixel & 0x000000ff) >>  0)
                    / mBlurWidth;
            }

            int dpixel = (0xff000000     ) |
                (((int)rt) << 16) |
                (((int)gt) <<  8) |
                (((int)bt) <<  0);
            mDestination[index] = dpixel;
        }
    }
...
```

接下来你需要实现父类中的 compute()方法,它会直接执行模糊处理,或者将当前的工作拆分成两个更小的任务。数组的长度可以作为一个简单的阈值来判断任务是应该直接完成还是应该被拆分。

```
protected static int sThreshold = 100000;

protected void compute() {
    if (mLength < sThreshold) {
        computeDirectly();
        return;
    }

    int split = mLength / 2;

    invokeAll(new ForkBlur(mSource, mStart, split, mDestination),
            new ForkBlur(mSource, mStart + split, mLength - split,
                mDestination));
}
```

如果前面这个方法是在一个 RecursiveAction 的子类中,那么设置任务在 ForkJoinPool 中执行就再直观不过了。通常会包含以下步骤:

步骤01 创建一个表示所有需要完成工作的任务。

```
ForkBlur fb = new ForkBlur(src, 0, src.length, dst);
```

步骤02 创建将要用来执行任务的 ForkJoinPool。

```
ForkJoinPool pool = new ForkJoinPool();
```

步骤03 执行任务。

```
pool.invoke(fb);
```

以下是 ForkBlur 示例的完整代码：

```java
import java.awt.image.BufferedImage;
import java.io.File;
import java.util.concurrent.ForkJoinPool;
import java.util.concurrent.RecursiveAction;
import javax.imageio.ImageIO;

class ForkBlur extends RecursiveAction {

    private static final long serialVersionUID = 1L;
    private int[] mSource;
    private int mStart;
    private int mLength;
    private int[] mDestination;
    private int mBlurWidth = 15;

    public ForkBlur(int[] src, int start, int length, int[] dst) {
        mSource = src;
        mStart = start;
        mLength = length;
        mDestination = dst;
    }

    protected void computeDirectly() {
        int sidePixels = (mBlurWidth - 1) / 2;
        for (int index = mStart; index < mStart + mLength; index++) {

            float rt = 0, gt = 0, bt = 0;
            for (int mi = -sidePixels; mi <= sidePixels; mi++) {
                int mindex = Math.min(Math.max(mi + index, 0), mSource.length - 1);
                int pixel = mSource[mindex];
                rt += (float) ((pixel & 0x00ff0000) >> 16) / mBlurWidth;
                gt += (float) ((pixel & 0x0000ff00) >> 8) / mBlurWidth;
                bt += (float) ((pixel & 0x000000ff) >> 0) / mBlurWidth;
            }

            int dpixel = (0xff000000) | (((int) rt) << 16) | (((int) gt) << 8) | (((int) bt) << 0);
            mDestination[index] = dpixel;
        }
    }

    protected static int sThreshold = 10000;
```

```java
        @Override
        protected void compute() {
            if (mLength < sThreshold) {
                computeDirectly();
                return;
            }
            
            int split = mLength / 2;
            
            invokeAll(new ForkBlur(mSource, mStart, split, mDestination),
                    new ForkBlur(mSource, mStart + split, mLength - split, mDestination));
        }
        
        public static void main(String[] args) throws Exception {
            String srcName = "red-tulips.jpg";
            File srcFile = new File(srcName);
            BufferedImage image = ImageIO.read(srcFile);
            
            System.out.println("Source image: " + srcName);
            
            BufferedImage blurredImage = blur(image);
            
            String dstName = "blurred-tulips.jpg";
            File dstFile = new File(dstName);
            ImageIO.write(blurredImage, "jpg", dstFile);
            
            System.out.println("Output image: " + dstName);
            
        }
        
        public static BufferedImage blur(BufferedImage srcImage) {
            int w = srcImage.getWidth();
            int h = srcImage.getHeight();
            
            int[] src = srcImage.getRGB(0, 0, w, h, null, 0, w);
            int[] dst = new int[src.length];
            
            System.out.println("Array size is " + src.length);
            System.out.println("Threshold is " + sThreshold);
            
            int processors = Runtime.getRuntime().availableProcessors();
            System.out.println(
                    Integer.toString(processors) + " processor" + (processors != 1 ? "s are " : " is ") + "available");
            
            ForkBlur fb = new ForkBlur(src, 0, src.length, dst);
            
            ForkJoinPool pool = new ForkJoinPool();
```

```
        long startTime = System.currentTimeMillis();
        pool.invoke(fb);
        long endTime = System.currentTimeMillis();

        System.out.println("Image blur took " + (endTime - startTime) + " milliseconds.");

        BufferedImage dstImage = new BufferedImage(w, h, BufferedImage.TYPE_INT_ARGB);
        dstImage.setRGB(0, 0, w, h, dst, 0, w);

        return dstImage;
    }
}
```

8. 标准实现

除了能够使用 Fork/Join 框架来实现在多处理系统中被并行执行的定制化算法（如前文所介绍的 ForkBlur 例子）外，在 Java 中一些比较常用的功能点也已经使用 Fork/Join 框架来实现了。在 Java 8 中，java.util.Arrays 类的一系列 parallelSort()方法就使用了 Fork/Join 框架。这些方法与 sort()方法很类似，但是通过 Fork/Join 框架，借助了并发来完成相关工作。在多处理器系统中，对大数组的并行排序会比串行排序更快。这些方法究竟是如何运用 Fork/Join 框架的并不在本教程的讨论范围内，所以点到为止。其他采用了 Fork/Join 框架的方法还包括 java.util.streams 包中的一些方法，此包是 Java 8 中 Lambda 表达式的一部分。想要了解更多信息，请参见第 12 章。

8.6.3 并发集合

并发集合简化了大型数据集合的管理，且极大地减少了同步的需求。

java.util.concurrent 包囊括了 Java 集合框架的一些附加类。它们最容易按照集合类所提供的接口来进行分类，主要可分为以下几类：

- BlockingQueue：定义了一个先进先出的数据结构，当你尝试往满队列中添加元素或者从空队列中获取元素时，将会阻塞或者超时。
- ConcurrentMap：是 java.util.Map 的子接口，定义了一些有用的原子操作。移除或者替换键值对的操作只有当 key 存在时才能进行，而新增操作只有当 key 不存在时才能进行。使这些操作原子化，可以避免同步。ConcurrentMap 的标准实现是 ConcurrentHashMap，它是 HashMap 的并发模式。
- ConcurrentNavigableMap：是 ConcurrentMap 的子接口，支持近似匹配。ConcurrentNavigableMap 的标准实现是 ConcurrentSkipListMap，它是 TreeMap 的并发模式。

所有这些集合通过在集合里新增对象和访问或移除对象的操作之间定义一个 happens-before 的关系来帮助程序员避免内存一致性错误。

8.6.4 原子变量

java.util.concurrent.atomic 包定义了对单一变量进行原子操作的类。所有的类都提供了 get 和 set 方法，可以使用它们像读写 volatile 变量一样读写原子类。也就是说，同一变量上的一个 set 操作对于任意后续的 get 操作都存在 happens-before 关系。原子的 compareAndSet 方法也有内存一致性特点，就像应用到整型原子变量中的简单原子算法。

为了看看这个包是如何使用的，可以返回前面章节所演示线程干扰的 Counter 类：

```java
class Counter {
    private int c = 0;

    public void increment() {
        c++;
    }

    public void decrement() {
        c--;
    }

    public int value() {
        return c;
    }
}
```

使用同步是一种使 Counter 类变得线程安全的方法，比如 SynchronizedCounter：

```java
class SynchronizedCounter {
    private int c = 0;

    public synchronized void increment() {
        c++;
    }

    public synchronized void decrement() {
        c--;
    }

    public synchronized int value() {
        return c;
    }
}
```

对于这个简单的类，同步是一种可接受的解决方案；对于更复杂的类，可能要避免不必要同步所带来的活跃度影响。将 int 替换为 AtomicInteger，可允许在不进行同步的情况下阻止线程干扰。代码修改如下：

```java
import java.util.concurrent.atomic.AtomicInteger;
```

```
class AtomicCounter {
    private AtomicInteger c = new AtomicInteger(0);

    public void increment() {
        c.incrementAndGet();
    }

    public void decrement() {
        c.decrementAndGet();
    }

    public int value() {
        return c.get();
    }
}
```

8.6.5 并发随机数

自 Java 7 以来，提供了并发随机数，可用于高效的多线程生成伪随机数的方法。

在 Java 7 中，java.util.concurrent 包含了一个相当便利的类 ThreadLocalRandom，可以在当应用程序期望在多个线程或 ForkJoinTasks 中使用随机数时使用。

对于并发访问，使用 TheadLocalRandom 代替 Math.random()可以减少竞争，从而获得更好的性能。

开发人员只需调用 ThreadLocalRandom.current()，然后调用其中的一个方法去获取一个随机数即可。例如：

```
int r = ThreadLocalRandom.current().nextInt(4, 77);
```

第 9 章

基本编程结构的改进

本章主要介绍 Java 在基本编程结构方面的改进。

9.1 直接运行 Java 源代码

Java 整个编译以及运行的过程实际上是相当烦琐的,如图 9-1 所示,Java 程序从源文件创建到程序运行要经过两大步骤:

- 源文件由编译器编译成字节码(ByteCode)。
- 字节码由 Java 虚拟机解释运行。因为 Java 程序既要编译又要经过 JVM 的解释运行,所以说 Java 被称为半解释语言(semi-interpreted language)。

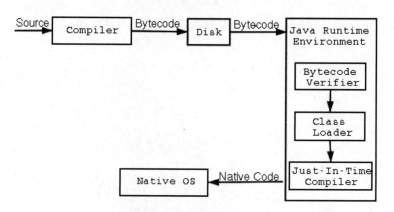

图 9-1 Java 编译及运行过程

以 Hello World 程序为例,要运行该程序,首先要进行编译。命令如下:

```
D:\workspaceModernJava\modern-java\src\com\waylau\java\hello> javac
HelloWorld.java
```

编译过程中极有可能会遇到如图 9-2 所示的问题。

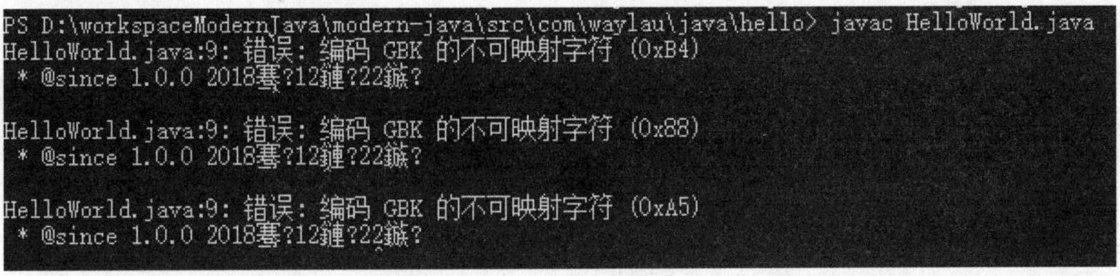

图 9-2 编码问题

这是因为 Windows 命令行工具的编码（GBK）与 Eclipse 生成的文件格式（UTF-8）不符合，指定编码即可。命令如下：

```
D:\workspaceModernJava\modern-java\src\com\waylau\java\hello> javac
-encoding UTF-8 HelloWorld.java
```

执行成功之后，在与 HelloWorld.java 相同的目录下已生成了一个同名的 .class 文件，如图 9-3 所示。

图 9-3 .class 文件

执行下面的命令来运行 .class 文件：

```
D:\workspaceModernJava\modern-java\src> java
com.waylau.java.hello.HelloWorld
Hello World
```

其中要注意两点：

- 需要切回 src 目录下去执行该命令。
- 执行 java 命令时，HelloWorld 需要带上完整的包名。

9.1.1 Java 11 可以直接运行 Java 源码

在 Java 11 中，再也不需要分开两步来运行 Java 程序了，直接通过 java 就能运行源码。比如，可以通过下面的命令行来运行：

```
D:\workspaceModernJava\modern-java\src> java \com\waylau\java\hello\
HelloWorld.java
```

```
Hello World
```

或者在 HelloWorld.java 文件当前目录下运行：

```
PS D:\workspaceModernJava\modern-java\src\com\waylau\java\hello> java HelloWorld.java

Hello World
```

9.1.2 原理

由于在学习 Java 的早期阶段和编写小型实用程序时会经常使用 javac 和 java 来运行 Java 程序，因此 Java 11 引入了该 JEP 330（http://openjdk.java.net/jeps/330）定义的增强功能。在这种情况下，在运行程序之前可以省去必须编译程序的这个步骤，使开发者能更快地启动程序。

本质上，下面的命令：

```
java HelloWorld.java
```

等同于：

```
javac HelloWorld.java
java HelloWorld
```

> **提示**
>
> 本节只是为了演示 Java 程序的运行机制。在实际工作中，基本上都是在 IDE 里面运行 Java 程序，会更加简便。

9.2 局部变量类型推断

局部变量类型推断是在 Java 10 中由 JEP 286（http://openjdk.java.net/jeps/286）所引入的。

在 Java 10 之前的版本中，一般按照如下代码来定义变量：

```java
List<String> list1 = new ArrayList<String>();
```

或

```java
List<String> list2 = new ArrayList<>();
```

不管采用哪种，变量都必须要先声明再使用。

在 Java 10 中，可以这么来定义变量：

```java
var list = new ArrayList<String>(); // 推断类型为 ArrayList<String>
var stream = list.stream(); // 推断类型为 Stream<String>
```

这种定义变量的方式不必先声明类型，可以在实例化时进行类型的推断。这种特性是否跟 JavaScript 等动态语言很像呢？

9.2.1 了解 var 声明变量的一些限制

使用 var 声明变量时，需要了解以下限制。

（1）使用 var 声明变量时必须有初始值。

```
var list4; // 错误！必须赋值。
```

（2）用 var 声明的必须是一个显式的目标类型。

必须是一个显式的目标类型，比如不可以用在 lamdba 变量或数组变量上。

```
var f = () -> { }; // 错误！必须要有显式的目标类型
```

```
var k = { 1 , 2 }; // 错误！必须要有显式的目标类型
```

（3）用 var 声明的变量初始值不能为 null。

```
var g = null; // 错误！不能赋 null 值
```

9.2.2 原理

允许开发人员忽略局部变量类型、减少编写 Java 代码，同时保持 Java 对静态类型安全的承诺，这有助于改善开发人员体验。

此功能适用在大部分局部变量的声明上，以推断出合适的类型，但也不是全部。

标识符 var 不是关键字；相反，它是一个保留类型名称。这意味着使用 var 作为变量、方法或包名称的代码不会受到影响，使用 var 作为类或接口名称的代码将受到影响。比如下面声明的变量是合法的：

```
var var = 1;
```

在上面的例子中，变量名就是 var。

> **提 示**
>
> 虽然 var 可以作为变量名，但是不建议这么做。

9.3 实战：var 关键字的使用

以下是使用 var 关键字的常见使用案例：

```java
import java.util.ArrayList;
import java.util.List;

/**
 * JDK10:Local-Variable Type Inference（本地变量引用）
```

```java
 * JEP 286: http://openjdk.java.net/jeps/286
 *
 * @since 1.0.0 2019年4月19日
 * @author <a href="https://waylau.com">Way Lau</a>
 */
class LocalVariableTypeInferenceDemo {

    @SuppressWarnings("unused")
    public static void main(String[] args) {
        /****** JDK10之前 ******/
        List<String> list1 = new ArrayList<String>();
        List<String> list2 = new ArrayList<>();

        /****** JDK10之后 ******/
        var list = new ArrayList<String>(); // 推断类型为 ArrayList<String>
        var stream = list.stream(); // 推断类型为 Stream<String>

        var var = 1;

        /****** 限制：下面的方式是不行的哦 ******/
        /*
         * var list4; // 错误！必须赋值
         */

        /*
         * var f = () -> { }; // 错误！必须要有显式的目标类型
         *
         * var k = { 1, 2 }; // 错误！必须要有显式的目标类型
         */

        /*
         * var g = null; // 错误！不能赋 null 值
         */
    }
}
```

9.4 字符串处理增强

Java 11、Java 12 对于字符串的处理都有所增强，包括支持 Raw String Literals 及 String API 的增强。

9.4.1 支持 Raw String Literals

Java 11 对字符串的处理做了增强，支持 Raw String Literals（原始字符串文字），该规范定义

在 JEP 326（http://openjdk.java.net/jeps/326）。

在 Java 11 之前，可能经常会遇到编写多行字符串的情况。比如在代码中写一段 SQL 语句、JSON 字符串或 XML 字符串，我们不得不用加号换行连接，还得对其中的双引号进行转义，对正则表达式中的关键字也必须进行双重转义。观察下面的例子：

```
String sql = "select id, name \n "
        + " from user \n"
        + " where id=? \n"
        + " and deleteFlag = 0";

String json = "{\n"
        +    "\"id\": 123,\n"
        +    "\name\": \"Yanbin\"\n"
        + "}";
```

上面只是一个简单示例，实际项目中的 SQL 或 JSON 会比这个更加庞大，导致大量的连接与转义，书写起来特不方便。所以有时候不得不把大段类似的格式化文本外部化到文件中，只在运行时载入。

在 Java 11 之后，上面的代码只要写成如下形式即可：

```
String sql = `select id, name
            from user
            where id=?
            and deleteFlag = 0`;

String json = `{
            "id": 123,
            "name": "Yanbin"
            }`;
```

9.4.2 原理

Raw String Literals 描述的是用斜撇号来作为边界符的，其中的字符无须进行转义，如果中间有\n 或\u2022，那么它们都将以字面量的形式输出，所以才叫作 Raw String Literals。斜撇号的表示法参考了 Go、JavaScript 等做法。

如果字符串字面量中含有斜撇号，那么边界用双重斜撇号，例如：

```
String query = ``
            SELECT `EMP_ID`, `LAST_NAME` FROM `EMPLOYEE_TB`
            WHERE `CITY` = 'INDIANAPOLIS'
            ORDER BY `EMP_ID`, `LAST_NAME`;
            ``;
```

9.4.3 限制

Raw String Literals 特性目前还处于早期预览版本，所以一些 IDE 并未完全支持该特性，会提示语法错误。可以不必理会该错误,毕竟不会影响我们对于知识点的学习。需要注意的是,考虑到未来的不确定性,不建议读者在实际项目中使用该特性。

在 Java 13 发布之后,Raw String Literals 的功能已由文本块替代。有关文本块的内容,可见"9.14 文本块"一节。

9.4.4 Java 11 常用 String API

Java 11 引入了许多非常有用的 String API。

1. repeat()

String API 最酷的添加方式之一是 repeat()方法。它允许将 String 以一定次数与自身连接:

```
var name ="Way Lau";
var result = name.repeat(2);

assertEquals("Way LauWay Lau",result);
```

如果尝试重复 0 次字符串,那么你将总是得到一个空字符串:

```
// 重复 0 次返回空字符串
var string = "foo";
var result2 = string.repeat(0);

assertEquals("", result2);
```

这同样适用于可重复空的字符串:

```
var string2 = "";
var result2 = string2.repeat(Integer.MAX_VALUE);

assertEquals("", result2);
```

2. isBlank()

isBlank()方法可以检查 String 实例是空的还是包含空格:

```
// 空字符串
var blankName ="";
var result = blankName.isBlank(); // true

assertEquals(true, result);

// 非空字符串
var string = "waylau";
var result1 = string.isBlank(); // false

assertEquals(false, result1);

// 空格
var string2 = "   ";
var result2 = string2.isBlank(); // true
```

```
assertEquals(true, result2);
```

3. strip()

strip()方法可以轻松地从每个 String 中删除所有前导和尾随空格：

```
// 前空格字符串
var leadingWiteSpace = " abc";
var result = leadingWiteSpace.strip();

assertEquals("abc", result);

// 后空格字符串
var trailingWhiteSpace = "abc ";
var result1 = trailingWhiteSpace.strip();

assertEquals("abc", result1);
```

4. lines()

使用这种新方法，可以轻松地将 String 实例拆分为单独行的 Stream<String>：

```
// 多行字符串
var linesString = "abc\negf\nway\nlau";

Stream<String> stream = linesString.lines();
stream.forEach(System.out::println);
```

控制台将打印出所有元素：

```
abc
egf
way
lau
```

9.4.5 Java 12 常用 String API

Java 12 引入了许多非常有用的 String API。

1. transform()

transform()用于做转换。以下例子会将字符串字母转为小写形式：

```
// 转成小写
var name ="Way Lau";
var result = name.transform(new Function<String, String>() {
    @Override
    public String apply(String s) {
        return s.toLowerCase();
    }
});

assertEquals("way lau", result);
```

2. indent()

indent()方法用于将字符串缩进指定格数，同时在字符串前面加空格。以下是示例：

```java
// 缩进
var name ="Way Lau";
var result = name.indent(3);

assertEquals("   Way Lau\n", result);
```

9.5 实战：Java 11 字符串的使用

以下是几个使用 Java 11 字符串的完整示例。

9.5.1 Raw String Literals 的使用

可以参考下面的示例：

```java
/**
 * JDK11:Raw String Literals（原始字符串文字）
 * JEP 326:http://openjdk.java.net/jeps/326
 *
 * @since 1.0.0 2019年4月19日
 * @author <a href="https://waylau.com">Way Lau</a>
 */
class RawStringLiteralsDemo {

    /**
     * @param args
     */
    public static void main(String[] args) {

        // JDK10 之前
        String sql1 = "select id, name \n "
            + " from user \n"
            + " where id=? \n"
            + " and deleteFlag = 0";

        String json1 = "{\n"
            + "\"id\": 123,\n"
            + "\"name\": \"Yanbin\"\n"
            + "}";

        // JDK10 之后
        String sql = `select id, name
            from user
            where id=?
```

```
                    and deleteFlag = 0`;

        String json = `{
                    "id": 123,
                    "name": "Yanbin"
                }`;

        // 处理包含斜撇号的字符串
        String query = ``
            SELECT `EMP_ID`, `LAST_NAME` FROM `EMPLOYEE_TB`
            WHERE `CITY` = 'INDIANAPOLIS'
            ORDER BY `EMP_ID`, `LAST_NAME`;
          ``;

        // 处理文件路径
        // JDK11 之前
        Runtime.getRuntime().exec("\"C:\\Program Files\\foo\" bar");

        Runtime.getRuntime().exec(`"C:\Program Files\foo" bar`); // JDK11 之后

        // 正则表达式
        System.out.println("this".matches("\\w\\w\\w\\w")); // JDK11 之前

        System.out.println("this".matches(`\w\w\w\w`)); // JDK11 之后

    }
}
```

9.5.2　String API 的使用

下面演示 String API 的使用：

```
import static org.junit.jupiter.api.Assertions.*;

import java.util.stream.Stream;

import org.junit.jupiter.api.Test;

/**
 * JDK11:String API.
 *
 * @since 1.0.0 2019 年 4 月 19 日
 * @author <a href="https://waylau.com">Way Lau</a>
 */
class StringDemo {

    /**
     * @param args
```

```java
    */
    public static void main(String[] args) {

    }

    @Test
    void testRepeat() {
        // 重复两次
        var name ="Way Lau";
        var result = name.repeat(2);

        assertEquals("Way LauWay Lau", result);

        // 重复 0 次返回空字符串
        var string = "foo";
        var result1 = string.repeat(0);

        assertEquals("", result1);

        // 重复空字符串
        var string2 = "";
        var result2 = string2.repeat(Integer.MAX_VALUE);

        assertEquals("", result2);
    }

    @Test
    void testIsBlank() {
        // 空字符串
        var blankName ="";
        var result = blankName.isBlank(); // true

        assertEquals(true, result);

        // 非空字符串
        var string = "waylau";
        var result1 = string.isBlank(); // false

        assertEquals(false, result1);

        // 空格
        var string2 = " ";
        var result2 = string2.isBlank(); // true

        assertEquals(true, result2);
    }
```

```java
@Test
void testStrip() {
    // 前空格字符串
    var leadingWiteSpace = "  abc";
    var result = leadingWiteSpace.strip();

    assertEquals("abc", result);

    // 后空格字符串
    var trailingWhiteSpace = "abc ";
    var result1 = trailingWhiteSpace.strip();

    assertEquals("abc", result1);

}

@Test
void testLines() {
    // 多行字符串
    var linesString = "abc\negf\nway\nlau";

    Stream<String> stream = linesString.lines();
    stream.forEach(System.out::println);
    //打印出所有元素
    //abc
    //egf
    //way
    //lau
}
}
```

9.6 支持 Unicode 标准

Unicode 是一个不断进化的工业标准，最新版本是 Unicode 11，于 2018 年 6 月 5 日发布。自 Java 11 开始支持 Unicode 10，本节我们主要介绍 Unicode 10。

9.6.1 了解 Unicode 10

Unicode 10 是 2017 年 6 月 20 日发布的 Unicode 标准版本（http://www.unicode.org/versions/Unicode10.0.0/）。此更新包含 8518 个新字符，其中 56 个是表情符号字符。

表情符号字符常用于互联网应用及社交软件中。图 9-4 是 Emoji 5.0（https://emojipedia.org/emoji-5.0/）中包含的部分表情符号。

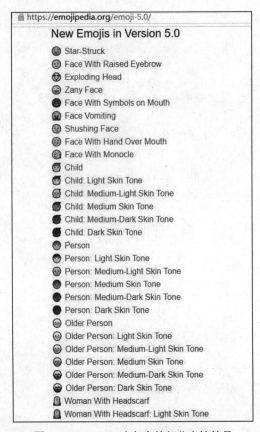

图 9-4　Emoji 5.0 中包含的部分表情符号

对于 Unicode 10 的支持，Java 是定义在 JEP 327（http://openjdk.java.net/jeps/327）规范中的。下面的示例演示如何在控制台打印出 Emoji 表情符号"笑脸"（😀）。

9.6.2　在控制台打印出 Emoji

"笑脸"（😀）在 Unicode 10 中定义的编码是"U+1F600"（http://www.unicode.org/emoji/charts/emoji-list.html#1f600）。所以，在控制台中可以通过下面的方式输出：

```
// 控制台输出😀
System.out.println(Character.toChars(0x1F600)); // 😀
```

9.6.3　在 GUI 中显示出 Emoji

Java 自带的 GUI 工具就是 awt 以及 swing。要使用这两个工具包，需要在 module-info 中引入"java.desktop"模块。示例如下：

```
module com.waylau.java.hello {
    requires org.junit.jupiter.api; // 使用 JUnit5
    requires java.desktop; // awt 以及 swing
}
```

完整示例代码如下：

```java
import java.awt.Container;
import java.awt.FlowLayout;

import javax.swing.JFrame;
import javax.swing.JLabel;

/**
 * JDK11:Unicode 10
 * JEP 327: http://openjdk.java.net/jeps/327
 *
 * @since 1.0.0 2019年4月19日
 * @author <a href="https://waylau.com">Way Lau</a>
 */
class Unicode10Demo {

    /**
     * @param args
     */
    public static void main(String[] args) {
        // 控制台输出😀
        System.out.println(Character.toChars(0x1F600)); // 显示😀

        // 使用 GUI 显示😀
        GuiApp();
    }

    public static void GuiApp()
    {
        JLabel emoji = new JLabel("\uD83D\uDE00");  // U+1F600

        JFrame frame = new JFrame("Emoji示例");
        frame.setSize(400, 100);
        frame.add(emoji);
        frame.setVisible(true);
        frame.setDefaultCloseOperation(JFrame.EXIT_ON_CLOSE);
        Container contentPane = frame.getContentPane();
        contentPane.setLayout(new FlowLayout());
    }
}
```

其中，我们用一个 JLabel 来显示 Emoji。U+1F600 编码在 Java 中的文本表示为\uD83D\uDE00。运行应用，显示如图 9-5 所示的效果。

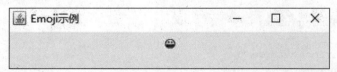

图 9-5　Java 显示 Emoji 表情符号

9.7 Optional 类

Optional 类是 Java 8 中引入的新特性。Optional 类主要解决的问题是臭名昭著的空指针异常（NullPointerException），而这个异常是每个 Java 程序员都非常了解的异常。空指针异常是导致 Java 应用程序失败的常见原因。在 Java 8 之前，为了解决空指针异常，Google 公司著名的 Guava 项目引入了 Optional 类，Guava 通过使用检查空值的方式来防止代码污染，鼓励程序员写更干净的代码。受到 Google Guava 的启发，Optional 类已经成为 Java 8 类库的一部分。后续 Java 9、Java 10、Java 11 都有对该类进行加强。

Optional 类是一个可以为 null 的容器对象。如果值存在，isPresent()方法就会返回 true，调用 get()方法会返回该对象。

Optional 是一个容器：它可以保存类型 T 的值，或者仅仅保存 null。Optional 提供很多有用的方法，这样我们就不用显式进行空值检测。

Optional 类的引入很好地解决空指针异常。同时，它也是精心设计的，能够自然融入 Java 8 函数式支持的功能。

9.7.1 复现 NullPointerException

为了更好地演示 Optional 的效果，我们先来写一段没有用 Optional 类的程序。这段程序的用意非常简单，就是需要判断一下某个用户的姓名是否是以 "Lau" 结尾。代码如下：

```java
class OptionalDemo {

    /**
     * @param args
     */
    public static void main(String[] args) {
        // JDK8 之前
        User user = new User();

        // 判断姓名是否是 Lau 结尾
        user.getName().endsWith("Lau");
    }

}

class User {

    private String name;

    public String getName() {
        return name;
    }
}
```

```java
    public void setName(String name) {
        this.name = name;
    }
}
```

你以为这个代码足够简单,所以信心满满地的运行了一下,结果一个异常打得你措手不及:

```
Exception in thread "main" java.lang.NullPointerException
    at com.waylau.java.hello/com.waylau.java.jdk8.OptionalDemo.main(OptionalDemo.java:22)
```

此时不得不把程序修改如下:

```java
// 判断姓名是否是 Lau 结尾
if (user.getName() != null) {
    System.out.println(user.getName().endsWith("Lau"));
}
```

没错,这就是 Java 程序员的日常,到处都在做这种判空的防御,因为你不知道传递到方法里面的参数是否做了初始化。

好了,我们把程序扩展了一下,在用户信息里面加入一个地址信息:

```java
class User {

    private String name;

    public String getName() {
        return name;
    }

    public void setName(String name) {
        this.name = name;
    }

    // 地址信息
    private Address address;

    public Address getAddress() {
        return address;
    }

    public void setAddress(Address address) {
        this.address = address;
    }

}

class Address {
```

```
    private String name;

    public String getName() {
        return name;
    }

    public void setName(String name) {
        this.name = name;
    }
}
```

现在业务要求需要判断某个用户的地址名称是否是以"Lau"结尾。

这次你有经验了,牢牢记住需要加判空处理,所以代码变成了下面的样子:

```
// 判断地址用户的地址名称是否是 Lau 结尾
if (user.getAddress() != null) {
    if (user.getAddress().getName() != null) {
        System.out.println(user.getAddress().getName().endsWith("Lau"));
    }
}
```

太丑陋了!如果需要确保不触发异常,就不得不在访问每一个值之前对其进行明确的检查,这很容易让代码变得冗长、难以理解、难以维护。

为了简化这个过程,我们来看看用 Optional 类是怎么做的。从创建和验证实例,到使用其不同的方法,并与其他返回相同类型的方法相结合,下面是见证 Optional 奇迹的时刻。

9.7.2 Optional 类的魔法

以下是 Optional 类的做法:

```
// JDK8 之后
User user = new User();

Optional<Address> opt = user.getOptionalAddress();

if (opt.isPresent()) {
    if (opt.get().getName() != null) {
        System.out.println(opt.get().getName().endsWith("Lau"));
    }
}
```

Optional 由一个 isPresent()来判断对象是否已经存在。在上述代码中,getOptionalAddress()对 User 中的 getAddress()方法进行了重构,以返回 Optional 类型的对象。代码如下:

```
class User {
    // ...省略其他非核心代码

    // 地址信息
    private Address address;
```

```java
// 对 getAddress 方法的重构
public Optional<Address> getOptionalAddress() {
    return Optional.ofNullable(address);
}
}
```

虽然使用 Optional 类并不能完全消除对判空的操作，但是给 Java 8 函数式带来了更多的可能性。比如，我们想过滤用户的地址信息，只保留以"Lau"结尾的地址，则可以使用函数编程中的 filter 方法。代码如下：

```java
@Test
void testFilter() {
    User user = new User();
    Address address = new Address();
    address.setName("Address from Way Lau");
    user.setAddress(address);
    user.setName("Way Lau");

    // 过滤用户的地址信息，只保留以"Lau"结尾的地址
    Optional<Address> opt = user.getOptionalAddress()
            .filter(a -> a.getName() != null && a.getName().endsWith("Lau"));

    assertEquals( "Address from Way Lau", opt.get().getName());

}
```

可以看到 Optional 集合函数式编程让代码更加简洁且更利于理解。

> **提 示**
>
> 在编程中，建议始终采用 Optional 来返回对象。

9.7.3 Optional 类的其他方法

除了 isPresent、filter 方法外，Optional 类还提供了其他常用的方法。

1. of()

使用 of 方法，可以快速初始化 Optional 对象，代码如下：

```java
// of
Optional<Integer> i = Optional.of(1);

// 无须判断是否存在
assertEquals( 1, i.get().intValue());
```

需要注意的是，of 方法的参数不能是 null，同时也意味着取值时无须判断 Optional 类中的对象是否存在。

2. ofNullable()

如果初始化时对象可能为 null，就应使用 ofNullable 方法。示例如下：

```
// ofNullable
Optional<Integer> i1 = Optional.ofNullable(null); //参数可以是 null
assertEquals( null, i1.isPresent()?i1.get().intValue():null);

Optional<Integer> i2 = Optional.ofNullable(2);// 参数可以是非 null
assertEquals(2, i2.isPresent()?i2.get().intValue():0);
```

ofNullable 的参数可以是 null，也可以是非 null。

这里需要注意的是，由于 Optional 类中的对象可能为空，因此需要取值前先通过 isPresent 方法做一下判断。

3. empty()

empty 方法用来初始化一个空的 Optional，效果上等同于 Optional.ofNullable(null)。

```
// ofNullable
Optional<Integer> i1 = Optional.ofNullable(null); //是 null

// empty
Optional<Integer> i2 = Optional.empty();

assertEquals(i1, i2);
```

> **提 示**
>
> 实际上，Optional.ofNullable(null)方法底层也调用了 Optional.empty()方法。

4. orElse()

如果 Optional 对象保存的值不是 null，就返回原来的值，否则返回 orElse 传入的参数。示例如下：

```
// ofNullable
Optional<Integer> i1 = Optional.ofNullable(null); //是 null

// orElse
assertEquals(100, i1.orElse(100).intValue());

// of
Optional<Integer> i2 = Optional.of(20); //不是 null

// orElse
assertEquals(20, i2.orElse(100).intValue());
```

5. orElse()

orElseGet 功能与 orElse 一样，只不过 orElseGet 参数是一个 Supplier 对象。示例如下：

```
// ofNullable
```

第 9 章 基本编程结构的改进 | 231

```
Optional<Integer> i1 = Optional.ofNullable(null); // 是 null

// orElseGet
assertEquals(100, i1.orElseGet(() -> {
    return 100;
}).intValue());

// of
Optional<Integer> i2 = Optional.of(100); // 不是 null

// orElseGet
assertEquals(100, i2.orElseGet(() -> {
    return 20;
}).intValue());
```

> **提 示**
>
> Supplier 属于函数式编程方面的内容，在后续章节中还会做深入的探讨。

6. orElseThrow()

orElseThrow 判断 Optional 值不存在就抛出异常，否则什么都不做。该方法在 Java 10 中引入，示例如下：

```
// ofNullable
Optional<Integer> i1 = Optional.ofNullable(null); // 是 null

// orElseThrow
i1.orElseThrow(); // 异常！将抛出 NoSuchElementException
```

判断 Optional 值不存在时，默认将抛出 NoSuchElementException 异常。
如果想自定义抛出的异常，就可以采用下面的方式：

```
i1.orElseThrow(()->{throw new IllegalStateException();});// 异常！将抛出
IllegalStateException
```

判断 Optional 值不存在时，将抛出自定义的 IllegalStateException 异常。

7. isEmpty()

与 isPresent 方法相反，isEmpty 方法用来判断 Optional 值是否为空。该方法在 Java 11 中引入，示例如下：

```
// ofNullable
Optional<Integer> i1 = Optional.ofNullable(null); // 是 null

// isEmpty
assertEquals(true, i1.isEmpty());
```

9.8 接口中的默认方法

Java 8 对接口进行了增强，在接口中可以添加使用 default 关键字修饰的非抽象方法，即默认方法。

Java 8 允许给接口添加一个非抽象的方法实现，只需要使用 default 关键字即可，这个特征又叫作扩展方法（也称为默认方法，或虚拟扩展方法，或防护方法）。在实现该接口时，该默认扩展方法在子类上可以直接使用，它的使用方式类似于抽象类中非抽象成员方法。

默认方法允许我们在接口里添加新的方法，而不会破坏实现这个接口的已有类的兼容性，也就是说不会强迫实现接口的类实现默认方法。

默认方法和抽象方法的区别是抽象方法必须要被实现，默认方法不是。作为替代方式，接口可以提供一个默认的方法实现，所有这个接口的实现类都会通过继承得到这个方法（如果有需要也可以重写这个方法）。

以下是一个默认方法的例子：

```java
public interface Human {

    default String say() {
        return "Mama";
    }
}

class Frank implements Human {
}
```

Human 接口里面有一个默认方法 say()。当 Frank 实现 Human 接口时，Frank 可以直接使用该默认方法 say()，示例如下：

```java
Human frank = new Frank();
System.out.println(frank.say()); // Mama
```

默认方法也可以被子类所重写。观察下面的例子，Boy 继承了 Human，同样也定义了一个默认方法 say()：

```java
public interface Human {

    default String say() {
        return "Mama";
    }
}

interface Boy extends Human {
    default String say() {
        return "I love Mama";
    }
}
```

```
}

class Tom implements Boy {
}
```

则 Boy 会覆盖 Human 的行为：

```
Human tom = new Tom();
System.out.println(tom.say()); // I love Mama
```

如果子类级既实现了 Boy 接口又实现了 Human，那么会怎么样呢？观察下面的例子：

```
public interface Human {

    default String say() {
        return "Mama";
    }
}

interface Boy extends Human {
    default String say() {
        return "I love Mama";
    }
}

class James implements Boy, Human {
}
Human james = new James();
System.out.println(james.say()); // I love Mama
```

可以看到 James 类在实现上使用了 Boy 上的方法。换言之，子类上面调用方法优先选取最具体的实现。

在实现类里面也声明了接口中默认方法相同的名称该怎么办？观察下面的例子：

```
public interface Human {

    default String say() {
        return "Mama";
    }
}

interface Boy extends Human {
    default String say() {
        return "I love Mama";
    }
}

class Kavin implements Boy {
    public String say() {
        return "I love Papa";
    }
}
```

Kavin 实现了 Boy 接口,但也定义了一个 say()方法,实际上 Kavin 最终是调用自己的 say()方法。示例如下:

```java
Human kavin = new Kavin();
System.out.println(kavin.say()); // I love Papa
```

简言之,类里面的方法优先于接口里面的任何默认方法。

9.9 实战:接口中默认方法的使用

以下是在接口中使用默认方法的完整示例。
定义接口及默认方法:

```java
public interface Human {

    default String say() {
        return "Mama";
    }
}

interface Boy extends Human {
    default String say() {
        return "I love Mama";
    }
}

class Frank implements Human {
}

class Tom implements Boy {
}

class James implements Boy, Human {
}

class Kavin implements Boy {
    public String say() {
        return "I love Papa";
    }
}
```

使用这些默认方法:

```java
class DefaultMethodDemo {

    /**
     * @param args
     */
```

```java
    public static void main(String[] args) {
        // 默认方法
        Human frank = new Frank();
        System.out.println(frank.say()); // Mama

        Human tom = new Tom();
        System.out.println(tom.say()); // I love Mama

        Human james = new James();
        System.out.println(james.say()); // I love Mama

        Human kavin = new Kavin();
        System.out.println(kavin.say()); // I love Papa
    }
}
```

输出内容如下:

```
Mama
I love Mama
I love Mama
I love Papa
```

9.10　接口中的静态方法

Java 8 对接口进行了增强，在接口里可以声明静态方法并实现。

在接口中定义静态方法，示例如下：

```java
interface Human {

    static String suck() {
        return "suck sweet";
    }
}

interface Boy extends Human {

    static String suck() {
        return "suck mama-sweet";
    }
}

class Kavin implements Boy {

    static String suck() {
        return "suck papa-sweet";
    }
```

}
```

分别调用这些静态方法，控制台输出内容如下：

```
System.out.println(Human.suck());  // suck sweet
System.out.println(Boy.suck());    // suck mama-sweet
System.out.println(Kavin.suck());  // suck papa-sweet
```

9.11 实战：接口中静态方法的使用

以下是在接口中使用静态方法的完整示例。
定义接口及静态方法：

```java
interface Human {

    static String suck() {
        return "suck sweet";
    }
}

interface Boy extends Human {

    static String suck() {
        return "suck mama-sweet";
    }
}

class Kavin implements Boy {

    static String suck() {
        return "suck papa-sweet";
    }
}
```

使用这些静态方法：

```java
class DefaultMethodDemo {

    /**
     * @param args
     */
    public static void main(String[] args) {
        // 静态方法
        System.out.println(Human.suck()); // suck sweet
        System.out.println(Boy.suck());   // suck mama-sweet
        System.out.println(Kavin.suck()); // suck papa-sweet
    }
```
```

}

输出内容如下：

```
suck sweet
suck mama-sweet
suck papa-sweet
```

9.12　Switch 表达式增强

Java 12 对 Switch 表达式进行了增强。新的 Switch 表达式内部除了能够使用语句之外，还能使用表达式。该增强定义在 JEP 325（http://openjdk.java.net/jeps/325）。

Java 13 继续对 Switch 表达式进行了增强。新的 Switch 表达式内部使用了 yield 来退出表达式。该增强定义在 JEP 354（http://openjdk.java.net/jeps/354）。

9.12.1　实战：Switch 表达式的例子

下面是原有的 Switch 表达式的写法：

```
switch (day) {
   case MONDAY:
   case FRIDAY:
   case SUNDAY:
      System.out.println(6);
      break;
   case TUESDAY:
      System.out.println(7);
      break;
   case THURSDAY:
   case SATURDAY:
      System.out.println(8);
      break;
   case WEDNESDAY:
      System.out.println(9);
      break;
}
```

在 Java 12 中，Switch 表达式可以改为如下写法：

```
switch (day) {
   case MONDAY, FRIDAY, SUNDAY -> System.out.println(6);
   case TUESDAY                -> System.out.println(7);
   case THURSDAY, SATURDAY     -> System.out.println(8);
   case WEDNESDAY              -> System.out.println(9);
}
```

还能支持在表达式中返回值：

```java
int numLetters = switch (day) {
    case MONDAY, FRIDAY, SUNDAY -> 6;
    case TUESDAY                -> 7;
    case THURSDAY, SATURDAY     -> 8;
    case WEDNESDAY              -> 9;
};
```

在 Java 13 中，Switch 表达式可以改为如下写法：

```java
int date = switch (day) {
    case MONDAY, FRIDAY, SUNDAY : yield 6;
    case TUESDAY                : yield 7;
    case THURSDAY, SATURDAY     : yield 8;
    case WEDNESDAY              : yield 9;
    default                     : yield 1; // default 条件是必需的
};

System.out.println(date);
```

需要注意的是，在使用 yield 时，必须要有 default 条件。

9.12.2　使用 Switch 表达式的注意事项

对于需要返回值的 Switch 表达式，要么正常返回值，要么抛出异常。所以以下两种写法都是错误的：

```java
int i = switch (day) {
    case MONDAY -> {
        System.out.println("Monday");
        // 错误！必须返回值
    }
    default -> 1;
};
i = switch (day) {
    case MONDAY, TUESDAY, WEDNESDAY:
        break 0;
    default:
        System.out.println("Second half of the week");
        // 错误！必须返回值
};
```

9.13　紧凑数字格式

自 Java 12 开始，支持紧凑数字格式（Compact Number Formatting）。
以下是紧凑数字格式的示例：

```java
var cnf = NumberFormat.getCompactNumberInstance(Locale.CHINA,
```

```
NumberFormat.Style.SHORT);

    System.out.println(cnf.format(1_0000));
    System.out.println(cnf.format(1_9200));
    System.out.println(cnf.format(1_000_000));
    System.out.println(cnf.format(1L << 30));
    System.out.println(cnf.format(1L << 40));
    System.out.println(cnf.format(1L << 50));
```

其中，在实例化 NumberFormat 时使用了静态方法 getCompactNumberInstance。Locale.CHINA 参数指定了当前的语言国家是中国。NumberFormat.Style.SHORT 参数指定了格式是短数字。

运行该程序，可以看到控制台中的输出如下：

```
1 万
2 万
100 万
11 亿
1 兆
1126 兆
```

我们稍微改动下该程序实例化时的参数：

```
    var cnf2 = NumberFormat.getCompactNumberInstance(Locale.US,
NumberFormat.Style.LONG);

    System.out.println(cnf2.format(1_0000));
    System.out.println(cnf2.format(1_9200));
    System.out.println(cnf2.format(1_000_000));
    System.out.println(cnf2.format(1L << 30));
    System.out.println(cnf2.format(1L << 40));
    System.out.println(cnf2.format(1L << 50));
```

可以看到输出变成如下内容：

```
10 thousand
19 thousand
1 million
1 billion
1 trillion
1126 trillion
```

9.14 文本块

自 Java 13 开始，支持文本块（Text Blocks）。
以下是 Java 13 之前的文本块的处理方式示例：

```
String html = "<html>\n" +
              "    <body>\n" +
              "        <p>Hello, world</p>\n" +
```

```
            "    </body>\n" +
            "</html>\n";

System.out.println(html);
```

在上述示例中,由于文本块需要换行,所以产生了很多文本的拼接和转义。

以下是 Java 13 中的文本块示例:

```
String html2 = """
             <html>
                 <body>
                     <p>Hello, world</p>
                 </body>
             </html>
             """;

System.out.println(html2);
```

在上述示例中,对于文本块的处理变得简洁、自然。

以上两个示例在控制台输出内容都是一样的,效果如下:

```
<html>
    <body>
        <p>Hello, world</p>
    </body>
</html>
```

第 10 章

垃圾回收器的增强

本章介绍 Java 中常见的垃圾回收器及其运行机制。

10.1 了解 G1

最早关于 G1 的论文《Garbage-First Garbage Collection》发表于 2004 年,该论文在线网址是 http://citeseerx.ist.psu.edu/viewdoc/download?doi=10.1.1.63.6386&rep=rep1&type=pdf。直到 2012 年,G1 才在 JDK 1.7u4 版本中完全可用,用户可按需来替换默认的 CMS。在 JDK 9 中,G1 已经替代 CMS 变成默认的垃圾回收器。

了解垃圾回收器的运行机制更有助于 Java 的性能调优。

10.1.1 了解 Java 垃圾回收机制

在了解 G1 之前,需要清楚地知道什么是垃圾回收机制。

简单地说,垃圾回收就是回收内存中不再使用的对象。在没有垃圾回收机制的编程语言里面,比如 C、C++等,开发者在使用完对象后需要手动清理对象,非常烦琐,而且万一有遗漏就极易导致内存泄漏。垃圾回收机制就是通过自动的方式帮助开发者来清理内存中的垃圾,无须开发者再手动清理对象。Java、Golang 等语言均提供了垃圾回收机制。

垃圾回收一般分为两个步骤:
- 查找内存中不再使用的对象。
- 释放这些对象占用的内存。

那么如何来查找不再使用的对象呢?

10.1.2 查找不再使用的对象

垃圾回收器在判断哪些对象不再被使用时主要有以下两种方法。

1. 引用计数法

如果一个对象没有被任何引用指向，就被认为是垃圾。这种方法的缺点是不能检测到环的存在。

2. 根搜索算法

基本思路是通过一系列名为"GC Roots"的对象作为起始点，从这些节点开始向下搜索。搜索所走过的路径称为引用链（Reference Chain），当一个对象到 GC Roots 没有任何引用链相连时，就证明此对象是不可用的。

现在知道了如何找出不再使用的对象了，那么如何把这些对象清理掉呢？下面介绍常用的垃圾回收算法。

10.1.3 垃圾回收算法

垃圾回收常见的算法主要有以下几种。

1. 标记-复制

"标记-复制"算法会将可用内存容量划分为大小相等的两块，每次只使用其中的一块。当这一块用完之后，就将存活的对象复制到另外一块上面，然后把已使用过的内存空间一次清理掉。它的优点是实现简单，效率高，不会存在内存碎片；缺点是需要 2 倍的内存来管理。

2. 标记-清理

"标记-清理"算法分为"标记"和"清除"两个阶段。首先标记出需要回收的对象，然后将标记完成之后统一清除对象。它的优点是效率高，缺点是容易产生内存碎片。

3. 标记-整理

"标记-整理"算法在标记操作阶段和"标记-清理"算法一致，后续操作不只是直接清理对象，而是在清理无用对象完成后让所有存活的对象都向一端移动，并更新引用其对象的指针。因为要移动对象，所以它的效率要比"标记-清理"低，但是不会产生内存碎片。

10.1.4 分代垃圾回收

由于对象的存活时间有长有短，因此对于存活时间长的对象，减少被 GC 的次数可以避免不必要的开销。

可以把内存分成新生代和老年代：新生代存放刚创建的和存活时间比较短的对象，老年代存放存活时间比较长的对象。这样每次仅清理新生代，而老年代仅在必要时做清理，这样就可以极大地提高 GC 效率，节省 GC 时间。

10.1.5　Java 垃圾回收器的历史

以下是 Java 垃圾回收器出现的历史。

1. Serial（串行）回收器

在 JDK 1.3.1 之前，Java 虚拟机仅仅能使用 Serial 回收器。Serial 回收器是一个单线程的回收器，但是"单线程"的意义并不仅仅是说明它只会使用一个 CPU 或一条收集线程去完成垃圾收集工作，更重要的是在它进行垃圾收集时，必须暂停其他所有的工作线程（Stop The World），直到收集结束。

开启 Serial 回收器的参数如下：

```
-XX:+UseSerialGC
```

2. Parallel（并行）回收器

Parallel 回收器也称为吞吐量回收器。相比 Serial 回收器，Parallel 的主要优势在于使用多线程去完成垃圾清理工作，这样可以充分利用多核的特性，大幅降低 GC 时间。

开启 Serial 回收器的参数如下：

```
-XX:+UseParallelGC -XX:+UseParallelOldGC
```

3. CMS（Concurrent Mark Sweep）回收器

CMS 回收器在 Minor GC 时会暂停所有的应用线程，并以多线程的方式进行垃圾回收。在 Full GC 时不再暂停应用线程，而是使用若干个后台线程定期对老年代空间进行扫描，及时回收其中不再使用的对象。

开启 Serial 回收器的参数如下：

```
-XX:+UseParNewGC -XX:+UseConcMarkSweepGC
```

4. G1（Garbage-First）回收器

G1 回收器的设计初衷是为了尽量缩短处理超大堆（大于 4GB）时产生的停顿。相对于 CMS 而言，G1 的优势，G1 回收器内存碎片的产生率大大降低。

开启 G1 回收器的参数如下：

```
-XX:+UseG1GC
```

接下来重点介绍 G1。

10.1.6　了解 G1 的原理

使用 G1，开发人员仅仅需要声明以下参数即可：

```
-XX:+UseG1GC -Xmx32g -XX:MaxGCPauseMillis=200
```

其中，

- "-XX:+UseG1GC" 用于开启 G1 垃圾回收器。
- "-Xmx32g" 设计堆内存的最大内存为 32GB。
- "-XX:MaxGCPauseMillis=200" 设置 GC 的最大暂停时间为 200ms。

如果我们需要调优，在内存大小一定的情况下，只需要修改最大暂停时间即可。

1. G1 的分区

G1 将新生代、老年代的物理空间划分取消了。这样再也不用单独的空间对每个代进行设置了，不用担心每个代内存是否足够。取而代之的是，G1 算法将堆划分为若干个区域（Region），它仍然属于分代回收器。不过，这些区域的一部分包含新生代，新生代的垃圾收集依然采用暂停所有应用线程的方式，将存活对象复制到老年代或者 Survivor 空间。老年代也分成很多区域，G1 回收器通过将对象从一个区域复制到另外一个区域完成了清理工作。这就意味着，在正常的处理过程中，G1 完成了堆的压缩（至少是部分堆的压缩），这样也就不会有 CMD 内存碎片问题的存在了。

G1 的分区示意图如图 10-1 所示。

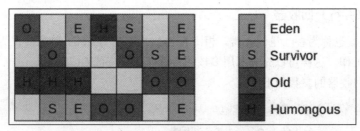

图 10-1　G1 的分区示意图

在图 10-1 中，在 G1 中还有一种特殊的区域，即 Humongous 区域。如果一个对象占用的空间超过了分区容量 50% 以上，G1 回收器就认为这是一个巨型对象。这些巨型对象默认直接被分配在老年代，但是如果它是一个短期存在的巨型对象，就会对垃圾回收器造成负面影响。为了解决这个问题，G1 划分了一个 Humongous 区，用来专门存放巨型对象。如果一个 Humongous 区装不下一个巨型对象，那么 G1 会寻找连续的 H 分区来存储。为了能找到连续的 Humongous 区，有时候不得不启动 Full GC。

> **Minor GC、Major GC 和 Full GC 之间的区别和联系**
>
> 在上面的介绍中，我们引入了 Full GC 的概念。除了 Full GC 外，GC 中还有其他两个概念：Minor GC 和 Major GC。Minor GC 用于回收新生代空间（包括 Eden 和 Survivor 区域）。Major GC 用于回收老年代。Full GC 用于回收所有的空间，包括新生代和老年代。欲了解更加详细的信息，可以参见 Nikita Salnikov Tarnovski 的博客（https://www.javacodegeeks.com/2015/03/minor-gc-vs-major-gc-vs-full-gc.html）。

2. G1 的对象分配策略

说起 G1 对象的分配，不得不谈谈对象的分配策略。它分为以下 3 个阶段：

- TLAB（Thread Local Allocation Buffer，线程本地分配缓冲区）。
- Eden 区分配。

- Humongous 区分配。

TLAB 作为线程本地分配缓冲区，它的目的为了使对象尽可能快地分配出来。如果对象在一个共享的空间中分配，就需要采用一些同步机制来管理这些空间内的空闲空间指针。在 Eden 空间中，每一个线程都有一个固定的分区用于分配对象，即一个 TLAB。分配对象时，线程之间不再需要进行任何同步。

对 TLAB 空间中无法分配的对象，JVM 会尝试在 Eden 空间中进行分配。如果 Eden 空间无法分配该对象，就只能在老年代中分配空间。

3. 两种 GC 模式

G1 提供了两种 GC 模式：Young GC 和 Mixed GC。这两种模式都是属于 Stop The World 的，在执行 GC 时，必须暂停其他所有的工作线程，直到垃圾收回结束。下面我们将分别介绍一下这两种模式。

10.1.7 了解 G1 Young GC

Young GC 主要是对 Eden 区进行 GC，在 Eden 空间耗尽时会被触发。在这种情况下，Eden 空间的数据移动到 Survivor 空间中，如果 Survivor 空间不够，Eden 空间的部分数据会直接晋升到老年代空间。所以，Survivor 区的数据移动到新的 Survivor 区中，也有部分数据晋升到老年代空间中。最终 Eden 空间的数据被清空后，GC 停止工作，应用线程继续执行。

Young GC 模式回收示意图如图 10-2 所示。

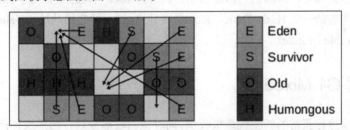

图 10-2　G1 的 Young GC 模式

上面我们已经讨论了新生代的对象回收，那么老年代的对象回收呢？老年代的所有对象都是根么？

按照根搜索算法，如果假设老年代都是根，那么从根开始扫描（见图 10-3）下来会耗费大量的时间。于是，G1 引进了 RSet（Remembered Set）的概念，作用是跟踪指向某个 heap 区内的对象引用。

在 CMS 中，也有 RSet 的概念，在老年代中有一块区域用来记录指向新生代的引用。这是一种 point-out，在进行 Young GC 时，扫描根时仅仅需要扫描这一块区域，而不需要扫描整个老年代。

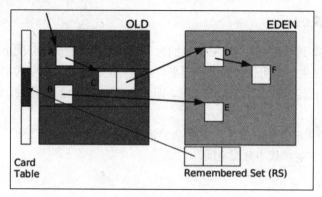

图 10-3　G1 的 Young GC 扫描示意图

但在 G1 中，并没有使用 point-out，这是由于一个分区太小、分区数量太多，如果采用 point-out 就会造成大量的扫描浪费，有些根本不需要 GC 的分区引用也扫描了。因此，G1 中使用 point-in 来解决。point-in 的意思是哪些分区引用了当前分区中的对象。这样，仅仅将这些对象当作根来扫描就避免了无效的扫描。

需要注意的是，如果引用的对象很多，赋值器需要对每个引用做处理，赋值器开销就会很大。为了解决赋值器开销这个问题，在 G1 中又引入了一个概念——Card Table。一个 Card Table 将一个分区在逻辑上划分为固定大小的连续区域，每个区域称为一个 Card。Card 通常较小，介于 128 到 512 字节之间。Card Table 通常为字节数组，由 Card 的索引（数组下标）来标识每个分区的空间地址。默认情况下，每个 Card 都未被引用。当一个地址空间被引用时，这个地址空间对应的数组索引的值被标记为"0"，即标记为脏被引用。此外，RSet 也将这个数组下标记录下来。一般情况下，这个 RSet 其实是一个 Hash Table，Key 是其他 Region 的起始地址，Value 是一个集合，里面的元素是 Card Table 的 Index。

10.1.8　了解 G1 Mixed GC

Mixed GC 不仅进行正常的新生代垃圾收集，同时也回收部分后台扫描线程标记的老年代分区。Mixed GC 主要分为两步：

- 全局并发标记（global concurrent marking）。
- 复制存活对象（evacuation）。

在进行 Mixed GC 之前，会先进行全局并发标记。

1. 全局并发标记

全局并发标记的执行过程分为 5 个步骤：

- 初始标记（Initial Mark）：在此阶段，G1 GC 对根进行标记。该阶段与常规的新生代垃圾回收（Stop The World）密切相关。
- 根区域扫描（Root Region Scan）：G1 GC 在初始标记的存活区扫描对老年代的引用，并标记被引用的对象。该阶段与应用程序（非 Stop The World）同时运行，并且只有完成该阶段后才能开始下一次新生代垃圾回收（Stop The World）。

- 并发标记（Concurrent Marking）：G1 GC 在整个堆中查找可访问的（存活的）对象。该阶段与应用程序同时运行，可以被新生代垃圾回收中断（Stop The World）。
- 最终标记（Remark）：该阶段是 Stop The World 回收，帮助完成标记周期。G1 GC 清空 SATB 缓冲区，跟踪未被访问的存活对象，并执行引用处理。
- 清除垃圾（Cleanup, Stop The World）：在这个最后阶段，G1 GC 执行统计和 RSet 净化的 Stop The World 操作。在统计期间，G1 GC 会识别完全空闲的区域和可供进行混合垃圾回收的区域。清理阶段在将空白区域重置并返回到空闲列表时为部分并发。

2. 三色标记算法

提到并发标记，我们不得不了解并发标记的三色标记算法。它是描述追踪式回收器的一种有用的方法，利用它可以推演回收器的正确性。我们可以将对象分成 3 种类型的：

- 黑色：根对象，或者该对象与它的子对象都被扫描。
- 灰色：对象本身被扫描，但还没扫描完该对象中的子对象。
- 白色：未被扫描对象，或者是扫描完所有对象之后最终为不可达的对象（垃圾对象）。

当 GC 开始扫描对象时，按照如下步骤进行对象的扫描。

（1）根对象被置为黑色，子对象被置为灰色，如图 10-4 所示。

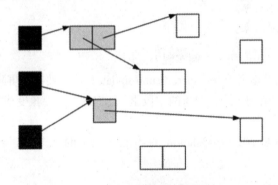

图 10-4　G1 的 Mixed GC 扫描示意图 1

（2）继续由灰色遍历，将已扫描了子对象的对象置为黑色，如图 10-5 所示。

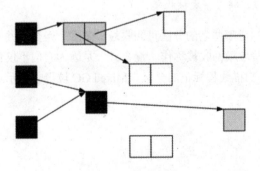

图 10-5　G1 的 Mixed GC 扫描示意图 2

（3）遍历了所有可达的对象后，所有可达的对象都变成了黑色。不可达的对象即为白色，需要被清理，如图 10-6 所示。

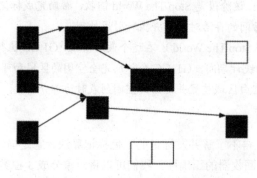

图 10-6　G1 的 Mixed GC 扫描示意图 3

如果在标记过程中应用程序也在运行，那么对象的指针就有可能改变，GC 标记的对象就有可能丢失。那么 GC 如何处理这种情况呢？

3. 如何保证 GC 标记的对象不丢失

保证 GC 标记的对象不丢失，主要有下面两种方式：

- 在插入的时候记录对象。
- 在删除的时候记录对象。

这刚好对应 CMS 和 G1 的两种不同实现方式。

在 CMS 中，采用的是增量更新（incremental update），只要在写屏障（write barrier）里发现有一个白对象的引用被赋值到一个黑对象的字段里，就把这个白对象变成灰色的，即插入的时候记录下来。

在 G1 中，使用的是 STAB（snapshot-at-the-beginning）的方式，删除的时候记录所有的对象。它有 3 个步骤：

- 在开始标记的时候生成一个快照图标记存活对象。
- 在并发标记的时候所有被改变的对象入队（在 write barrier 里把所有旧的引用所指向的对象都变成非白的）。
- 可能存在游离的垃圾，将在下次被收集。

这样，G1 到现在可以知道哪些老的分区可回收垃圾最多。当全局并发标记完成后，在某个时刻就开始了 Mixed GC。这些垃圾回收被称作"混合式"是因为它们不仅仅进行正常的新生代垃圾收集，同时也回收部分后台扫描线程标记的分区。Mixed GC 垃圾收集示意图如图 10-7 所示。

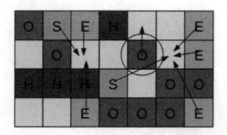

图 10-7　G1 的 Mixed GC 垃圾收集示意图 1

Mixed GC 也是采用的复制的清理策略，当 GC 完成后会重新释放空间，如图 10-8 所示。

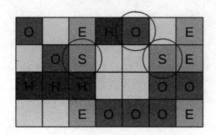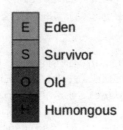

图 10-8　G1 的 Mixed GC 垃圾收集示意图 2

10.2　了解 ZGC

JDK 11 引入了 ZGC（Z Garbage Collector）。与其他 G1 等垃圾回收器相比，ZGC 具有以下特点：

- 停顿时间不超过 10ms。
- 停顿时间不随 heap 大小或存活对象大小增大而增大。
- 可以处理从几百兆到几太字节的内存大小。

ZGC 定义在 JEP 333（http://openjdk.java.net/jeps/333），目前还处于早期实验阶段，并且暂时只支持 Linux/x64 系统。

要启用 ZGC，可设置参数如下：

```
-XX:+UnlockExperimentalVMOptions -XX:+UseZGC.
```

10.2.1　更短的停顿

以下是 SPECjbb 2015 给出的基准测试报告（报告原文可见 http://www.spec.org/jbb2015/）。在 128GB 的大堆下，ZGC 与 G1 的比较（百分比越高越好）如下：

```
ZGC
      max-jOPS: 100%
 critical-jOPS: 76.1%
```

```
G1
         max-jOPS: 91.2%
    critical-jOPS: 54.7%
```

ZGC 与 G1 执行的耗时（越小越好）如下：

```
ZGC
                 avg: 1.091ms (+/-0.215ms)
     95th percentile: 1.380ms
     99th percentile: 1.512ms
   99.9th percentile: 1.663ms
  99.99th percentile: 1.681ms
                 max: 1.681ms

G1
                 avg: 156.806ms (+/-71.126ms)
     95th percentile: 316.672ms
     99th percentile: 428.095ms
   99.9th percentile: 543.846ms
  99.99th percentile: 543.846ms
                 max: 543.846ms
```

ZGC 最大停顿时间才 1.68ms，远低于最初的目标值 10ms，也远胜于 G1。因此，GC 停顿时间越短，对程序的影响越小，程序的稳定性也就越好。

10.2.2　ZGC 的着色指针和读屏障

为了实现目标，ZGC 给 Hotspot Garbage Collectors 增加了两种新技术：着色指针和读屏障。

1．着色指针

着色指针是一种将信息存储在指针（在 Java 中就是引用的意思）中的技术。因为在 64 位平台上（ZGC 仅支持 64 位平台），指针可以处理更多的内存，所以可以使用一些位来存储状态。

ZGC 将限制最大支持 4Tb（42 位）的 heap 空间，那么会剩下 22 位可用，它目前使用了 4 位：finalizable、remap、mark0 和 mark1。

着色指针的一个问题是，当需要取消着色时，它需要额外的工作（因为需要屏蔽信息位）。像 SPARC 这样的平台有内置硬件支持指针屏蔽所以不是问题，而对于 x86 平台来说，ZGC 团队使用了简洁的多重映射技巧。

2．多重映射

要了解多重映射的工作原理，需要简要解释虚拟内存和物理内存之间的区别。

物理内存是系统可用的实际内存，通常是安装的 DRAM 芯片的容量。虚拟内存是抽象的，这意味着应用程序对（通常是隔离的）物理内存有自己的视图。操作系统负责维护虚拟内存和物理内存范围之间的映射，通过使用页表和处理器的内存管理单元（MMU）和转换查找缓冲器（TLB）来实现这一点，后者转换应用程序请求的地址。

多重映射涉及将不同范围的虚拟内存映射到同一物理内存。由于设计中只有一个 remap、mark0

和 mark1，在任何时间点都可以为 1，因此可以使用 3 个映射来完成此操作。

10.2.3 读屏障

读屏障是每当应用程序线程从 heap 加载引用时运行的代码片段，即访问对象上的非原生字段（non-primitive field）。观察下面的例子：

```
void printName(Person person) {
    String name = person.name;   // 这里触发读屏障
                                 // 因为需要从 heap 读取引用
                                 //
    System.out.println(name);    // 这里没有直接触发读屏障
}
```

在上面的代码中，"String name = person.name;"访问了 heap 上的 person 引用，然后将引用加载到本地的 name 变量，此时触发读屏障。Systemt.out 那行不会直接触发读屏障，因为没有来自 heap 的引用加载（name 是局部变量，因此没有从 heap 加载引用）。但是 System 和 out，或者 println 内部可能会触发其他读屏障。

这与其他 GC 使用的写屏障形成对比，例如 G1。读屏障的工作是检查引用的状态，并在将引用（或者甚至是不同的引用）返回给应用程序之前执行一些工作。在 ZGC 中，它通过测试加载的引用来执行此任务，以查看是否设置了某些位。如果通过了测试，就不执行任何其他工作；如果失败，就在将引用返回给应用程序之前执行某些特定于阶段的任务。

10.2.4 GC 工作原理

接下来一起了解一下 ZGC 的 GC 是怎么工作的。

1. 标记

GC 循环的第一部分是标记。标记包括查找和标记运行中的应用程序可以访问的所有 heap 对象。换句话说，查找的不是垃圾对象。

ZGC 的标记分为 3 个阶段。

第一阶段是 Stop The World，其中 GC roots 被标记为活对象。GC roots 类似于局部变量，通过它可以访问 heap 上的其他对象。如果一个对象不能通过遍历从 roots 开始的对象图来访问，应用程序也就无法访问它，那么该对象被认为是垃圾。从 roots 访问的对象集合称为 Live 集。GC roots 标记步骤非常短，因为 roots 的总数通常比较小。

ZGC 的标记示意图如图 10-9 所示。

该阶段完成后，应用程序恢复执行，ZGC 开始下一阶段，该阶段同时遍历对象图并标记所有可访问的对象。在此阶段期间，读屏障针使用掩码测试所有已加载的引用，该掩码确定它们是否已标记或尚未标记，如果尚未标记引用，就将其添加到队列以进行标记。

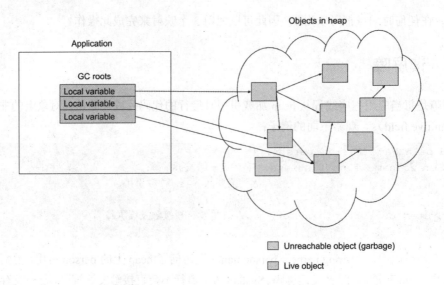

图 10-9　ZGC 的标记示意图

在遍历完成之后，有一个最终的时间很短的 Stop The World 阶段，在这个阶段可处理一些边缘情况，完成之后标记阶段就完成了。

2. 重定位

GC 循环的下一个主要部分是重定位。重定位涉及移动活动对象以释放部分 heap 内存。为什么要移动对象而不是填补空隙呢？有些 GC 实际是这样做的，但是它导致了一个不幸的后果，即分配内存变得更加昂贵，因为当需要分配内存时，内存分配器需要找到可以放置对象的空闲空间。相比之下，如果可以释放大块内存，那么分配内存就很简单了，只需要将指针递增新对象所需的内存大小即可。

ZGC 将 heap 分成许多页面，在此阶段开始时，它同时选择一组需要重定位活动对象的页面。选择重定位集后，会出现一个 Stop The World 暂停，其中 ZGC 重定位该集合中的 root 对象，并将它们的引用映射到新位置。与之前的 Stop The World 步骤一样，此处涉及的暂停时间仅取决于 root 的数量以及重定位集的大小与对象的总活动集的比率，这通常相当小。所以不像很多收集器那样，暂停时间随 heap 增加而增加。

移动 root 后，下一阶段是并发重定位。在此阶段，GC 线程遍历重定位集并重新定位其包含的页中所有对象。如果应用程序线程试图在 GC 重新定位对象之前加载它们，那么应用程序线程也可以重定位该对象，这可以通过读屏障（在从 heap 加载引用时触发）实现。

官方给出的关于 ZGC 的重定位示意图如图 10-10 所示。

这可以确保应用程序看到的所有引用都已更新，并且应用程序不可能同时对重定位的对象进行操作。

GC 线程最终将对重定位集中的所有对象重定位，然而可能仍有引用指向这些对象的旧位置。GC 可以遍历对象图并重新映射这些引用到新位置，但是这一步代价很高。因此，这一步与下一个标记阶段合并在一起。在下一个 GC 周期的标记阶段遍历对象图的时候，如果发现未重映射的引用就将其重新映射，然后标记为活动状态。

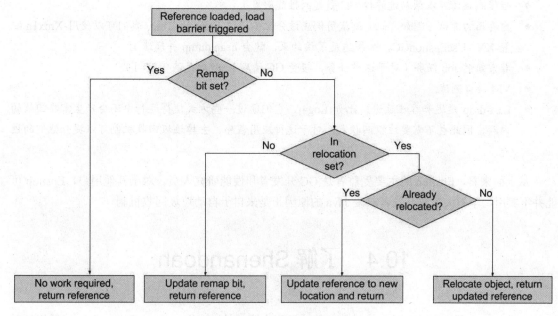

图 10-10　ZGC 的重定位示意图

10.2.5　将未使用的堆内存返回给操作系统

在 JDK 13 中，堆大小可以是 16 TB，ZGC 可以将未使用的内存返回给操作系统。命令行参数 -XX:ZUncommitDelay=<秒>可以用于配置当发生这种情况。

然后有一个新的命令行标志 -XX:SoftMaxHeapSize，通知垃圾收集器，试图限制堆到指定的大小。如果本来耗尽内存，它允许使用更多的内存，-Xmx 就可以很好地用于返回未使用的内存。

10.3　了解 Epsilon

Epsilon 是 JDK 11 引入的另外一款垃圾回收器，其规范定义在 JEP 318（http://openjdk.java.net/jeps/318），目前处于实验阶段。

Epsilon 也号称 No-Op Garbage Collector（无操作垃圾回收器），意味着这是一种不进行实际内存回收的 GC 方式。

要启用 Epsilon，可设置参数如下：

```
-XX:+UseEpsilonGC
```

提供完全被动的 GC 实现，具有有限的分配限制和尽可能低的延迟开销，但代价是内存占用和内存吞吐量。众所周知，Java 实现可广泛选择高度可配置的 GC 实现。各种可用的收集器最终满足不同的需求，即使可配置性使它们的功能相交。有时更容易维护单独的实现，而不是在现有 GC 实现上增加另一个配置选项。Epsilon 的主要用途如下：

- 性能测试（可以帮助过滤掉 GC 引起的性能假象）。
- 内存压力测试（例如，知道测试用例应该分配不超过 1 GB 的内存，我们可以使用 -Xmx1g 配置 -XX:+UseEpsilonGC，如果违反了该约束，就会 heap dump 并崩溃）。
- 非常短的 Job 任务（对于这种任务，接受 GC 清理 heap 那是浪费空间）。
- VM 接口测试。
- Last-drop 延迟和吞吐改进。比如 Log4j，它们通过一些方式使得运行中不会产生需要回收的内存，因此也不需要垃圾回收器。对于这种应用程序，去掉垃圾回收机制可以提升他们的性能。

从上面来看，Epsilon 的主要受益者是 GC 开发者和性能研究人员。对于其他用户，Epsilon 可能并不实用，毕竟大多数开发者热爱 Java 的原因正是来自于自动垃圾回收机制。

10.4 了解 Shenandoah

Shenandoah 是 JDK 12 引入的另外一款垃圾回收器，是一个面向 Low-Pause-Time（低停顿时间）的垃圾收集器。它最初由 Red Hat 实现，支持 aarch64 及 amd64 架构。该特性定义在 JEP 189（http://openjdk.java.net/jeps/189）。

Shenandoah 目前仍然还在实验阶段，谨慎在生产环境使用。

ZGC 也是面向 Low-Pause-Time 的垃圾收集器，不过 ZGC 是基于 colored pointers 来实现的，而 Shenandoah 是基于 brooks pointers 来实现的。

要使用 Shenandoah，可设置参数如下：

```
-XX:+UnlockExperimentalVMOptions -XX:+UseShenandoahGC
```

10.4.1 Shenandoah 工作原理

来自官方的示意图如图 10-11 所示，从中可以看出其内存结构与 G1 非常相似，都是将内存划分为多个区域。

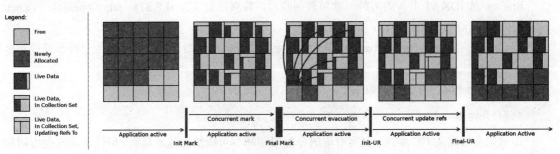

图 10-11 Shenandoah 工作示意图

Shenandoah 工作大致分为以下几个阶段：

- Init Mark（初始标记）：启动并发标记。它为堆和应用程序线程准备并发标记，然后扫描根集。这是循环中的第一个暂停，最主要的消费者是根集扫描。因此，其持续时间取决于根集大小。具有较大的根集，通常意味着使用 Shenandoah 会有更长的停顿时间。
- Concurrent Marking（并发标记）：遍历堆，并跟踪可访问的对象。此阶段与应用程序一起运行，其持续时间取决于活动对象的数量和堆中对象图的结构。由于应用程序可以在此阶段自由分配新数据，因此在并发标记期间堆占用率会上升。
- Final Mark（最终标记）：通过耗尽所有待处理的标记/更新队列并重新扫描根集来完成并发标记。它还通过确定要撤离的区域（收集集）预先疏散一些根来初始化疏散，并且通常为下一阶段准备运行时间。这项工作的一部分可以在 Concurrent precleaning（并发预清洗）阶段同时完成。这是周期中的第二个暂停，这里消费者最主要的时间是排队并扫描根集。
- Concurrent Cleanup（并发清理）：立即回收垃圾区域，即在并发标记之后检测到的没有活动对象的区域。
- Concurrent Evacuation（并发撤离）：将对象集合从集合集复制到其他区域。这是与其他 OpenJDK GC 的主要区别。此阶段再次与应用程序一起运行，因此应用程序可以自由分配。其持续时间取决于为循环选择的集合集的大小。
- Init Update Refs（初始化更新引用）：除了确保所有 GC 和应用程序线程都已完成疏散，然后为下一阶段准备 GC 之外，它几乎没有任何作用。这是周期中的第三次暂停，最短暂停。
- Concurrent Update References（并发更新引用）：遍历堆，并更新对并发撤离期间移动的对象的引用。这是与其他 OpenJDK GC 的主要区别。它的持续时间取决于堆中的对象数，但不取决于对象图结构，因为它会线性扫描堆。此阶段与应用程序同时运行。
- Final Update Refs（最终更新引用）：通过重新更新现有根集来完成更新引用阶段。它还从集合集中回收区域，因为现在堆没有对它们的（陈旧）对象的引用。这是循环中的最后一次暂停，其持续时间取决于根集的大小。
- Concurrent Cleanup（并发清理）：立即回收现在没有引用的区域。

综上所述，整体流程与 G1 也是比较相似的，最大的区别在于实现了并发的 Evacuation 阶段，引入的 brooks pointers 技术使得 GC 在移动对象时，对象引用仍然可以访问。

10.4.2 性能指标

jbb15 做的性能测试如图 10-12 所示，从测试中可以看出 Shenandoah GC 与其他主流 GC 的性能对比。GC 暂停相比于 CMS 等选择有数量级程度的提高，对于 GC 暂停非常敏感的场景，价值还是很明显的，能够在 SLA 层面有显著提高。

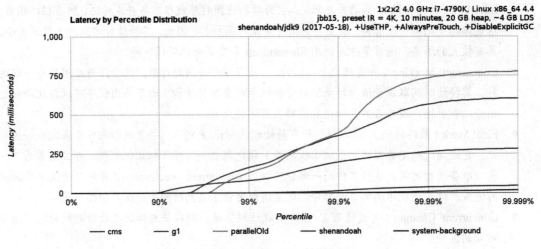

图 10-12　Shenandoah 性能指标

第 11 章

使用脚本语言

本章主要介绍使用 JShell 来运行脚本。

11.1 什么是 JShell

从 Java 9 开始，引入了类似于 Python 的交互式 REPL（Read-Eval-Print Loop，交互式解释器）工具，类似 Window 系统的终端或 UNIX/Linux 的 shell。可以在终端中输入命令，并接收系统的响应。官方对于 JShell 的表述如下：

The Java Shell tool (JShell) is an interactive tool for learning the Java programming language and prototyping Java code. JShell is a Read-Evaluate-Print Loop (REPL), which evaluates declarations, statements, and expressions as they are entered and immediately shows the results. The tool is run from the command line.

简言之，使用 JShell 可以输入代码片段并马上看到运行结果，然后就可以根据需要做出调整了。

11.2 为什么需要 JShell

当你开发 Java 程序时，JShell 可以帮助你快速地测试代码。你可以测试单个语句、测试使用不同的参数调用方法，也可以在一个 JShell 会话中测试不熟悉的 API。需要注意的是，JShell 并不是 IDE 的替代品。当你开发应用时，可以粘贴代码到 JShell 并测试它，然后把测试通过的代码粘贴到程序编辑器或者 IDE 中。

像 Python 和 Scala 之类的语言早就有交互式编程环境 REPL 了，以交互式的方式对语句和表达式进行求值。拥有了 JShell 之后，开发者只需要输入一些代码就可以在编译前获得对程序的反馈。之前的 Java 版本要想执行代码，必须创建文件、声明类、提供测试方法方可实现。每一门编程语言的第一个练习基本都是打印"Hello,World"。有了 JShell 之后，Java 开发者终于不用先编写一个类再编写"奇怪的"main 方法了，相信对于初学者来说是一个福音。

JShell 可以从文件中加载语句或者将语句保存到文件中。JShell 也可以利用 tab 键进行自动补全和自动添加分号。

11.3 JShell 的基本操作

本节介绍 JShell 的基本操作。

11.3.1 启动 JShell

要学习 JShell，首先要学习启动和退出 JShell，就像程序员必须熟悉开机、关机一样！

JShell 包含在 JDK 中。要启动 JShell，直接在命令行中输入"jshell"命令即可。成功进入 JShell 后可以看到如下内容：

```
$ jshell
|  欢迎使用 JShell -- 版本 12
|  要大致了解该版本，请输入: /help intro

jshell>
```

11.3.2 退出 JShell

要退出 JShell，输入"/exit"命令即可：

```
jshell> /exit
|  再见
```

11.3.3 使用 JShell 测试 API

可以使用 System.out.println 方法来打印字符串。执行语句如下：

```
jshell> System.out.println("Hello World")
Hello World
```

可以看到，一行命令就能实现一个小 Java 程序的入门功能。同时，注意单行的 Java 语句省掉分号结束符是允许的，直接按回车键就能执行 JShell。

11.3.4 使用 JShell 操作流

使用 JShell 还能做一些更加复杂的操作，比如流的操作。
首先，在 JShell 中初始化一个 List：

```
jshell> List<String> lines = Arrays.asList("Way", "Lau", "老卫")
lines ==> [Way, Lau, 老卫]
```

接着，可以对该 List 进行遍历：

```
jshell> lines.stream().filter(x -> x.contains("a")).forEach(System.out::println)
```

上面就是一段典型的流和 Lambda 表达式操作的 Java 代码。控制台输出如下：

```
jshell> lines.stream().filter(x -> x.contains("a")).forEach(System.out::println)
   Way
   Lau
```

11.3.5 获取帮助

有时，命令太多会记不住，可以通过"/help"命令来获取帮助：

```
jshell> /help
|  输入 Java 语言表达式、语句或声明。
|  或者输入以下命令之一：
|  /list [<名称或 id>|-all|-start]
|        列出你键入的源
|  /edit <名称或 id>
|        编辑源条目
|  /drop <名称或 id>
|        删除源条目
|  /save [-all|-history|-start] <文件>
|        将片段源保存到文件
|  /open <file>
|        打开文件作为源输入
|  /vars [<名称或 id>|-all|-start]
|        列出已声明变量及其值
|  /methods [<名称或 id>|-all|-start]
|        列出已声明方法及其签名
|  /types [<名称或 id>|-all|-start]
|        列出类型声明
|  /imports
|        列出导入的项
|  /exit [<integer-expression-snippet>]
|        退出 jshell 工具
|  /env [-class-path <路径>] [-module-path <路径>] [-add-modules <模块>] ...
|        查看或更改评估上下文
```

```
|    /reset [-class-path <路径>] [-module-path <路径>] [-add-modules <模块>]...
|         重置 jshell 工具
|    /reload [-restore] [-quiet] [-class-path <路径>] [-module-path <路径>]...
|         重置和重放相关历史记录 -- 当前历史记录或上一个历史记录 (-restore)
|    /history [-all]
|         你输入的内容的历史记录
|    /help [<command>|<subject>]
|         获取有关使用 jshell 工具的信息
|    /set editor|start|feedback|mode|prompt|truncation|format ...
|         设置配置信息
|    /? [<command>|<subject>]
|         获取有关使用 jshell 工具的信息
|    /!
|         重新运行上一个片段 -- 请参阅 /help rerun
|    /<id>
|         按 ID 或 ID 范围重新运行片段 -- 参见 /help rerun
|    /-<n>
|         重新运行以前的第 n 个片段 -- 请参阅 /help rerun
|
|    有关详细信息，请键入 '/help', 后跟命令或主题的名称。
|    例如, '/help /list' 或 '/help intro'。主题：
|
|    intro
|         jshell 工具的简介
|    keys
|         类似 readline 的输入编辑的说明
|    id
|         片段 ID 以及如何使用它们的说明
|    shortcuts
|         片段和命令输入提示，信息访问以及自动代码生成的按键说明
|    context
|         /env /reload 和 /reset 的评估上下文选项的说明
|    rerun
|         重新评估以前输入片段的方法的说明

jshell>
```

11.4 实战：JShell 的综合用法

接下来，我们将通过一个完整的示例综合演示 JShell 的用法。

11.4.1 定义方法

在 JShell 中，可以像写 Java 代码一样执行我们的表达式，对于每一步我们都可以了解清楚。当然，有时候我们希望自己定义一个方法来执行。比如，在下面的例子中，我们定义了一个用来执

行两个 double 相加的方法：

```
jshell> double addDouble(double a, double b) {
   ...> return a + b;
   ...> }
|  已创建 方法 addDouble(double,double)
```

这样我们就创建了一个 addDouble 方法，接下来就能使用我们定义的这个方法了。

11.4.2 使用自定义的方法

我们在 JShell 中通过调用 addDouble 方法来计算 3.14159 和 22 之和，过程如下：

```
jshell> addDouble(3.14159, 22);
$2 ==> 25.14159
```

通过上述执行结果可以看出，3.14159 和 22 之和为 25.14159。其中，"$2" 是 JShell 自动生成的变量，用于引用 25.14159 这个结果。

11.4.3 查看所有的变量及引用情况

可以通过 "/list" 命令来查看所有的变量及引用情况：

```
jshell> /list

   1 : double addDouble(double a, double b) {
       return a + b;
       }
   2 : addDouble(3.14159, 22);
```

通过上述执行结果可以看出，"$2" 是引用了 addDouble 的执行结果，而 "$1" 则是引用了自定义的 addDouble 方法。

11.4.4 保存历史

使用命令行的一个好处是执行快速，但也有缺点，就是如果执行的命令太多，很可能会遗忘自己曾经执行了哪些命令。除了通过 "/list" 命令可以回溯执行过程外，还可以通过 "/save" 命令来将执行过程保存到本地文件中，方便回溯或者下次再执行。

观察下面的例子：

```
jshell> /save -history d://addDouble.txt
```

上述命令用于将执行过程保存到本地 D 盘的 addDouble.txt 文件中。如果该 addDouble.txt 文件不存在，就会自动创建 addDouble.txt 文件。

打开 addDouble.txt 文件，可以看到如下内容：

```
help
```

```
/help
double addDouble(double a, double b) {
return a + b;
}
addDouble(3.14159, 22);
list
/list
/save -history d://addDouble.txt
```

11.4.5 打开文件

你可以通过外部文本编辑器来编写 JShell 脚本文件,而后通过 JShell 来执行该脚本文件。我们在本地 D 盘的 subDouble.txt 文件编写如下脚本:

```
double subDouble(double a, double b) {
return a - b;
}

subDouble(5.5, 2);

/list
```

上述脚本的含义是:

- 定义一个 subDouble 方法,用于对两个 double 做减法。
- 通过 subDouble 方法来执行 5.5 减去 2。
- 通过 "/list" 命令来查看执行过程。

我们在命令行执行下面的命令来打开 subDouble.txt 文件:

```
jshell> /open d://subDouble.txt

   1 : double subDouble(double a, double b) {
       return a - b;
       }
   2 : subDouble(5.5, 2);
```

11.4.6 获取变量的引用值

我们如何获知 subDouble(5.5, 2)的执行结果呢?可以通过变量名来获取变量的值:

```
jshell> $2
$2 ==> 3.5
```

第 12 章

Lambda 表达式及函数式编程

Java 8 最大的亮点之一就是引入了 Lambda 表达式,本章介绍 Lambda 表达式的用法及函数式编程。

12.1 Lambda 表达式

很多编程语言都支持 Lambda 表达式,比如 C#、TypeScript 等。在 Java 8 中开始支持 Lambda 表达式。

Lambda 表达式允许你通过表达式的形式来代替功能接口。Lambda 表达式和方法一样,提供了一个正常的参数列表和一个使用这些参数的主体(可以是一个表达式或一个代码块)。

Lambda 表达式还增强了集合库。Java 8 添加了两个对集合数据进行批量操作的包:java.util.function 包和 java.util.stream 包。流(Stream)就如同迭代器(iterator),但附加了许多额外的功能。总的来说,Lambda 表达式和 Stream 是自 Java 语言层次添加泛型和注解以来最大的变化。

在本节中,将从一个简单的示例来认识 Lambda 表达式。

12.1.1 第一个 Lambda 表达式的例子

在 Java 8 之前,要对比两个对象会使用 Comparator,用法如下:

```
Comparator<Apple> comparator1 = new Comparator<Apple>() {
    public int compare(Apple a1, Apple a2){
        return a1.getWeight().compareTo(a2.getWeight());
    }
};
```

comparator1 用来比较两个 Apple 的 weight（重量）谁比较大。

在 Java 8 之后，使用 Lambda 表达式可以使上述定义变得更加简洁：

```
Comparator<Apple> comparator2 =
    (Apple a1, Apple a2) -> a1.getWeight().compareTo(a2.getWeight());
```

基本上一个语句就搞定了，甚至连参数的类型 Apple 都可以省略，因为 Java 支持类型推导。简写后的代码如下：

```
Comparator<Apple> comparator2 =
    (a1, a2) -> a1.getWeight().compareTo(a2.getWeight());
```

正如你所看到的，使用 Lambda 表达式不仅能让代码变得简单、可读，更重要的是代码量也随之减少很多。

12.1.2　第二个 Lambda 表达式的例子

再看一个 Lambda 表达式的例子。下面是一个 Apple 类型的列表：

```
List<Apple> apples = new ArrayList<>();

apples.add(new Apple("A", 30));
apples.add(new Apple("B", 20));
apples.add(new Apple("C", 60));
```

现在想把这个列表中的 Apple 按照重量由小到大的顺序打印出来。借用第一个例子中所定义的 Comparator，很容易就写出了下面的代码：

```
// JDK8 之前
Comparator<Apple> comparator1 = new Comparator<Apple>() {
    public int compare(Apple a1, Apple a2){
        return a1.getWeight().compareTo(a2.getWeight());
    }
};

// 对 apples 按 weight 进行排序
Collections.sort(apples, comparator1);

for (Apple apple : apples) {
    System.out.println(apple);
}
```

借助 Lambda 表达式，上述代码可以进一步简化：

```
// JDK8 之后
Comparator<Apple> comparator3 = (a1, a2) ->
a1.getWeight().compareTo(a2.getWeight());

// 对 apples 按 weight 进行排序
Collections.sort(apples, comparator3);
```

```
apples.stream().forEach((x)-> System.out.println(x));
```

使用 Lambda 表达式之后，不但定义 Comparator 的代码变少了，而且循环遍历 apples 的方法也变少了。这就是 Lambda 表达式结合 Stream 之后产生的魔法。

> **提 示**
>
> 有关 Stream 的内容会在后续再详细讲解。

12.1.3　Lambda 表达式简写的依据

也许你已经想到了，能够使用 Lambda 的依据是必须有相应的函数接口（内部只有一个抽象方法的接口）。这一点跟 Java 是强类型语言吻合，也就是说你并不能在代码的任何地方任性地写 Lambda 表达式。实际上 Lambda 的类型就是对应函数接口的类型。Lambda 表达式的另一个依据是类型推断机制，在上下文信息足够的情况下，编译器可以推断出参数表的类型，而不需要显式地指定类型。Lambda 表达式更多合法的书写形式如下：

```
// Lambda 表达式的书写形式
Runnable run = () -> System.out.println("Hello World");// 1
ActionListener listener = event -> System.out.println("button clicked");// 2
Runnable multiLine = () -> {// 3 代码块
    System.out.print("Hello");
    System.out.println(" Hoolee");
};
BinaryOperator<Long> add = (Long x, Long y) -> x + y;// 4
BinaryOperator<Long> addImplicit = (x, y) -> x + y;// 5 类型推断
```

12.2　方法引用

在学习了 Lambda 表达式之后，我们通常使用 Lambda 表达式来创建匿名方法。然而，有时候我们仅仅是调用了一个已存在的方法。

比如，在上一节循环打印的例子：

```
apples.stream().forEach((x)-> System.out.println(x));
```

在 Java 8 中，我们可以直接通过方法引用来简写 Lambda 表达式中已经存在的方法。简写代码如下：

```
apples.stream().forEach(System.out::println);
```

这种特性就叫作方法引用（Method Reference）。

12.2.1 什么是方法引用

方法引用是用来直接访问类或者实例已经存在的方法或者构造方法。方法引用提供了一种引用而不执行方法的方式，它需要由兼容的函数式接口构成的目标类型上下文。计算时，方法引用会创建函数式接口的一个实例。

当 Lambda 表达式中只是执行一个方法调用时，不用 Lambda 表达式，直接通过方法引用的形式可读性更高一些。方法引用是一种更简洁易懂的 Lambda 表达式，其中方法引用的操作符是双冒号（::）。

12.2.2 实战：方法引用的例子

下面演示方法引用的使用过程。

在 DefaultMethodDemo 类中，定义一个静态方法：

```java
public static int compareInteger(Integer a, Integer b) {
    return a.compareTo(b);
}
```

compareInteger 方法用于比较 Integer 类型的大小。

在 Lambda 表达式中，可以采用方法引用的方式来使用 compareInteger，代码如下：

```java
Integer maxInteger = Collections.max(list,
MethodReferenceDemo::compareInteger);
```

完整示例代码如下：

```java
import static org.junit.jupiter.api.Assertions.assertEquals;

import java.util.ArrayList;
import java.util.Collections;
import java.util.List;

import org.junit.jupiter.api.Test;

/**
 * JDK8:Method Reference
 *
 * @since 1.0.0 2019年4月21日
 * @author <a href="https://waylau.com">Way Lau</a>
 */
class MethodReferenceDemo {

    /**
     * @param args
     */
    @Test
```

```java
    public void main() {

        List<Integer> list = new ArrayList<>();
        list.add(1);
        list.add(2);
        list.add(3);
        list.add(0);

        // 方法引用
        Integer maxInteger = Collections.max(list,
MethodReferenceDemo::compareInteger);

        assertEquals(3, maxInteger.intValue());
    }

    public static int compareInteger(Integer a, Integer b) {
        return a.compareTo(b);
    }
}
```

12.3 构造函数引用

在 Java 8 中，构造器引用语法为 ClassName::new。换言之，把 Lambda 表达式的参数当成 ClassName 构造器的参数。例如，BigDecimal::new 等同于 x->new BigDecimal(x)。

观察下面构造函数引用的例子：

```java
import static org.junit.jupiter.api.Assertions.assertEquals;

import java.util.function.Supplier;

import org.junit.jupiter.api.Test;

/**
 * JDK8: Constructor Method Reference.
 *
 * @since 1.0.0 2019年4月21日
 * @author <a href="https://waylau.com">Way Lau</a>
 */
class ConstructorMethodReferenceDemo {

    @Test
    public void main() {
        Supplier<Employee> sup = ()-> new Employee();
        Employee emp = sup.get();

        //构造器引用
        Supplier<Employee> sup2 = Employee::new;
```

```java
            Employee emp2 = sup2.get();
            
            assertEquals(emp.getCompneyName(), emp2.getCompneyName());
        }
        
    }

class Employee {
    public String getCompneyName() {
        return "waylau.com";
    }
}
```

可以看到()-> new Employee()等价于 Employee::new。其中，Supplier 是一个函数式接口，主要用来创建对象。

12.4 函数式接口

函数式接口是适用于函数式编程场景的接口。在 Java 中的函数式编程体现就是 Lambda 表达式，所以函数式接口就是可以适用于 Lambda 使用的接口。只有确保接口中有且仅有一个抽象方法，Java 中的 Lambda 才能顺利地进行推导。

观察下面 Supplier 接口定义的示例：

```java
@FunctionalInterface
public interface Supplier<T> {

    /**
     * Gets a result.
     *
     * @return a result
     */
    T get();
}
```

注解@FunctionalInterface 用来声明该 Supplier 接口是一个函数式接口，该注解是在 Java 8 中首次被引入的。

Java 早期的一些 API（比如 Comparable、Runnable、Callable 等）都是函数式接口，因此也被打上了@FunctionalInterface 注解。Java 8 引入了新的函数式接口，比如 Predicate、Consumer、Function 等，它们都在 java.util.function 包下。

12.4.1 Predicate

java.util.function.Predicate<T>接口定义了一个抽象方法 boolean test(T t)，用于接收一个泛型对象，并返回 boolean。

下面是一个示例：

```java
public static void main(String[] args) {

    List<String> listOfStrings = new ArrayList<>();
    listOfStrings.add("A");
    listOfStrings.add(""); // 空字符串
    listOfStrings.add("CCC");
    listOfStrings.add("DDDD");

    // Predicate
    Predicate<String> nonEmptyStringPredicate = (String s) -> !s.isEmpty();
    List<String> nonEmpty = filter(listOfStrings, nonEmptyStringPredicate);

    nonEmpty.stream().forEach(System.out::println);
}

public static <T> List<T> filter(List<T> list, Predicate<T> p) {
    List<T> results = new ArrayList<>();
    for (T t : list) {
        if (p.test(t)) { // 判读
            results.add(t);
        }
    }
    return results;
}
```

其中：

- nonEmptyStringPredicate 定义了一个 Predicate 函数，用于产生一个非空的字符串。
- Predicate 接口提供了 test 方法，用来判断是否符合要求。

运行程序输出如下：

```
A
CCC
DDDD
```

12.4.2　Consumer

java.util.function.Consumer<T>接口定义了一个名为 accept 的抽象方法。该方法接受泛型类型为 T 的对象，并且不返回任何内容（void）。当需要访问类型为 T 的对象并对其执行某些操作时，可以使用此接口。例如，你可以使用它来创建一个方法 forEach，接受一个 String 列表并对该列表的每个元素应用一个操作。

在下面的示例中，将使用此 forEach 方法结合 Lambda 来打印列表的所有元素。

```java
public static void main(String[] args) {

    List<String> listOfStrings = new ArrayList<>();
```

```
        listOfStrings.add("A");
        listOfStrings.add("");  // 空字符串
        listOfStrings.add("CCC");
        listOfStrings.add("DDDD");

        // Consumer
        forEach(listOfStrings, System.out::println);
    }

    public static <T> void forEach(List<T> list, Consumer<T> c) {
        for (T t : list) {
            c.accept(t);  // 接受
        }
    }
```

其中，System.out::println 就是一个 Consumer，用来接收 listOfStrings 中的元素，并执行打印操作。

运行程序输出如下：

```
A

CCC
DDDD
```

12.4.3 Function

java.util.function.Function<T, R>接口定义了一个名为 apply 的抽象方法，该方法将泛型类型 T 的对象作为输入，并返回泛型类型为 R 的对象。当需要定义一个对象时，可以使用此接口。Lambda 将信息从输入对象映射到输出（例如，提取 Apple 的重量或将字符串映射到其长度）。

在下面的代码中，我们将展示如何使用它来创建方法映射，以将字符串列表转换为包含每个 String 长度的整数列表。

```
    public static void main(String[] args) {

        List<String> listOfStrings = new ArrayList<>();
        listOfStrings.add("A");
        listOfStrings.add("");  // 空字符串
        listOfStrings.add("CCC");
        listOfStrings.add("DDDD");

        // Function
        List<Integer> result = map(listOfStrings, String::length);
        result.stream().forEach(System.out::println);
    }

    public static <T, R> List<R> map(List<T> list, Function<T, R> f) {
        List<R> result = new ArrayList<>();
        for (T t : list) {
            result.add(f.apply(t));
```

```
        }
        return result;
}
```

其中，String::length 就是一个 Function，用来接收 listOfStrings 中的元素，并获取元素的长度。
运行程序输出如下：

```
1
0
3
4
```

12.4.4 总结

本节只是初步带领大家一起领略一下函数式接口的用法。Java 8 还提供了其他函数式接口，如表 12-1 所示。

表 12-1 常用函数式接口及用法

函数式接口	用法	变体
Predicate	T -> boolean	IntPredicate、LongPredicate、DoublePredicate
Consumer	T -> void	IntConsumer、LongConsumer、DoubleConsumer、BiConsumer
Function<T, R>	T -> R	IntFunction、IntToDoubleFunction、IntToLongFunction、LongFunction、LongToDoubleFunction、LongToIntFunction、DoubleFunction、DoubleToIntFunction、DoubleToLongFunction、ToIntFunction、ToDoubleFunction、ToLongFunction
Supplier	() -> T	BooleanSupplier、IntSupplier、LongSupplier、DoubleSupplier
UnaryOperator	T -> T	IntUnaryOperator、LongUnaryOperator、DoubleUnaryOperator
BinaryOperator	(T, T) -> T	IntBinaryOperator、LongBinaryOperator、DoubleBinaryOperator
BiPredicate<T, U>	(T, U) -> boolean	
BiConsumer<T, U>	(T, U) -> void	ObjIntConsumer、ObjLongConsumer、ObjDoubleConsumer
BiFunction<T, U, R>	(T, U) -> R	ToIntBiFunction<T, U>、ToLongBiFunction<T, U>、ToDoubleBiFunction<T, U>

在后续章节中，还会有针对性地对 Java 中的常用函数式接口做详细介绍，这里点到为止。

12.5 Consumer 接口

本节主要介绍函数式接口中的 Consumer 接口。

在前面的章节中，已经对 Consumer 接口做了初步的介绍。顾名思义，Consumer 接口承担了类似于"消费者"的角色。Consumer 接口定义了如下方法：

```
package java.util.function;
```

```
import java.util.Objects;

@FunctionalInterface
public interface Consumer<T> {

    void accept(T t);

    default Consumer<T> andThen(Consumer<? super T> after) {
        Objects.requireNonNull(after);
        return (T t) -> { accept(t); after.accept(t); };
    }
}
```

12.5.1 andThen

下面演示 andThen 的用法：

```
Consumer<String> c1 = (x) -> System.out.println(x.toLowerCase());
Consumer<String> c2 = (x) -> System.out.println(x.toUpperCase());

c1.andThen(c2).accept("Way Lau");
```

在上面的示例中，c1 将接收到的 String 进行了 toLowerCase（转为小写）处理，而 c2 将接收到的 String 进行了 toUpperCase（转为大写）处理。通过 andThen 方法，c1 的结果会作为 c2 的入参。换言之，当入参为"Way Lau"时，通过 c1 处理，结果就是"way lau"；再经过 c2 处理，结果就是"WAY LAU"。

运行程序，观察控制台输出，可以看到整个处理过程：

```
way lau
WAY LAU
```

12.5.2 IntConsumer

IntConsumer 可以理解为是 Consumer 的变体，限制只能接收 int 类型的数值。IntConsumer 接口定义如下：

```
package java.util.function;

import java.util.Objects;

@FunctionalInterface
public interface IntConsumer {

    void accept(int value);

    default IntConsumer andThen(IntConsumer after) {
        Objects.requireNonNull(after);
```

```
        return (int t) -> { accept(t); after.accept(t); };
    }
}
```

以下是一个使用 IntConsumer 的简单示例:

```
IntConsumer intC = (x) -> System.out.println(x*2);
intC.accept(3);
```

上述示例会将接收到的参数做乘以 2 处理。运行程序,观察控制台输出内容:

6

12.5.3 LongConsumer

与 IntConsumer 类似,LongConsumer 可以理解为是 Consumer 的变体,限制只能接收 long 类型数值。

LongConsumer 接口定义如下:

```
package java.util.function;

import java.util.Objects;

@FunctionalInterface
public interface LongConsumer {

    void accept(long value);

    default LongConsumer andThen(LongConsumer after) {
        Objects.requireNonNull(after);
        return (long t) -> { accept(t); after.accept(t); };
    }
}
```

以下是一个使用 LongConsumer 的简单示例:

```
LongConsumer longC = (x) -> System.out.println(x*2);
longC.accept(3L);
```

上述示例会将接收到的参数做乘以 2 处理。运行程序,观察控制台输出内容:

6

12.5.4 DoubleConsumer

与 IntConsumer 类似,DoubleConsumer 可以理解为是 Consumer 的变体,限制只能接收 double 类型数值。

DoubleConsumer 接口定义如下:

```
package java.util.function;
```

```java
import java.util.Objects;

@FunctionalInterface
public interface DoubleConsumer {

    void accept(double value);

    default DoubleConsumer andThen(DoubleConsumer after) {
        Objects.requireNonNull(after);
        return (double t) -> { accept(t); after.accept(t); };
    }
}
```

以下是一个使用 DoubleConsumer 的简单示例:

```java
DoubleConsumer doubleC = (x) -> System.out.println(x*2);
doubleC.accept(3D);
```

上述示例会将接收到的参数做乘以 2 处理。运行程序，观察控制台输出内容：

```
6.0
```

12.5.5　BiConsumer

BiConsumer 是另外一种特殊的 Consumer 接口，其特点是可以接收两个参数。

BiConsumer 接口定义如下：

```java
package java.util.function;

import java.util.Objects;

@FunctionalInterface
public interface BiConsumer<T, U> {

    void accept(T t, U u);

    default BiConsumer<T, U> andThen(BiConsumer<? super T, ? super U> after) {
        Objects.requireNonNull(after);

        return (l, r) -> {
            accept(l, r);
            after.accept(l, r);
        };
    }
}
```

以下是一个使用 BiConsumer 的简单示例:

```java
BiConsumer<String, Integer> biC = (x, i) -> System.out.println(x + i);
biC.accept("Way Lau", 3);
```

上述示例会将接收到的参数做字符串拼接处理。运行程序，观察控制台输出内容：

```
Way Lau3
```

12.6　Supplier 接口

与 Consumer 接口相反，Supplier 接口扮演者"生成者"的角色。Supplier 接口定义了如下方法：

```
package java.util.function;

@FunctionalInterface
public interface Supplier<T> {

    T get();
}
```

12.6.1　get

下面演示 get 的用法：

```
Supplier<String> supplier = () -> "Way Lau";
System.out.println(supplier.get());
```

在上面的示例中，supplier 生产出字符串"Way Lau"结果。当调用 get 方法时，能够获取 supplier 生产出结果。

运行程序，观察控制台输出，可以看到整个处理过程：

```
Way Lau
```

12.6.2　BooleanSupplier

BooleanSupplier 可以理解为是 Supplier 的变体，限制只能产生 boolean 类型的数据。BooleanSupplier 接口定义如下：

```
package java.util.function;

@FunctionalInterface
public interface BooleanSupplier {

    boolean getAsBoolean();
}
```

以下是一个使用 BooleanSupplier 的简单示例：

```
BooleanSupplier booleanS = () -> 1==2;
System.out.println(booleanS.getAsBoolean());
```

上述示例会将 1==2 判断结果通过 getAsBoolean 方法作为返回值。运行程序，观察控制台输出内容：

```
false
```

12.6.3 IntSupplier

IntSupplier 可以理解为是 Supplier 的变体，限制只能产生 int 类型的数据。IntSupplier 接口定义如下：

```
package java.util.function;

@FunctionalInterface
public interface IntSupplier {

    int getAsInt();
}
```

以下是一个使用 IntSupplier 的简单示例：

```
IntSupplier intS = () -> 1*2;
System.out.println(intS.getAsInt());
```

上述示例会将 1*2 判断结果通过 getAsInt 方法作为返回值。运行程序，观察控制台输出内容：

```
2
```

12.6.4 LongSupplier

LongSupplier 可以理解为是 Supplier 的变体，限制只能产生 long 类型的数据。LongSupplier 接口定义如下：

```
package java.util.function;

@FunctionalInterface
public interface LongSupplier {

    long getAsLong();
}
```

以下是一个使用 LongSupplier 的简单示例：

```
LongSupplier longS = () -> 1L*2;
System.out.println(longS.getAsLong());
```

上述示例会将 1L*2 判断结果通过 getAsLong 方法作为返回值。运行程序，观察控制台输出内容：

```
2
```

12.6.5 DoubleSupplier

DoubleSupplier 可以理解为是 Supplier 的变体，限制只能产生 double 类型的数据。DoubleSupplier 接口定义如下：

```
package java.util.function;

@FunctionalInterface
public interface DoubleSupplier {

    double getAsDouble();
}
```

以下是一个使用 DoubleSupplier 的简单示例：

```
DoubleSupplier doubleS = () -> 1D*2;
System.out.println(doubleS.getAsDouble());
```

上述示例会将 1L*2 判断结果通过 getAsLong 方法作为返回值。运行程序，观察控制台输出内容：

```
2
```

12.7 Predicate 接口

Predicate 接口接受一个输入参数，返回一个布尔值结果。该接口包含多种默认方法来将 Predicate 组合成其他复杂的逻辑（比如：与、或、非）。可以用于接口请求参数校验，判断新老数据是否变化并需要进行更新操作。

Predicate 接口定义如下：

```
package java.util.function;

import java.util.Objects;

@FunctionalInterface
public interface Predicate<T> {

    boolean test(T t);

    default Predicate<T> and(Predicate<? super T> other) {
        Objects.requireNonNull(other);
        return (t) -> test(t) && other.test(t);
    }

    default Predicate<T> negate() {
        return (t) -> !test(t);
```

```java
    }

    default Predicate<T> or(Predicate<? super T> other) {
        Objects.requireNonNull(other);
        return (t) -> test(t) || other.test(t);
    }

    static <T> Predicate<T> isEqual(Object targetRef) {
        return (null == targetRef)
            ? Objects::isNull
            : object -> targetRef.equals(object);
    }

    @SuppressWarnings("unchecked")
    static <T> Predicate<T> not(Predicate<? super T> target) {
        Objects.requireNonNull(target);
        return (Predicate<T>)target.negate();
    }
}
```

12.7.1　test

以下是一个使用 test 方法的简单示例：

```java
Predicate<String> i = (s)-> s.length() > 5;
System.out.println(i.test("Way Lau"));
```

判断输入的字符串长度是否大于 5，如果是就返回 true，否则返回 false。判断结果通过 test 方法作为返回值。

运行程序，观察控制台输出内容：

```
true
```

12.7.2　negate

以下是一个使用 negate 方法的简单示例：

```java
Predicate<String> i = (s)-> s.length() > 5;
System.out.println(i.negate().test("Way Lau"));
```

判断输入的字符串长度是否大于 5，如果是就返回 false，否则返回 true。也就是说，negate 是取判断结果的相反值。

运行程序，观察控制台输出内容：

```
false
```

12.7.3 or

以下是一个使用 or 方法的简单示例:

```
Predicate<String> i = (s)-> s.length() > 5;
Predicate<String> i1 = (s)-> s.endsWith("XXX");

System.out.println(i.or(i1).test("Way Lau"));
```

判断输入的字符串长度是否大于 5 或者字符串结尾是否包含"XXX",如果两个条件之一是 true 就返回 true,否则返回 false。

运行程序,观察控制台输出内容:

```
true
```

12.7.4 and

以下是一个使用 and 方法的简单示例:

```
Predicate<String> i = (s)-> s.length() > 5;
Predicate<String> i1 = (s)-> s.endsWith("XXX");

System.out.println(i.and(i1).test("Way XXX"));
```

判断输入的字符串长度是否大于 5 以及字符串结尾是否包含"XXX",如果两个条件都是 true 就返回 true,否则返回 false。

运行程序,观察控制台输出内容:

```
true
```

12.7.5 not

Predicate 中的 not 静态方法是 Java 11 中引入的,用来获取与入参 Predicate 相反的结果。
以下是一个使用 not 方法的简单示例:

```
Predicate<String> i1 = (s)-> s.endsWith("XXX");

// JDK11:not
System.out.println(Predicate.not(i1).test("Way Lau"));
```

判断输入的字符串结尾是否包含"XXX",如果是就返回 false,否则返回 true。
运行程序,观察控制台输出内容:

```
true
```

12.7.6 IntPredicate

IntPredicate 可以理解为是 Predicate 的变体，限制只能判断 int 类型的数据。IntPredicate 接口定义如下：

```java
package java.util.function;

import java.util.Objects;

@FunctionalInterface
public interface IntPredicate {

    boolean test(int value);

    default IntPredicate and(IntPredicate other) {
        Objects.requireNonNull(other);
        return (value) -> test(value) && other.test(value);
    }

    default IntPredicate negate() {
        return (value) -> !test(value);
    }

    default IntPredicate or(IntPredicate other) {
        Objects.requireNonNull(other);
        return (value) -> test(value) || other.test(value);
    }
}
```

以下是一个使用 IntPredicate 的简单示例：

```java
IntPredicate intP = (s)-> s > 5;

assertEquals(true, intP.test(7));
assertEquals(false, intP.test(2));
```

1. and

and 是 IntPredicate 的默认方法，用于判断两个 IntPredicate 结果条件是否都是 true，是就返回 true，否则返回 false。

以下是一个使用 IntPredicate 的 and 方法的简单示例：

```java
IntPredicate intP = (s)-> s > 5;
IntPredicate intP1 = (s)-> s < 15;

assertEquals(true, intP.and(intP1).test(12));
assertEquals(false, intP.and(intP1).test(2));
```

2. or

or 是 IntPredicate 的默认方法，用于判断两个 IntPredicate 结果条件之一是否是 true，是就返回

true，否则返回 false。

以下是一个使用 IntPredicate 的 or 方法的简单示例：

```
IntPredicate intP =  (s)-> s > 5;
IntPredicate intP1 =  (s)-> s < 15;

assertEquals(true, intP.or(intP1).test(2));
```

3. negate

negate 是 IntPredicate 的默认方法，用于获取 IntPredicate 判断结果的相反值。以下是一个使用 IntPredicate 的 negate 方法的简单示例：

```
IntPredicate intP =  (s)-> s > 5;

assertEquals(true, intP.negate().test(2));
```

LongPredicate、DoublePredicate 与 IntPredicate 用法类似，这里就不再另外举例了。

12.7.7 BiPredicate

BiPredicate 是一种特殊的 Predicate 接口，其特点是可以接收两个参数。BiPredicate 接口定义如下：

```java
package java.util.function;

import java.util.Objects;

@FunctionalInterface
public interface BiPredicate<T, U> {

    boolean test(T t, U u);

    default BiPredicate<T, U> and(BiPredicate<? super T, ? super U> other) {
        Objects.requireNonNull(other);
        return (T t, U u) -> test(t, u) && other.test(t, u);
    }

    default BiPredicate<T, U> negate() {
        return (T t, U u) -> !test(t, u);
    }

    default BiPredicate<T, U> or(BiPredicate<? super T, ? super U> other) {
        Objects.requireNonNull(other);
        return (T t, U u) -> test(t, u) || other.test(t, u);
    }
}
```

以下是一个使用 BiPredicate 的简单示例：

```
BiPredicate<Integer, Integer> bitP = (s, b) -> s + b < 15;
```

```java
assertEquals(true, bitP.test(12, 1));
assertEquals(false, bitP.test(12, 4));
```

12.8 Function 接口

Java 8 提供了 Function 接口,可以将它指定为 Lambda 表达式。函数接收参数,执行一些处理并最终生成结果。

Function 接口定义如下:

```java
package java.util.function;

import java.util.Objects;

@FunctionalInterface
public interface Function<T, R> {

    R apply(T t);

    default <V> Function<V, R> compose(Function<? super V, ? extends T> before) {
        Objects.requireNonNull(before);
        return (V v) -> apply(before.apply(v));
    }

    default <V> Function<T, V> andThen(Function<? super R, ? extends V> after) {
        Objects.requireNonNull(after);
        return (T t) -> after.apply(apply(t));
    }

    static <T> Function<T, T> identity() {
        return t -> t;
    }
}
```

下面从一个简单的示例入手:

```java
Function<Integer, String> f = x -> "Age:"+x;
System.out.println(f.apply(20));
```

在上述示例中,Function 接口定义了两个参数类型,前面的 Integer 类型的值会最终作用到后面的 String 类型的值上面。

控制台输出结果为:

```
Age:20
```

12.8.1 compose

compose 方法是 Function 接口的默认方法,可以将两个 Function 接口函数进行组合使用。下面是一个 compose 方法的使用示例:

```
Function<Integer, String> f = x -> "Age:"+x;
Function<String, Integer> f1 = x -> x.length();

System.out.println(f1.compose(f).apply(20));
```

进行 compose 操作时,先应用参数 20 执行 f 函数,再将该 f 函数的结果作为参数,最后执行 f1,整个流程如下:

```
"Age:"+20 -> "Age:20"
"Age:20".length() -> 6
```

所以,该示例的最终结果为 6。

12.8.2 andThen

andThen 方法是 Function 接口的默认方法,也可以将两个 Function 接口函数进行组合使用。下面是一个 andThen 方法的使用示例:

```
Function<Integer, String> f = x -> "Age:"+x;
Function<String, Integer> f1 = x -> x.length();

System.out.println(f.andThen(f1).apply(20));
```

进行 andThen 操作时,与 compose 的执行顺序是一致的。先应用参数 20 执行 f 函数,再将该 f 函数的结果作为参数,最后执行 f1,整个流程如下:

```
"Age:"+20 -> "Age:20"
"Age:20".length() -> 6
```

所以,该示例的最终结果为 6。
andThen 与 compose 的差异点在于调用者和被调用者的主体位置做了置换。

12.8.3 identity

identity 是静态方法,函数的执行结果就是参数自己。比如在下面的例子中最终的输出结果就是 20:

```
System.out.println(Function.identity().apply(20));
```

12.9 类型检查

第一次提到 Lambda 表达式时,我们就说它们可以让你生成一个功能接口的实例。尽管如此,Lambda 表达式本身并不包含有关它正在实现哪个功能接口的信息。为了更正式地理解 Lambda 表达式,我们需要知道 Lambda 的类型是什么。

Lambda 的类型是从使用 Lambda 的上下文推导出来的。上下文中 Lambda 表达式的预期类型(例如,传递给它的方法参数或它所分配的局部变量)称为目标类型。让我们通过例子来看看当你使用 Lambda 表达式时幕后发生的事情。代码如下:

```
List <Apple> heavierThan150 =
    filter(inventory,(Apple apple) - > apple.getWeight() > 150);
```

图 12-1 总结了上述代码的类型检查过程。

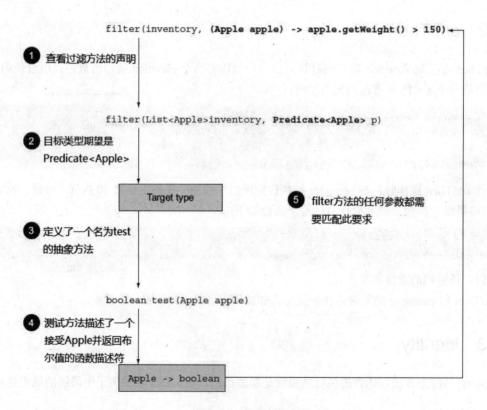

图 12-1　类型检查过程

(1) 查看过滤方法的声明。
(2) 第二个形式参数期望是 Predicate 类型的对象(目标类型)。
(3) Predicate 是一个函数接口,定义了一个名为 test 的抽象方法。

（4）测试方法描述了一个接受 Apple 并返回布尔值的函数描述符。
（5）filter 方法的任何参数都需要匹配此要求。

12.10　类型推导

由于 Java 支持类型推导，因此即便是相同的 Lambda 表达式，它们也可以与不同的功能接口相关联。

以之前章节中的 Consumer 例子为例：

```
// LongConsumer
LongConsumer longC = (x) -> System.out.println(x*2);
longC.accept(3L);

// DoubleConsumer
DoubleConsumer doubleC = (x) -> System.out.println(x*2);
doubleC.accept(3D);
```

上述两个函数接口都使用了相同的 Lambda 表达式(x) -> System.out.println(x*2)，但是声明的接口不同（LongConsumer 与 DoubleConsumer），因此两者有了不同的行为结果。

12.11　使用本地变量

到目前为止，我们所展示的所有 Lambda 表达式仅在其体内使用了它们的参数，但是 Lambda 表达式也允许使用自由变量（不是参数的变量，并且在外部作用域中定义），就像匿名类一样。

例如，以下 Lambda 表达式可以捕获变量 name：

```
String name = "Way Lau";

Supplier<String> supplier = () -> name;
System.out.println(supplier.get());
```

尽管如此，还是有一点小小的变化。对这些变量的处理方式有一些限制。Lambda 表达式在使用实例变量和静态变量时没有限制，但是当捕获局部变量时，必须明确声明它们是 final，或者最终是不会变更的。Lambda 表达式可以捕获仅分配给一次的局部变量。

> **注　意**
>
> 捕获实例变量可以看作是捕获最终的局部变量。

例如，以下代码无法编译，因为变量 name 被分配了两次：

```
String name =  "Way Lau";

Supplier<String> supplier = () -> name;
System.out.println(supplier.get());

name = "waylau";   // 错误！name 不可更改
```

第 13 章

Stream

Java 8 的另外一个亮点就是引入了 Stream。Stream 增强了集合对象以及大批量数据的操作，本章将介绍 Stream 的概念及用法。

13.1 Stream API 概述

Stream API 作为 Java 8 的一大亮点，是对集合（Collection）对象功能的增强。它专注于对集合对象进行各种非常便利、高效的聚合操作（aggregate operation），或者大批量数据操作（bulk data operation）。Stream API 借助于同样新出现的 Lambda 表达式，极大地提高编程效率和程序可读性。同时它提供串行和并行两种模式进行汇聚操作，并发模式能够充分利用多核处理器的优势，使用 fork/join 并行方式来拆分任务和加速处理过程。通常编写并行代码很难，而且容易出错，但使用 Stream API 无须编写一行多线程的代码就可以很方便地写出高性能的并发程序。所以说，Java 8 中首次出现的 java.util.stream 是一个函数式语言与多核时代综合影响的产物。

13.1.1 什么是聚合操作

在传统的 Java 应用中，Java 代码经常不得不依赖于关系型数据库的聚合操作来完成诸如以下事项：

- 客户每月平均消费金额。
- 最昂贵的在售商品。
- 本周完成的有效订单（排除了无效的）。
- 取 10 个数据样本作为首页推荐。

在当今这个数据大爆炸的时代，数据来源多样化，数据海量化，很多时候不得不脱离关系型数据库，或者以底层返回的数据为基础进行更上层的数据统计。而 Java 的集合 API 中，仅仅有极少量的辅助型方法，更多的时候是程序员用 Iterator 来遍历集合，完成相关的聚合应用逻辑。这是一种远不够高效、笨拙的方法。在 Java 8 之前，要发现 type 为 "grocery" 的所有交易，然后返回以交易值降序排序好的交易 ID 集合，我们需要这样写：

```java
List<Transaction> groceryTransactions = new Arraylist<>();
for(Transaction t: transactions){
 if(t.getType() == Transaction.GROCERY){
 groceryTransactions.add(t);
 }
}
Collections.sort(groceryTransactions, new Comparator(){
 public int compare(Transaction t1, Transaction t2){
 return t2.getValue().compareTo(t1.getValue());
 }
});
List<Integer> transactionIds = new ArrayList<>();
for(Transaction t: groceryTransactions){
 transactionsIds.add(t.getId());
}
```

在 Java 8 中使用 Stream 后，代码简洁易读，而且并发模式使程序执行速度更快。

```java
List<Integer> transactionsIds = transactions.parallelStream().
 filter(t -> t.getType() == Transaction.GROCERY).
 sorted(comparing(Transaction::getValue).reversed()).
 map(Transaction::getId).
 collect(toList());
```

13.1.2 什么是 Stream

Stream 不是集合元素。它不是数据结构，并不保存数据，而是有关算法和计算的，更像一个高级版本的 Iterator。原始版本的 Iterator，用户只能显式地一个个遍历元素并对其执行某些操作。而高级版本的 Stream，用户只要给出需要对其包含的元素执行什么操作，比如 "过滤掉长度大于 10 的字符串" "获取每个字符串的首字母" 等，Stream 会隐式地在内部进行遍历，做出相应的数据转换。

Stream 如同一个迭代器（Iterator），单向，不可往复，数据只能遍历一次，遍历过一次后就用尽了，就好比流水从面前流过，一去不复返。

和迭代器不同的是，Stream 可以并行化操作，迭代器只能命令式地串行化操作。顾名思义，即当使用串行方式去遍历时，每个 item 读完后再读下一个 item。而使用并行去遍历时，数据会被分成多个段，其中每一个都在不同的线程中处理，然后将结果一起输出。Stream 的并行操作依赖于 Java 7 中引入的 Fork/Join 框架来拆分任务和加速处理过程。

Stream 的另外一大特点是数据源本身可以是无限的。

13.1.3 Stream 的构成

当我们使用一个 Stream 的时候,通常包括 3 个基本步骤:
- 获取一个数据源。
- 数据转换。
- 执行操作获取想要的结果。

每次转换原有 Stream 对象不改变,返回一个新的 Stream 对象(可以有多次转换),这就允许对其操作可以像链条一样排列,变成一个管道,如图 13-1 所示。

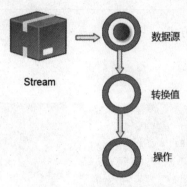

图 13-1　Stream 的使用过程

有多种生成 Stream 数据源的方式:
- 从 Collection 和数组
  - Collection.stream()
  - Collection.parallelStream()
  - Arrays.stream(T array)
  - Stream.of()
- 从 BufferedReader
  - java.io.BufferedReader.lines()
- 静态工厂
  - java.util.stream.IntStream.range()
  - java.nio.file.Files.walk()
- 自己构建
  - java.util.Spliterator
- 其他
  - Random.ints()
  - BitSet.stream()
  - Pattern.splitAsStream(java.lang.CharSequence)
  - JarFile.stream()

13.2 实例：Stream 使用的例子

下面演示一个使用 Stream 的例子。我们有一个装苹果（Apple）的集合，需要从这个集合里面将量大于 25 的苹果挑选出来。

为了能够更好地演示 Stream 的威力，先看一下在 Java 8 之前传统的过滤数据的做法。

13.2.1 传统的过滤数据的做法

以下是使用传统的过滤数据的方式。

1. 初始化集合

初始化集合的方式如下：

```
// JDK8 之前
// 初始化集合
List<Apple> apples = new ArrayList<>();
List<Apple> resultApples = new ArrayList<>();

apples.add(new Apple("A", 30));
apples.add(new Apple("B", 20));
apples.add(new Apple("C", 60));
```

初始化集合一般会采用 new ArrayList<>()的方法。其中，apples 是过滤数据前的集合，resultApples 是过滤后的集合。通过 add 方法，将苹果示例装入 apples 中。

2. 过滤集合中的数据

下面是过滤集合中数据的例子。通过迭代器来循环判断每个苹果的重量（weight），大于 25 的苹果就装入 resultApples 集合中。

```
// JDK8 之前
// 过滤剩下大于 25 的苹果
for(Apple apple : apples) {
    if (apple.getWeight() > 25) {
        resultApples.add(apple);
    }
}
```

3. 输出过滤后的集合信息

可以通过将苹果信息打印到控制台的方式来获取过滤后的苹果数据。同样需要通过迭代器来循环判断将每个苹果的信息打印出来，示例如下：

```
// JDK8 之前
// 输出过滤后的集合信息
for(Apple apple : resultApples) {
```

```
    System.out.println(apple);
}
```

上面便是 Java 8 之前的程序员的日常工作，深陷于各种遍历循环的繁杂代码里面。
接下来演示 Stream 是如何让这一切简化起来的。

13.2.2　Stream 过滤数据的做法

以下是使用 Stream 过滤数据的方式。

1. 初始化集合

初始化集合的方式如下：

```
// JDK8 之后
// 初始化集合
List<Apple> apples1 = List.of(new Apple("A", 30),new Apple("B", 20),new Apple("C", 60));
```

借助 List.of 方法，让初始化变得简洁、易懂。

2. 过滤集合中的数据

过滤集合中数据的例子如下：

```
// JDK8 之后
// 过滤剩下大于 25 的苹果
Stream<Apple> applesStream = apples1.stream().filter((x) -> x.getWeight() > 25);
```

借助 Stream 提供 filter 功能，天然就实现了过滤。开发者要做的只是指定过滤条件。

3. 输出过滤后的集合信息

借助 Stream 提供的 forEach 功能可轻松实现遍历，示例如下：

```
// JDK8 之后
// 输出过滤后的集合信息
applesStream.forEach(System.out::println);
```

13.3　Stream 简化了编程

前面的例子很好地对比了 Stream 与传统集合在操作上的差异。可以说，传统集合需要四五行代码才能解决的问题，在 Stream 中往往只需要一行。

Stream 提供了很多面向流式运算的 API，比如 filter、map、flatMap、distinct、sorted、peek、limit、skip 等，避免了开发者编写烦琐的遍历样板代码。

同时，Stream 与 Lambda 表达式集合使用，可进一步简化函数式编程。

Stream 与集合并不是非此即彼的关系，而是相辅相成的。Java 8 之后，集合也做了增强，可以很容易地实现从集合向 Stream 的转换，比如下面的接口：

- Collection.stream()
- Collection.parallelStream()

13.4 Stream 常用操作

可以将 Stream 的操作形象地理解为对一组粗糙的工艺品原型（对应的 Stream 数据源）进行加工，成为样式统一的工艺品（最终得到的结果）的过程。比如图 13-2 所展示的业务流程就是将 orange 颜色的物品重新上色成为 red 的过程。

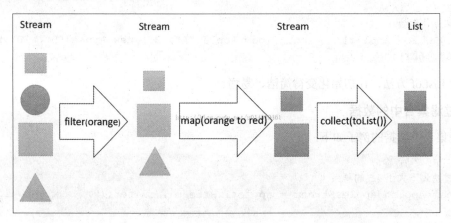

图 13-2　Stream 的使用过程

第一步，筛选出合适的原型（对应 Stream 的 filter 方法）。
第二步，将这些筛选出来的原型工艺品上色（对应 Stream 的 map 方法）。
第三步，取下这些上好色的工艺品（对应 Stream 的 collect(toList())方法）。

在取下工艺品之前进行的操作都是中间操作，可以有多个或者 0 个中间操作，但每个 Stream 数据源只能有一次终止操作，否则程序会报错。

13.4.1　collect(toList())终止操作

由 Stream 中的值生成一个 List 列表，也可用 collect(toSet())生成一个 Set 集合。例如，取 Stream 中每个字符串并放入一个新的列表，代码如下：

```
String[] testStrings = {"Java", "C++", "Golang"};

List<String> list = Stream.of(testStrings)
            .collect(Collectors.toList());
```

13.4.2 map 中间操作

将一种类型的值映射为另一种类型的值，可以将 Stream 中的每个值都映射为一个新值，最终转换为一个新的 Stream 流。例如，把 Stream 中每个字符串都转换为大写的形式，代码如下：

```java
String[] testStrings = {"Java", "C++", "Golang"};

// 转为大写
List<String> list = Stream.of(testStrings)
                .map(String::toUpperCase)
                .collect(Collectors.toList());
```

13.4.3 filter 中间操作

遍历并筛选出满足条件的元素形成一个新的 Stream 流。例如，筛选出以 "J" 字母开头的元素，代码如下：

```java
String[] testStrings = {"Java", "C++", "Golang"};

// 判断以"J"字母开头
List<String> list = Stream.of(testStrings)
                .filter(x -> x.startsWith("J"))
                .collect(Collectors.toList());
```

13.4.4 count 终止操作

count 是一个终止操作，用于统计 Stream 中的元素个数。例如，利用 count 统计出过滤后的元素个数，代码如下：

```java
String[] testStrings = {"Java", "C++", "Golang"};

//判断以"J"开头
long count = Stream.of(testStrings)
        .filter(x -> x.startsWith("J"))
        .count();

assertEquals(1, count);
```

13.4.5 min 终止操作

min 用于求 Stream 中的最小值。下面的示例可用于取出 Stream 中最短的字符串：

```java
String[] testStrings = {"Java", "C++", "Golang"};

// 取最小值
```

```
    Optional<String> min = Stream.of(testStrings)
            .min((p1, p2) -> Integer.compare(p1.length(), p2.length()));

    assertEquals("C++", min.get());
```

13.4.6 max 终止操作

max 用于求 Stream 中的最大值。下面的示例用于取出 Stream 中最长的字符串：

```
    String[] testStrings = {"Java", "C++", "Golang"};

    // 取最大值
    Optional<String> max = Stream.of(testStrings)
            .max((p1, p2) -> Integer.compare(p1.length(), p2.length()));

    assertEquals("Golang", max.get());
```

13.4.7 reduce 终止操作

reduce 从 Stream 计算出一个值，计算条件就是 reduce 参数。下面的示例将分别计算出数组的总和、最大元素、最小元素：

```
    Integer[] intArray = {1, 2, 3, 4};

    assertEquals(10,
Stream.of(intArray).reduce(Integer::sum).orElse(0).intValue());

    assertEquals(4,
Stream.of(intArray).reduce(Integer::max).orElse(0).intValue());

    assertEquals(1,
Stream.of(intArray).reduce(Integer::min).orElse(0).intValue());
```

13.5 过滤数据

正如前面所介绍的，Stream 可使用 filter 方法来过滤数据，使用方式如下：

```
    String[] testStrings = {"Java", "C++", "Golang"};

    //判断以"J"开头
    List<String> list = Stream.of(testStrings)
                .filter(x -> x.startsWith("J"))
                .collect(Collectors.toList());
```

这里有一个特殊的场景，当我们想要获取 Stream 唯一元素的流时，可以使用 distinct 方法来实现。观察下面的例子：

```
Integer[] intArray = {1, 2, 3, 4, 3, 5};

Stream<Integer> result = Stream.of(intArray).distinct();

result.forEach(System.out::println);
```

在这个 intArray 中，存在两个 3，那么通过 distinct 过滤之后就会只保留一个。以下就是控制台的输出：

```
1
2
3
4
5
```

Stream 中的元素是否存在重复是根据流生成的对象的 hashcode 和 equals 方法来比较实现的。

13.6 切分数据

在本节中，我们将讨论如何以不同方式选择和跳过流中的元素。有些操作可以使用 Predicate 有效地选择或删除元素，忽略流的前几个元素，或者将流截断为给定大小。

13.6.1 使用 Predicate 切分数据

Java 9 添加了两个有效选择流中元素的新方法：takeWhile 和 dropWhile。

1. takeWhile

takeWhile 操作允许使用谓词切分任何流（甚至是后面将要学习的无限流）。一旦找到一个无法匹配的元素，它就会停止。

通过前面几章的学习，大家对利于 filter 方法来过滤数据已经不再陌生了。下面举一个例子：

```
String[] testStrings = {"Java", "C++", "Golang"};

//判断以"J"开头
List<String> list = Stream.of(testStrings)
                    .filter(x -> x.startsWith("J"))
                    .collect(Collectors.toList());
```

filter 对流进行了过滤，将所有以"J"开头的元素都保留了下来。但这个 filter 有一个缺点，就是需要遍历整个流，并将 Predicate 条件应用在每个元素上。如果流里面的元素个数较少，并没有什么影响；如果元素个数较多，那么整个遍历会耗费较多的时间和资源。上述例子的执行流程如下：

开始

```
"Java" -> true
"C++" -> false
"Golang" -> false
结束
```

使用 takeWhile 操作就可以避免上述问题。takeWhile 允许使用 Predicate，一旦找到没法匹配的元素就会停下来。

观察下来的例子：

```
String[] testStrings = {"Java", "C++", "Golang"};

//判断以"J"开头
List<String> list = Stream.of(testStrings)
                    .takeWhile(x -> x.startsWith("J"))
                    .collect(Collectors.toList());

list.forEach(System.out::println);
```

filter 改为了 takeWhile。使用 takeWhile 过滤上述 testStrings 数组，流程如下：

```
开始
"Java" -> true
"C++" -> false
结束
```

takeWhile 与 filter 在执行流程上的差异是，只要找到第一个无法匹配的元素（"C++"），后续的匹配逻辑就不会再执行，直接停止了，所以可以节省计算资源。

最终程序运行的输出如下：

```
Java
```

需要注意的是，使用 takeWhile 时，流中的元素需要做好排序，应该让能够匹配到的元素排在前面，否则有可能会将本来能够匹配到的元素也过滤掉了。 观察下面的例子：

```
String[] testStrings = {"C++", "Java", "Golang"};

//判断以"J"开头
List<String> list = Stream.of(testStrings)
                    .takeWhile(x -> x.startsWith("J"))
                    .collect(Collectors.toList());

list.forEach(System.out::println);
```

在上述例子中，本来"Java"是能够匹配的，但排在它之前的元素"C++"没有匹配到逻辑，所以就停止了后续的配置动作，使得"Java"没有了匹配的机会。

2. dropWhile

dropWhile 操作与 takeWhile 操作正好相反，dropWhile 会将匹配到的元素丢弃。当找到第一个无法匹配的元素时，就会停止后续的匹配动作。

```
String[] testStrings = {"Java", "C++", "Golang"};
```

```java
//判断以"J"开头
List<String> list = Stream.of(testStrings)
                .dropWhile(x -> x.startsWith("J"))
                .collect(Collectors.toList());

list.forEach(System.out::println);
```

最终程序运行的输出如下:

```
C++
Golang
```

13.6.2 截断 Stream

Stream 支持 limit(n)方法,该方法返回不超过给定大小的另一个流。请求的大小作为参数传递给 limit。观察下面的例子:

```java
String[] testStrings = {"Java", "C++", "Golang"};

//保留下元素长度大于 2 的元素
List<String> list = Stream.of(testStrings).filter(x -> x.length()>2)
        .limit(2).collect(Collectors.toList());

list.forEach(System.out::println);
```

filter 用于保留下元素长度大于 2 的元素,所以 testStrings 中的 3 个元素都符合匹配规则。但是加了 limit(2),因此限制只能取前两个元素。运行程序,输出如下:

```
Java
C++
```

13.6.3 跳过元素

与 limit(n)相反,skip(n)用于跳过匹配到的前 n 个元素。观察下面的例子:

```java
String[] testStrings = {"Java", "C++", "Golang"};

//保留下元素长度大于 2 的元素
List<String> list = Stream.of(testStrings).filter(x -> x.length()>2)
        .skip(2).collect(Collectors.toList());

list.forEach(System.out::println);
```

testStrings 中的 3 个元素都符合匹配规则,但是加了 skip(2),跳过了前 2 个元素,只剩下最后的元素。运行程序,输出如下:

```
Golang
```

13.7 映 射

常见的数据处理习惯是从某些对象中选择信息。例如,在 SQL 中,可以从表中选择特定的某些列。Stream API 通过 map 和 flatMap 方法提供类似的功能。

13.7.1 map

map 在前面的章节中已经做过介绍。map 用于将元素通过函数映射成为一个新的元素,例如:

```
String[] testStrings = {"Java", "C++", "Golang"};

// 转为大写
List<String> list = Stream.of(testStrings)
                    .map(String::toUpperCase)
                    .collect(Collectors.toList());

list.forEach(System.out::println);
```

数组{"Java", "C++", "Golang"}中的元素全部被转成了大写。输出内容如下:

```
JAVA
C++
GOLANG
```

13.7.2 flatMap

接下来看一个需求:怎么能为一个单词列表返回所有唯一字符的列表呢?例如,给定单词列表["Hello," "World"],期望返回列表["H," "e," "l," "o," "W," "r," "d"]。

你可能认为这很容易,不过是将每个单词映射到一个字符列表,然后调用 distinct 来过滤重复的字符而已,于是写下了如下代码:

```
String[] words = {"Hello", "World"};

List<String> list = Stream.of(words)
        .map(word -> word.split(""))
        .distinct()
        .collect(Collectors.toList());

list.forEach(System.out::println);
```

这种方法的问题是传递给 map 方法的 Lambda 为每个单词返回一个 String[](一个 String 数组)。map 方法返回的流是 Stream<String []>类型,而我们想要的是用 Stream 来表示一个字符流,导致数据类型不一致。可以用图 13-3 说明这个问题。

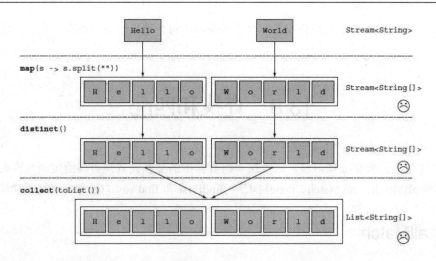

图 13-3　map 的使用

那么如何解决上述问题呢？可以使用 flatMap 来解决。可以把程序改为下面的代码：

```
String[] words = {"Hello", "World"};

List<String> list = Stream.of(words)
    .map(word -> word.split(""))
    .flatMap(Arrays::stream)
    .distinct()
    .collect(Collectors.toList());

list.forEach(System.out::println);
```

使用 flatMap 方法具有映射每个数组的效果，不是使用流，而是使用该流的内容。使用 map(Arrays::stream) 时生成的所有单独的流都被扁平化为单个流。可以用图 13-4 说明使用 flatMap 方法的效果。

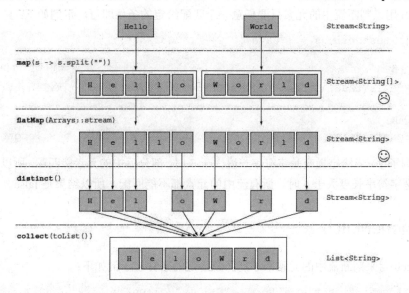

图 13-4　flatMap 的使用

简而言之，flatMap 方法允许你用另一个流替换流的每个值，然后将所有生成的流连接成一个流。

13.8 查找和匹配

还有一种常见的数据处理习惯，即查找一组数据中的某些元素是否与给定属性匹配。Stream API 通过流的 allMatch、anyMatch、noneMatch、findFirst 和 findAny 方法来实现这类功能。

13.8.1 allMatch

allMatch 用来判断流中的元素全部与给定的条件匹配。示例如下：

```
String[] testStrings = {"Java", "C++", "Golang"};

//长度大于2,能全部匹配
assertEquals(true, Stream.of(testStrings).allMatch(x -> x.length()>2));

//长度大于3,不能全部匹配
assertEquals(false, Stream.of(testStrings).allMatch(x -> x.length()>3));
```

在上述例子中，当给定提交是字符串长度大于 2 时，所有流中的元素都能匹配，所以结果是 true；当给定提交是字符串长度大于 3 时，并非所有流中的元素都能匹配，所以结果是 false。

13.8.2 anyMatch

anyMatch 用来判断流中的元素只要任意一个匹配给定的条件即可。示例如下：

```
String[] testStrings = {"Java", "C++", "Golang"};

// 部分匹配
assertEquals(true, Stream.of(testStrings).anyMatch(x -> x.length()>3));

// 没有匹配
assertEquals(false, Stream.of(testStrings).anyMatch(x -> x.length()>6));
```

在上述例子中，当给定提交是字符串长度大于 3 时，部分流中的元素能匹配，所以结果是 true；当给定提交是字符串长度大于 6 时，所有流中的元素都不能匹配，所以结果是 false。

13.8.3 noneMatch

noneMatch 用来判断流中的元素都不能匹配给定的条件。示例如下：

```
String[] testStrings = {"Java", "C++", "Golang"};
```

```
// 部分匹配
assertEquals(false, Stream.of(testStrings).noneMatch(x -> x.length()>3));

// 没有匹配
assertEquals(true, Stream.of(testStrings).noneMatch(x -> x.length()>6));
```

在上述例子中，当给定提交是字符串长度大于 3 时，部分流中的元素能匹配，所以结果是 false；当给定提交是字符串长度大于 6 时，所有流中的元素都不能匹配，所以结果是 true。

13.8.4　findFirst

findFirst 用来获取流中匹配到的第一个元素。示例如下：

```
String[] testStrings = {"Java", "C++", "Golang"};

// 部分匹配
assertEquals("Java", Stream.of(testStrings).filter(x -> x.length()>3).findFirst().get());
```

在上述例子中，当给定提交是字符串长度大于 3 时，流中能匹配到的元素是"Java"和"Golang"。因为"Java"元素是排在第一个位置的，所以最终获取的元素是"Java"。

13.8.5　findAny

findAny 用来获取流中匹配到的任意一个元素。示例如下：

```
String[] testStrings = {"Java", "C++", "Golang"};

// 部分匹配
assertEquals("Java", Stream.of(testStrings).filter(x -> x.length()>3).findAny().get());
```

在上述例子中，当给定提交是字符串长度大于 3 时，流中能匹配到的元素是"Java"和"Golang"。因为本例子没有处于并发的环境，且"Java"元素是排在第一个位置的，所以最终获取的元素是"Java"。

13.9　压缩数据

压缩数据主要是通过 reduce 操作来实现的。在前面已经初步了解了 reduce 的用法，这里将用 reduce，分别计算出数组的总和、最大元素、最小元素。

```
Integer[] intArray = {1, 2, 3, 4};

assertEquals(10, Stream.of(intArray)
        .reduce(Integer::sum).orElse(0).intValue());
```

```
assertEquals(4, Stream.of(intArray)
        .reduce(Integer::max).orElse(0).intValue());

assertEquals(1, Stream.of(intArray)
        .reduce(Integer::min).orElse(0).intValue());
```

13.9.1 计算总和

以下示例将计算流中元素的总和：

```
Integer[] intArray = {4, 5, 3, 9};

// 4+5+3+9=21
assertEquals(21, Stream.of(intArray)
        .reduce(0, (a, b) -> a + b).intValue());
```

详细的计算过程如图 13-5 所示。

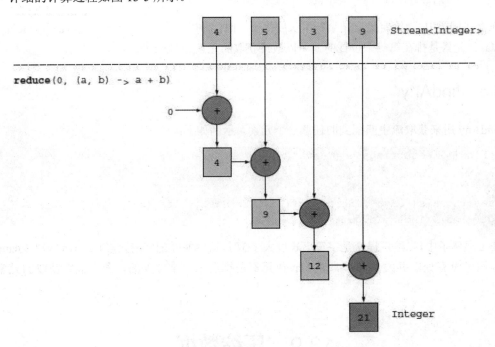

图 13-5　计算总和

13.9.2 计算最大值和最小值

以下示例将计算流中元素的最大值和最小值：

```
Integer[] intArray = {4, 5, 3, 9};

// 计算最大值
```

```
assertEquals(9, Stream.of(intArray)
        .reduce(Integer::max).get().intValue());

// 计算最小值
assertEquals(3, Stream.of(intArray)
        .reduce(Integer::min).get().intValue());
```

详细的计算最大值的过程如图 13-6 所示。计算最小值的过程与此类似，不再演示。

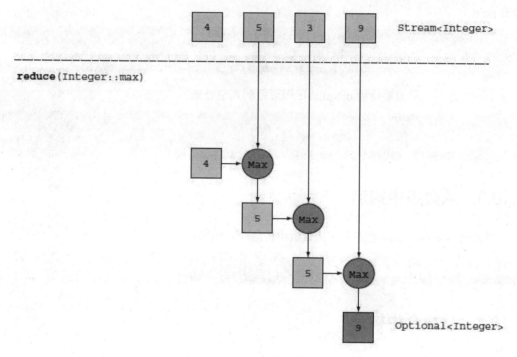

图 13-6　计算最大值

13.10　构造 Stream

本节将总结常用的 Stream 的构造方式。

13.10.1　从值中构造

从值中构造的方式在前面几节的示例中已有涉及，比如：

```
Integer[] intArray = {4, 5, 3, 9};

Stream<String> stream = Stream.of(intArray);
```

在上述示例中，stream 是从数组中构造的。

13.10.2 从 nullable 中构造

在 Java 9 中，添加了一种新方法，允许从可空对象创建流。

使用流后，可能遇到过提取可能为 null 的对象，然后需要将其转换为流（或者为 null 的空流）。例如，下面的示例中 System.getProperty 方法将返回 null。要将它与流一起使用，需要显式检查 null：

```
String homeValue = System.getProperty("home");
Stream<String> homeValueStream =
        homeValue == null ? Stream.empty() : Stream.of(homeValue);
```

在 Java 9 之后，只需要使用 ofNullable 即可做到判空处理：

```
// Java 9之后，使用ofNullable
Stream<String> homeValueStream1 =
    Stream.ofNullable(System.getProperty("home"));
```

13.10.3 从数组中构造

可以通过 Arrays.stream 静态方法从数组中构造流，例如：

```
Integer[] intArray = {4, 5, 3, 9};
Stream<Integer> stream = Arrays.stream(intArray);
```

13.10.4 从集合中构造

可以通过 Collection.stream 默认方法来从集合中构造流，例如：

```
// 从集合中构造
Stream<Integer> streamList = List.of(1,2,3).stream();
Stream<Integer> streamSet = Set.of(1,2,3).stream();
```

13.10.5 从文件中构造

Java 的 NIO API 用于 I/O 操作，例如处理文件等，已经得到了改进，以便利用 Stream API。java.nio.file.Files 中的许多静态方法都能够返回一个流。例如，Files.lines 是一个有用的方法，它将一行行数据作为字符串从给定文件返回。

以下示例将使用 Files.lines 来查找文件中唯一单词的数量：

```
long uniqueWords = 0;
    try (Stream<String> lines = Files.lines( Paths.get("data.txt"),
Charset.defaultCharset())) {
        uniqueWords = lines.flatMap(line -> Arrays.stream(line.split("
"))).distinct().count();
    } catch (IOException e) {
```

    }
}

13.11 收集数据

在前面几节的学习中，我们了解到流是可以使用类似数据库的操作来处理数据集合的。流可以简单理解为数据集合的延迟迭代器。

流支持两种类型的操作：中间操作（如 filter 或 map）和终止操作（如 count、findFirst、forEach 和 reduce 等）。中间操作将流转换为另一个流，这些操作不会消耗流中的元素，它们的目的是建立一个流的管道。相比之下，终止操作确实会消耗流中的元素，以产生最终的结果（例如，返回流中的最大元素）。它们通常可以通过优化流的管道来缩短计算。

在前面的学习中，我们也知道了终端操作 collect 的使用，该操作用于接收 Collector 类型的数据。Collector 和 collect 适用于以下场景：

- 按货币对交易清单进行分组，以获得该货币的所有交易的价值总和（返回 Map<Currency, Integer>）。
- 将交易列表分为两组：昂贵的和不昂贵的（返回 Map<Boolean, List<Transaction>>）。
- 创建多级分组，例如按城市分组交易，然后根据它们是否昂贵进行进一步分类（返回 Map<String, Map<Boolean, List<Transaction>>>）。

13.11.1 Collector 接口

Collector 接口是用来定义一个可变的聚合操作：将输入元素累加到一个可变结果容器，当所有的输入元素都被处理后，选择性地将累加结果转换为一个最终的表示。聚合操作可以串行或者并行地执行。

Collector 接口的定义如下：

```
package java.util.stream;

import java.util.Collections;
import java.util.EnumSet;
import java.util.Objects;
import java.util.Set;
import java.util.function.BiConsumer;
import java.util.function.BinaryOperator;
import java.util.function.Function;
import java.util.function.Supplier;

public interface Collector<T, A, R> {

    Supplier<A> supplier();
```

```java
        BiConsumer<A, T> accumulator();

        BinaryOperator<A> combiner();

        Function<A, R> finisher();

        Set<Characteristics> characteristics();

    public static<T, R> Collector<T, R, R> of(Supplier<R> supplier,
                                              BiConsumer<R, T> accumulator,
                                              BinaryOperator<R> combiner,
                                              Characteristics... characteristics) {
        Objects.requireNonNull(supplier);
        Objects.requireNonNull(accumulator);
        Objects.requireNonNull(combiner);
        Objects.requireNonNull(characteristics);
        Set<Characteristics> cs = (characteristics.length == 0)
                            ? Collectors.CH_ID
                            : Collections.unmodifiableSet(EnumSet.
of(Collector.Characteristics.IDENTITY_FINISH, characteristics));
        return new Collectors.CollectorImpl<>(supplier, accumulator, combiner, cs);
    }

    public static<T, A, R> Collector<T, A, R> of(Supplier<A> supplier,
                                                 BiConsumer<A, T> accumulator,
                                                 BinaryOperator<A> combiner,
                                                 Function<A, R> finisher,
                                                 Characteristics... characteristics) {
        Objects.requireNonNull(supplier);
        Objects.requireNonNull(accumulator);
        Objects.requireNonNull(combiner);
        Objects.requireNonNull(finisher);
        Objects.requireNonNull(characteristics);
        Set<Characteristics> cs = Collectors.CH_NOID;
        if (characteristics.length > 0) {
            cs = EnumSet.noneOf(Characteristics.class);
            Collections.addAll(cs, characteristics);
            cs = Collections.unmodifiableSet(cs);
        }
        return new Collectors.CollectorImpl<>(supplier, accumulator, combiner, finisher, cs);
    }

    enum Characteristics {
        CONCURRENT,
        UNORDERED,
        IDENTITY_FINISH
    }
}
```

Stream 的 collect 操作就是调用接口中定义的方法来实现聚合操作。对于不同的聚合操作，这些方法需要有不同的实现。

13.11.2 Collectors

Collectors 是 Collector 的工厂类。Collectors 类中只有一个私有的无参构造方法，而且里面提供了大量的静态方法。这些方法最终都是返回一个 Collector 收集器，因此可以认为 Collectors 类是 Collector 收集器的一个工厂类。Collectors 里面定义了一个静态内部类 CollectorImpl。该类是 Collector 收集器的一个实现：

```java
static class CollectorImpl<T, A, R> implements Collector<T, A, R> {
    private final Supplier<A> supplier;
    private final BiConsumer<A, T> accumulator;
    private final BinaryOperator<A> combiner;
    private final Function<A, R> finisher;
    private final Set<Characteristics> characteristics;

    CollectorImpl(Supplier<A> supplier,
                  BiConsumer<A, T> accumulator,
                  BinaryOperator<A> combiner,
                  Function<A,R> finisher,
                  Set<Characteristics> characteristics) {
        this.supplier = supplier;
        this.accumulator = accumulator;
        this.combiner = combiner;
        this.finisher = finisher;
        this.characteristics = characteristics;
    }

    CollectorImpl(Supplier<A> supplier,
                  BiConsumer<A, T> accumulator,
                  BinaryOperator<A> combiner,
                  Set<Characteristics> characteristics) {
        this(supplier, accumulator, combiner, castingIdentity(), characteristics);
    }

    @Override
    public BiConsumer<A, T> accumulator() {
        return accumulator;
    }

    @Override
    public Supplier<A> supplier() {
        return supplier;
    }

    @Override
```

```java
    public BinaryOperator<A> combiner() {
        return combiner;
    }

    @Override
    public Function<A, R> finisher() {
        return finisher;
    }

    @Override
    public Set<Characteristics> characteristics() {
        return characteristics;
    }
}
```

下面以 Collectors 的 toList 方法来做一个讲解。代码如下：

```java
public static <T>
Collector<T, ?, List<T>> toList() {
    return new CollectorImpl<>((Supplier<List<T>>) ArrayList::new, List::add,
                        (left, right) -> { left.addAll(right); return left; }, CH_ID);
}
```

可以看到，* supplier 方法的实现为 "ArrayList::new"，创建一个 ArrayList 对象并返回；* accumulator 方法的实现为 "List::add"，将流中的元素添加进上面创建的 ArrayList 对象；* combiner 方法的实现为 "(left, right) -> { left.addAll(right); return left; }"，对于两个中间结果容器 ArrayList，将其中一个的所有元素添加进另外一个，并返回另外一个 ArrayList；* characteristics 方法的实现是返回静态常量 CH_ID（它是一个包含了 IDENTITY_FINISH 的集合，标示中间结果是可以直接向最终结果进行强制类型转换的）。

以上就是 toList 的聚合操作原理。下面给出一个使用 toList 方法的示例：

```java
String[] testStrings = {"Java", "C++", "Golang"};

List<String> list = Stream.of(testStrings).collect(Collectors.toList());
```

13.11.3 统计总数

作为一个简单示例，可以使用 counting 工厂方法来统计流中的元素个数：

```java
Integer[] intArray = {4, 5, 3, 9};

long counting = Stream.of(intArray).collect(Collectors.counting());

assertEquals(4, counting);
```

上面的效果等同于 Stream 中的 count 方法：

```java
long count = Stream.of(intArray).count();
```

```
assertEquals(4, count);
```

13.11.4 计算最大值和最小值

可以通过 Collectors.maxBy 和 Collectors.minBy 来计算流的最大值和最小值：

```
Integer[] intArray = {4, 5, 3, 9};

Optional<Integer> resultMax = Stream.of(intArray)
    .collect(Collectors.maxBy(CollectorsDemo::compareInteger));

assertEquals(9, resultMax.get().intValue());

Optional<Integer> resultMin = Stream.of(intArray)
    .collect(Collectors.maxBy(CollectorsDemo::compareInteger));

assertEquals(3, resultMin.get().intValue());
```

Collectors.maxBy 和 Collectors.minBy 参数是一个 Comparator，定义如下：

```
public static Integer compareInteger(Integer a, Integer b) {
    return a.compareTo(b);
}
```

13.11.5 求和

Collectors.summingInt 用于对元素转换后的值求和。观察下面的例子：

```
Integer[] intArray = {4, 5, 3, 9};

int resultSummingInt =
    Stream.of(intArray).collect(Collectors.summingInt(Integer::intValue));

assertEquals(21, resultSummingInt);
```

summingInt 方法接收的参数是 ToIntFunction<? super Integer> mapper，这意味着该方法的参数可以是任何映射到 Integer 的函数。比如下面的例子：

```
List<Apple> apples =
        List.of(new Apple("A", 30), new Apple("B", 20), new Apple("C", 60));

// 30+20+60=110
assertEquals(110, apples.stream()
    .collect(Collectors.summingInt(Apple::getWeight)).intValue());
```

在上述例子中，将苹果的重量映射到了 Integer 的函数，以对重量进行求和。

与 summingInt 类似的方法还包括 summingLong、summingDouble 等，这里就不再一一举例了。

13.11.6 求平均数

Collectors.averagingInt 方法用于求平均数。观察下面的例子：

```
    Integer[] intArray = {4, 5, 3, 9, 9};

    Double resultAveragingInt =
Stream.of(intArray).collect(Collectors.averagingInt(Integer::intValue));

    // (4+5+3+9+9)/5=6
    assertEquals(6D, resultAveragingInt.doubleValue());
```

需要注意的是，averagingInt 的返回值类型是 Double。

与 averagingInt 类似的方法还包括 averagingLong、averagingDouble 等，这里就不再一一举例了。

13.11.7 连接字符串

Collectors.joining 方法用于字符串的连接。观察下面的例子：

```
    String[] testStrings = {"Java", "C++", "Golang"};

    String resultJoining = Stream.of(testStrings).collect(Collectors.joining());

    assertEquals("JavaC++Golang", resultJoining);
```

在上述例子中，将 3 个字符串最终拼接成了一个字符串。

joining 方法也支持传入一个字符串作为分隔两个连续元素的参数，示例如下：

```
    String[] testStrings = {"Java", "C++", "Golang"};

    String resultJoining2 =
Stream.of(testStrings).collect(Collectors.joining(","));

    assertEquals("Java,C++,Golang", resultJoining2);
```

13.11.8 分组

Collectors.groupingBy 方法用于将元素进行分组，类似于 SQL 中的 group by 语句。观察下面的例子：

```
    List<Apple> apples =
        List.of(new Apple("A", 30),new Apple("B", 20),new Apple("C", 30));

    // 按照重量进行分组
    Map<Integer, List<Apple>> result =
```

```
apples.stream().collect(Collectors.groupingBy(Apple::getWeight));

System.out.println(result);
```

在上述例子中,我们按照苹果的重量进行分组,相同重量的分为一组。最终分组结果是 A、C 分为一组,B 为一组。 控制台打印结果如下:

```
{20=[Apple [brand=B, weight=20]], 30=[Apple [brand=A, weight=30], Apple [brand=C, weight=30]]}
```

重量作为了 Map 的 key。

13.11.9 分区

Collectors.partitioningBy 方法用于将元素进行分区。partitioningBy 与 groupingBy 在概念上非常接近,partitioningBy 会将结果分为 false 或者 true 两组。观察下面的例子:

```
List<Apple> apples =
        List.of(new Apple("A", 30), new Apple("B", 20), new Apple("C", 60));

// 按照重量进行分组
Map<Boolean, List<Apple>> result =
        apples.stream().collect(Collectors.partitioningBy( x -> x.getWeight() > 25));

System.out.println(result);
```

在上述例子中,我们按照苹果的重量是否大于 25 作为分区的条件。最终分组结果是 A、C 为一组,B 为一组。控制台打印结果如下:

```
{false=[Apple [brand=A, weight=30], Apple [brand=B, weight=20]], true=[Apple [brand=C, weight=60]]}
```

false 和 true 作为了 Map 的 key。

13.12 并行计算

在多核时代,并行计算成为可能。并行计算可以有效地提升系统的计算能力和系统的性能。

在 Java 7 之前,并行处理数据集非常麻烦。首先,需要将包含数据的数据结构明确拆分为子部分。其次,需要将每个子部分分配给不同的线程。再次,需要及时同步它们,以避免不必要的竞争条件,等待所有线程的完成。最后,组合部分结果。

Java 7 引入了 Fork/Join 的框架,以更加一致地执行这些操作,并且不易出错。

在本节中,我们将了解 Stream 接口如何在不费力的情况下并行执行数据集合操作。它允许以声明方式将顺序流转换为并行流。

13.12.1 并行流

并行流是将其元素拆分为多个块的流,使用不同的线程处理每个块。因此,可以在多核处理器的所有内核上自动分区给定操作的工作负载,并使所有内核保持同等忙碌状态。Java 8 的 parallelStream 是基于 fork/join 框架来实现并行计算能力的。下面让我们通过一个简单的例子来试验这个想法。

```
String[] testStrings = {"Java", "C++", "Golang"};

List<String> list = Stream.of(testStrings).collect(Collectors.toList());

// 并行流
list.parallelStream().forEach(System.out::println);
```

使用并行流非常简单,parallelStream 方法就可以顺利地将集合转为并行流。需要注意的是,在并行流下使用 forEach 并不一定按照预想的顺序执行,打印的顺序是随机的。例如:

```
String[] testStrings = {"Java", "C++", "Golang"};

List<String> list = Stream.of(testStrings).collect(Collectors.toList());

// 串行流
list.stream().forEach(System.out::println);
// 并行流
list.parallelStream().forEach(System.out::println);
```

同时用串行流和并行流来打印相同的元素集合,并行打印的顺序是不一致的。输出内容如下:

```
Java
C++
Golang
C++
Golang
Java
```

要想按照预定的顺序来执行,可以使用 forEachOrdered。示例如下:

```
String[] testStrings = {"Java", "C++", "Golang"};

List<String> list = Stream.of(testStrings).collect(Collectors.toList());

// 按照顺序执行
list.parallelStream().forEachOrdered(System.out::println);
```

13.12.2 Stream 与 parallelStream 的抉择

使用 Stream 还是 parallelStream 要根据项目的实际情况来选择。在选择前,可以考虑以下几个问题。

（1）是否需要并行？

在回答这个问题之前，需要弄清楚自己的项目要解决的问题是什么、数据量有多大、计算的特点是什么。并不是所有的问题都适合使用并发程序来求解，比如当数据量不大时、顺序执行往往比并行执行更快。毕竟，准备线程池和其他相关资源也是需要时间的。但是，当任务涉及 I/O 操作并且任务之间不互相依赖时，并行化就是一个不错的选择。通常而言，将这类程序并行化之后，执行速度会提升好几个等级。

（2）任务之间是否是独立的？是否会引起任何竞态条件？

如果任务之间是独立的，并且代码中不涉及对同一个对象的某个状态或者某个变量的更新操作，就表明代码是可以被并行化的。

（3）结果是否取决于任务的调用顺序？

由于在并行环境中任务的执行顺序是不确定的，因此对于依赖于顺序的任务而言，并行化也许不能给出正确的结果。

13.13　Spliterator 接口

Spliterator（splitable iterator，可分割迭代器）接口是 Java 为了并行遍历数据源中的元素而设计的迭代器。对比早期 Java 提供的 Iterator，Iterator 是顺序遍历，Spliterator 是并行遍历。

最早 Java 提供顺序遍历迭代器 Iterator 时还是单核时代。在多核时代下，顺序遍历已经不能满足需求了，如何把多个任务分配到不同的核上并行执行，最大地发挥多核的能力呢？Spliterator 应运而生。

Java 在集合框架中为所有的数据结构提供了一个默认的 Spliterator 实现，相应的这个实现的底层其实就是 Stream 的并行遍历（Stream.isParallel()）。

以下是一个使用 spliterator 的示例：

```
String[] testStrings = {"Java", "C++", "Golang"};

List<String> list = Stream.of(testStrings).collect(Collectors.toList());

// spliterator
list.stream().spliterator().forEachRemaining(System.out::println);
```

上述示例等同于如下示例：

```
String[] testStrings = {"Java", "C++", "Golang"};

List<String> list = Stream.of(testStrings).collect(Collectors.toList());

// 并行流
list.parallelStream().forEach(System.out::println);
```

第 14 章

集合的增强

本章介绍 Java 集合框架中的新特性。

14.1 集合工厂

每个开发人员接触最多的莫过于集合（Collection）API。集合适用于每个 Java 应用程序。

传统的集合 API 存在各种不足之处，这使得它有时会在使用时显得冗长且容易出错。好在 Java 8 和 Java 9 中对集合 API 进行了增强，特别是与 Stream API 结合使用，简化了开发工作。

Java 9 中引入了集合工厂的概念。这是一个新增功能，可简化创建小型列表、集合和映射的过程。

在传统的集合 API 中，创建 List（列表），可能会采用下面的方式：

```
List<String> friends = new ArrayList<>();
friends.add("Alice");
friends.add("Bob");
friends.add("Cavin");
```

当然，也有更简便的方式，比如采用下面的方式：

```
List<String> friends =
    Arrays.asList("Alice", "Bob", "Cavin");
```

Arrays.asList 用于创建一个固定大小的 List，意味着这里隐含着一个限制，即不可以对该 List 进行增加或者移除元素。

下面我们来看一下 Java 9 是如何简化 List 创建的。

14.1.1 List 工厂

可以使用 Java 9 的 List 工厂来创建一个 List。示例如下：

```
List<String> friends3 =
    List.of("Alice", "Bob", "Cavin");
```

List.of 就是一个工厂方法，该方法可以接受任意多个参数。

需要注意的是，List.of 生成的集合是不可改变的。如果试图添加或者修改集合中的元素，将会得到一个 java.lang.UnsupportedOperationException 异常。

注意观察 List 工厂方法，你会发现下面这个有趣的现象。

```
static <E> List<E> of() {
    return ImmutableCollections.emptyList();
}

static <E> List<E> of(E e1) {
    return new ImmutableCollections.List12<>(e1);
}

static <E> List<E> of(E e1, E e2) {
    return new ImmutableCollections.List12<>(e1, e2);
}

static <E> List<E> of(E e1, E e2, E e3) {
    return new ImmutableCollections.ListN<>(e1, e2, e3);
}

static <E> List<E> of(E e1, E e2, E e3, E e4) {
    return new ImmutableCollections.ListN<>(e1, e2, e3, e4);
}

static <E> List<E> of(E e1, E e2, E e3, E e4, E e5) {
    return new ImmutableCollections.ListN<>(e1, e2, e3, e4, e5);
}

static <E> List<E> of(E e1, E e2, E e3, E e4, E e5, E e6) {
    return new ImmutableCollections.ListN<>(e1, e2, e3, e4, e5,
                                    e6);
}

static <E> List<E> of(E e1, E e2, E e3, E e4, E e5, E e6, E e7) {
    return new ImmutableCollections.ListN<>(e1, e2, e3, e4, e5,
                                    e6, e7);
}

static <E> List<E> of(E e1, E e2, E e3, E e4, E e5, E e6, E e7, E e8) {
    return new ImmutableCollections.ListN<>(e1, e2, e3, e4, e5,
```

```java
                                    e6, e7, e8);
    }

    static <E> List<E> of(E e1, E e2, E e3, E e4, E e5, E e6, E e7, E e8, E e9) {
        return new ImmutableCollections.ListN<>(e1, e2, e3, e4, e5,
                                    e6, e7, e8, e9);
    }

    static <E> List<E> of(E e1, E e2, E e3, E e4, E e5, E e6, E e7, E e8, E e9, E e10) {
        return new ImmutableCollections.ListN<>(e1, e2, e3, e4, e5,
                                    e6, e7, e8, e9, e10);
    }

    @SafeVarargs
    @SuppressWarnings("varargs")
    static <E> List<E> of(E... elements) {
        switch (elements.length) { // implicit null check of elements
            case 0:
                return ImmutableCollections.emptyList();
            case 1:
                return new ImmutableCollections.List12<>(elements[0]);
            case 2:
                return new ImmutableCollections.List12<>(elements[0], elements[1]);
            default:
                return new ImmutableCollections.ListN<>(elements);
        }
    }
```

List.of 提供了从 0 到 10 个不同参数的方法，还提供了一个接受可变参数的方法 List<E> of(E... elements)。那么，为什么不统一用 List<E> of(E... elements)其他的 List.of 方法呢？

其原因是，使用 List<E> of(E... elements)在底层每次调用可变参数的方法都会导致数组分配和初始化，这是比较耗费性能的。如果以某种固定参数的方式，比如确定了 10 个或更少的参数，就可以节省性能。这种优化同样体现在下面将要介绍的 Set.of 和 Map.of 方法上。

14.1.2　Set 工厂

可以使用 Java 9 的 Set 工厂来创建一个 Set，示例如下：

```java
Set<String> friends2 =
    Set.of("Alice", "Bob", "Cavin");
```

14.1.3　Map 工厂

可以使用 Java 9 的 Map 工厂来创建一个 Map，示例如下：

```java
Map<String, Integer> friends =
```

```
Map.of("Alice", 30, "Bob", 28, "Cavin", 33);
```

另外一个比较方便的方法是使用 Map.Entry<K, V>，用法如下：

```
Map<String, Integer> friends2 =
    Map.ofEntries(
        Map.entry("Alice", 30),
        Map.entry("Bob", 28),
        Map.entry("Cavin", 33));
```

其中，Map.entry 是一个新的工厂方法来创建 Map.Entry 对象。

14.2　实战：List 工厂的使用

以下是一个 List 工厂的使用示例：

```java
import java.util.HashSet;
import java.util.Set;

/**
 * JDK9:Set factory.
 *
 * @since 1.0.0 2019年4月21日
 * @author <a href="https://waylau.com">Way Lau</a>
 */
class ListFactoryDemo {

    /**
     * @param args
     */
    public static void main(String[] args) {
        // Java 9之前
        Set<String> friends = new HashSet<>();
        friends.add("Alice");
        friends.add("Bob");
        friends.add("Cavin");

        // Java 9之后
        Set<String> friends2
            = Set.of("Alice", "Bob", "Cavin");
    }
}
```

14.3 实战：Set 工厂的使用

以下是一个 Set 工厂的使用示例：

```java
import java.util.HashSet;
import java.util.Set;

/**
 * JDK9:Set factory.
 *
 * @since 1.0.0 2019年1月2日
 * @author <a href="https://waylau.com">Way Lau</a>
 */
class SetFactoryDemo {

    /**
     * @param args
     */
    @SuppressWarnings("unused")
    public static void main(String[] args) {
        // Java 9之前
        Set<String> friends = new HashSet<>();
        friends.add("Alice");
        friends.add("Bob");
        friends.add("Cavin");

        // Java 9之后
        Set<String> friends2
            = Set.of("Alice", "Bob", "Cavin");
    }

}
```

14.4 实战：Map 工厂的使用

以下是一个 Map 工厂的使用示例：

```java
import java.util.Map;

/**
 * JDK9:Map factory.
 *
 * @since 1.0.0 2019年4月21日
```

```
 * @author <a href="https://waylau.com">Way Lau</a>
 */
class MapFactoryDemo {

    /**
     * @param args
     */
    public static void main(String[] args) {
        // Java 9 之后
        Map<String, Integer> friends =
                Map.of("Alice", 30, "Bob", 28, "Cavin", 33);

        Map<String, Integer> friends2 =
                Map.ofEntries(
                        Map.entry("Alice", 30),
                        Map.entry("Bob", 28),
                        Map.entry("Cavin", 33));
    }
}
```

14.5　List 和 Set 常用方法

Java 8 在 List 和 Set 接口中引入了几种方法：* removeIf 删除与谓词匹配的元素。它可用于实现 List 或 Set 的所有类（并且从 Collection 接口继承）。* replaceAll 在 List 上可用，并使用（UnaryOperator）函数替换元素。 * sort 也可在 List 界面上使用，并对列表本身进行排序。

所有这些方法都会改变调用它们的集合。换句话说，它们改变了集合本身，而不像流操作那样产生新的（复制的）结果。

14.5.1　removeIf

当我们需要过滤掉一些 List 中的元素时，可能会这么写代码：

```
List<String> friends = new ArrayList<>();
friends.add("Alice");
friends.add("Bob");
friends.add("Cavin");
friends.add("David");
friends.add("Eric");
friends.add("Franck");

int size = friends.size();

for (var i = 0; i < size; i ++) {
    if (friends.get(i).contains("A")) {
```

```
        friends.remove(i);
    }
}
```

看似简单的代码，一旦运行可能就报下面的异常：

```
java.lang.IndexOutOfBoundsException: Index 5 out of bounds for length 5
```

这个是典型的访问元素越界了。改为使用 Iterator 来遍历删除元素，就能规避这个问题：

```
for (Iterator<String> iterator = friends.iterator(); iterator.hasNext();) {
    String friend = iterator.next();
    if (friend.contains("A")) {
        iterator.remove();
    }
}
```

上述方法虽然安全，但是仍然比较烦琐。使用 Java 8 集合的 removeIf 方法则更加简单：

```
friends.removeIf(x -> x.contains("A"));
```

充分利用 Lambda 表达式带来的便利。

14.5.2　replaceAll

replaceAll 方法的用法如下：

```
List<String> friends = new ArrayList<>();
friends.add("Alice");
friends.add("Bob");
friends.add("Cavin");
friends.add("David");
friends.add("Eric");
friends.add("Franck");

List<String> friends2 = new ArrayList<>();
friends2.add("Alice");
friends2.add("Bob");
friends2.add("Cavin");

friends.removeAll(friends2);

friends.stream().forEach(System.out::println);
```

friends 会删除与 friends2 中相同的元素。

程序运行输出如下：

```
David
Eric
Franck
```

14.6 实战：removeIf 方法的使用

removeIf 方法的使用示例如下：

```
@Test
public void testRemoveIf() {
    List<String> friends = new ArrayList<>();
    friends.add("Alice");
    friends.add("Bob");
    friends.add("Cavin");
    friends.add("David");
    friends.add("Eric");
    friends.add("Franck");

    /*
        // 下面的方式会报越界 int size = friends.size();

        for (var i = 0; i < size; i ++) { if (friends.get(i).contains("A")) {
        friends.remove(i); } }
    */


    /*
    for (Iterator<String> iterator = friends.iterator(); iterator.hasNext();) {
        String friend = iterator.next();
        if (friend.contains("A")) {
            iterator.remove();
        }
    }
    */

    friends.removeIf(x -> x.contains("A"));

    friends.stream().forEach(System.out::println);

}
```

14.7 实战：replaceAll 方法的使用

removeAll 方法的使用示例如下：

```
@Test
public void testRemoveAll() {
```

```
    List<String> friends = new ArrayList<>();
    friends.add("Alice");
    friends.add("Bob");
    friends.add("Cavin");
    friends.add("David");
    friends.add("Eric");
    friends.add("Franck");

    List<String> friends2 = new ArrayList<>();
    friends2.add("Alice");
    friends2.add("Bob");
    friends2.add("Cavin");

    friends.removeAll(friends2);

    friends.stream().forEach(System.out::println);
}
```

14.8 Map 常用方法

Java 8 引入了 Map 接口支持的几种默认方法，这些新操作的目的是通过使用现成的惯用模式来帮助开发者编写更简洁的代码，而不是自己实现它。

下面一一介绍这些操作。

14.8.1 forEach

forEach 用于方便遍历 Map 中的元素。我们先来看一个在 Java 8 之前的遍历：

```
Map<String, Integer> friends =
    Map.of("Alice", 30, "Bob", 28, "Cavin", 33);

// Java 8 之前
for (Map.Entry<String, Integer> entry: friends.entrySet()) {
    String friend = entry.getKey();
    Integer age = entry.getValue();
    System.out.println(friend + " is " + age + " years old");
}
```

Java 8 之后，可以享受 forEach 带来的便利：

```
Map<String, Integer> friends =
    Map.of("Alice", 30, "Bob", 28, "Cavin", 33);

// Java 8 之后
friends.forEach((friend, age)
    -> System.out.println(friend + " is " + age + " years old"));
```

原本需要 4 行代码才能搞定的事情，forEach 只需要一行。

14.8.2 sorted

sorted 用于 Map 中元素的排序，提供了两种排序方式：

- Entry.comparingByValue：按照值排序。
- Entry.comparingByKey：按照键排序。

观察下面的例子：

```
Map<String, Integer> friends =
    Map.of("Alice", 30, "Bob", 28, "Cavin", 33);

// 按值排序
friends.entrySet().stream()
    .sorted(Entry.comparingByValue())
    .forEachOrdered(System.out::println);

// 按键排序
friends.entrySet().stream()
    .sorted(Entry.comparingByKey())
    .forEachOrdered(System.out::println);
```

这里需要注意的是，想要按照排序进行遍历输出，需要使用 forEachOrdered 方法。
程序输出如下：

```
Bob=28
Alice=30
Cavin=33
Alice=30
Bob=28
Cavin=33
```

14.8.3 getOrDefault

当正在查找的 Map 键不存在时，将收到一个空引用，此时必须检查该空引用以防止 NullPointerException。现在，更加常见的设计风格是提供默认值，以供当 Map 中不存在键时使用，比如 getOrDefault 方法。此方法将键作为第一个参数，将默认值作为第二个参数。
观察下面的例子：

```
Map<String, Integer> friends =
    Map.of("Alice", 30, "Bob", 28, "Cavin", 33);

// key存在，不会使用默认值
assertEquals(30, friends.getOrDefault("Alice", 18).intValue());

// key不存在，会使用默认值
```

```
assertEquals(18, friends.getOrDefault("Way", 18).intValue());
```

在上述例子中，friends 中存在键"Alice"，所以不会使用默认值 18；friends 中不存在键"Way"，因此会返回默认值 18。

14.9　实战：forEach 方法的使用

forEach 方法的使用示例如下：

```
@Test
public void testForEach() {
    Map<String, Integer> friends =
            Map.of("Alice", 30, "Bob", 28, "Cavin", 33);

    // Java 8 之前
    for(Map.Entry<String, Integer> entry: friends.entrySet()) {
        String friend = entry.getKey();
        Integer age = entry.getValue();
        System.out.println(friend + " is " + age + " years old");
    }

    // Java 8 之后
    friends.forEach((friend, age)
            -> System.out.println(friend + " is " + age + " years old"));
}
```

14.10　实战：sorted 的使用

sorted 方法的使用示例如下：

```
@Test
public void testForEach() {
    Map<String, Integer> friends =
            Map.of("Alice", 30, "Bob", 28, "Cavin", 33);

    // Java 8 之前
    for(Map.Entry<String, Integer> entry: friends.entrySet()) {
        String friend = entry.getKey();
        Integer age = entry.getValue();
        System.out.println(friend + " is " + age + " years old");
    }

    // Java 8 之后
    friends.forEach((friend, age)
```

```
        -> System.out.println(friend + " is " + age + " years old"));
}
```

14.11　实战：getOrDefault 方法的使用

getOrDefault 方法的使用示例如下：

```
@Test
public void testGetOrDefault() {
    Map<String, Integer> friends =
            Map.of("Alice", 30, "Bob", 28, "Cavin", 33);

    // key 存在，不会使用默认值
    assertEquals(30, friends.getOrDefault("Alice", 18).intValue());

    // key 不存在，会使用默认值
    assertEquals(18, friends.getOrDefault("Way", 18).intValue());
}
```

14.12　实战：计算操作

有时，希望有条件地执行操作并存储其结果，具体取决于 Map 中是否存在键。例如，可能希望在给定键的情况下缓存昂贵操作的结果。如果键存在，就无须重新计算结果。

Map 工厂提供了下面 3 个方法以适应上述需求：

- computeIfAbsent：如果给定键没有指定值（它不存在或其值为 null），就使用键计算新值并将其添加到 Map。
- computeIfPresent：如果存在指定的键，就为其计算新值并将添加到 Map。
- computer：此操作计算给定键的新值并将其存储在 Map 中。

14.12.1　computeIfAbsent

computeIfAbsent 用于缓存信息。有一些信息一旦计算就不会变化，比如 SHA-256 哈希值、用户的身份证号码等。

观察下面的例子：

```
Map<String, Integer> friends = new HashMap<>();
friends.put("Alice", 30);
friends.put("Bob", 28);
friends.put("Cavin", 33);
```

```java
// key 存在，不会覆盖原有值
friends.computeIfAbsent("Alice", k -> Integer.valueOf(18));
assertEquals(30, friends.get("Alice").intValue());

// key 不存在，则会添加计算值
friends.computeIfAbsent("David", k -> Integer.valueOf(18));
assertEquals(18, friends.get("David").intValue());
```

在上述例子中，当 friends 的键存在时，使用 computeIfAbsent 不会覆盖原有的值；键不存在时，使用 computeIfAbsent 会添加该键的计算值。

14.12.2　computeIfPresent

computeIfPresent 用于修改已经存在的键的值。观察下面的例子：

```java
Map<String, Integer> friends = new HashMap<>();
friends.put("Alice", 30);
friends.put("Bob", 28);
friends.put("Cavin", 33);

// key 存在，则会重新计算值
friends.computeIfPresent("Alice", (k, v) -> 18);
assertEquals(18, friends.get("Alice").intValue());

// key 不存在，不会计算值
friends.computeIfPresent("Eric", (k, v) -> 18);
assertEquals(0, friends.getOrDefault("Eric", 0).intValue());
```

在上述例子中，当 friends 的键存在时，使用 computeIfPresent 会重新计算，用新值来覆盖原有的值；键不存在时，使用 computeIfPresent 不会添加该键的计算值。

14.12.3　compute

compute 用于添加键的值，存在值则覆盖原有的值，不存在值就添加该键的值，类似于 Map 的 put 操作。观察下面的例子：

```java
Map<String, Integer> friends = new HashMap<>();
friends.put("Alice", 30);
friends.put("Bob", 28);
friends.put("Cavin", 33);

// key 存在，重新计算值
friends.compute("Bob", (k, v) -> 18);
assertEquals(18, friends.get("Bob").intValue());

// key 不存在，也会计算值
friends.compute("Franc", (k, v) -> 18);
assertEquals(18, friends.get("Franc").intValue());
```

在上述例子中，不管 friends 的键是否存在，使用 compute 都会添加该键的值。

14.13　实战：移除操作

大家对 Map 的 remove 方法都不会陌生，该方法允许删除给定键的 Map 条目。从 Java 8 开始，提供了新的移除方式，只有当键与特定值相关联时才会删除条目。

在 Java 8 以前，我们想实现删除键与特定值相关联的条目，代码可能是这样的：

```java
Map<String, Integer> friends = new HashMap<>();
friends.put("Alice", 30);
friends.put("Bob", 28);
friends.put("Cavin", 33);

if (friends.containsKey("Cavin") &&
        Objects.equals(friends.get("Cavin"), 33)) {
    friends.remove("Cavin");
}
```

在 Java 8 中，上述代码可以简化为一行，即：

```java
friends.remove("Cavin", 33);
```

14.14　实战：替换操作

Map 有两个新方法可以替换 Map 中的条目：

- replaceAll：用 BiFunction 的结果替换每个条目的值。此方法与 List 上的 replaceAll 类似。
- replace：如果键存在，就可以替换 Map 中的值；如果键不存在，就不会执行任何操作。

14.14.1　replaceAll

replaceAll 用 BiFunction 的结果替换每个条目的值。观察下面的例子：

```java
Map<String, Integer> friends = new HashMap<>();
friends.put("Alice", 30);
friends.put("Bob", 28);
friends.put("Cavin", 33);

// key 存在，则会替换新值
friends.replaceAll((k,v) -> v + 10);

System.out.println(friends);
```

在上述例子中,BiFunction 函数用于将值加上 10,所以 friends 所有的键所对应的值都累加了 10。输出结果如下:

```
{Cavin=43, Bob=38, Alice=40}
```

14.14.2 replace

replace 用于替换 Map 中相应键的值。观察下面的例子:

```java
Map<String, Integer> friends = new HashMap<>();
friends.put("Alice", 30);
friends.put("Bob", 28);
friends.put("Cavin", 33);

// key 存在,则会替换新值
friends.replace("Cavin", 18);

// key 不存在,则不做任何动作
friends.replace("David", 18);

System.out.println(friends);
```

在上述例子中,如果键存在,就做替换动作;如果键不存在,就不做任何操作。输出结果如下:

```
{Cavin=18, Bob=28, Alice=30}
```

14.15　实战:合并操作

Map 提供了 merge 默认方法,用于合并新的条目。观察下面的例子:

```java
Map<String, Integer> friends = new HashMap<>();
friends.put("Alice", 30);
friends.put("Bob", 28);
friends.put("Cavin", 33);

// key 存在,则会替换新值
friends.merge("Alice", 18, (k, v) -> 18);

// key 不存在,则会添加新值
friends.merge("Eric", 18, (k, v) -> 18);

System.out.println(friends);
```

在上述例子中,由于键"Alice"已经存在,所以会用新值 18 覆盖老的值 30;由于键"Eric"不存在,所以会添加该新的条目。输出结果如下:

```
{Cavin=33, Bob=28, Eric=18, Alice=18}
```

14.16 ConcurrentHashMap 的改进

引入 ConcurrentHashMap 类是为了提供更现代的 HashMap，它也是兼容并发的。ConcurrentHashMap 允许并发添加和更新操作，仅锁定内部数据结构的某些部分。因此，与同步 HashTable 替代方案相比，读写操作具有更好的性能。

14.16.1 Java 8 之前的 ConcurrentHashMap 类

在 Java 8 之前，ConcurrentHashMap 类的基本结构如图 14-1 所示。

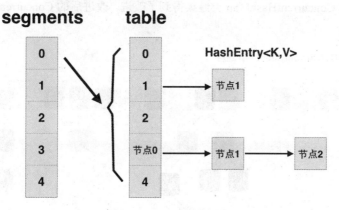

图 14-1　segment 示意图

每一个 segment 都是一个 HashEntry<K,V>[] table，table 中的每一个元素本质上都是一个 HashEntry 的单向队列。比如在图 14-1 中，table[3]为首节点，table[3]->next 为节点 1，之后为节点 2，以此类推，源码如下：

```
public class ConcurrentHashMap<K, V> extends AbstractMap<K, V>
        implements ConcurrentMap<K, V>, Serializable {

    // 将整个hashmap分成几个小的map，每个segment都是一个锁；与hashtable相比，
    // 这么设计的目的是针对put、remove等操作的，可以减少并发冲突，
    // 对不属于同一个片段的节点可以并发操作，大大提高了性能
    final Segment<K,V>[] segments;

    // 本质上Segment类就是一个小的hashmap，里面table数组存储了各个节点的数据，
    // 继承了ReentrantLock，可以作为互斥锁使用
    static final class Segment<K,V> extends ReentrantLock implements Serializable {
        transient volatile HashEntry<K,V>[] table;
        transient int count;
    }
```

```
// 基本节点，存储 Key, Value 值
static final class HashEntry<K,V> {
    final int hash;
    final K key;
    volatile V value;
    volatile HashEntry<K,V> next;
}
}
```

将整个 ConcurrentHashMap 分成几个小的 segment，每个 segment 都是一个锁。与 HashTable 相比，这么设计的目的是针对 put、remove 等操作的，可以减少并发冲突。

14.16.2　Java 8 之后的 ConcurrentHashMap 类的改进

Java 8 之后的 ConcurrentHashMap 类继续得到了改进。改进后的 ConcurrentHashMap 类的示意图如图 14-2 所示。

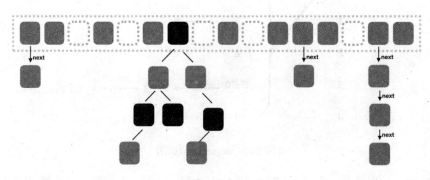

图 14-2　segment 示意图

改进内容主要体现在以下两个方面。

1. 取消 segments 字段

取消 segments 字段分段锁思想，改用 CAS+synchronized 控制并发操作。观察下面的源码：

```
transient volatile Node<K,V>[] table;

private transient volatile Node<K,V>[] nextTable;

private transient volatile long baseCount;

private transient volatile int sizeCtl;
```

在上述代码中，* table 代表整个 HashMap。装载 Node 的数组，作为 ConcurrentHashMap 的数据容器，采用懒加载的方式，直到第一次插入数据的时候才会进行初始化操作，数组的大小总是 2 的幂次方。采用 table 数组元素作为锁，从而实现对每一行数据进行加锁，进一步减少并发冲突

的概率。* nextTable 是在扩容时使用的，平时为 null，只有在扩容的时候才为非 null。扩容完成后会被重置为 null。 * baseCount 保存着整个哈希表中存储的所有节点的个数总和，有点类似于 HashMap 的 size 属性。 * 无论是初始化还是扩容哈希表，都需要依赖这个 sizeCtl。sizeCtl 有以下几种取值：* 0，默认值；* -1，代表哈希表正在进行初始化；* 大于 0，相当于 HashMap 中的 threshold，表示阈值；* 小于-1，代表有多个线程正在进行扩容。

ConcurrentHashMap 的 put 方法可以实现并发操作，源码如下：

```java
public V put(K key, V value) {
    return putVal(key, value, false);
}

final V putVal(K key, V value, boolean onlyIfAbsent) {
    if (key == null || value == null) throw new NullPointerException();

    // 计算键所对应的 hash 值
    int hash = spread(key.hashCode());
    int binCount = 0;
    for (Node<K,V>[] tab = table;;) {
        Node<K,V> f; int n, i, fh; K fk; V fv;

        // 如果哈希表还未初始化，那么初始化它
        if (tab == null || (n = tab.length) == 0)
            tab = initTable();

        // 根据键的 hash 值找到哈希数组相应的索引位置
        // 如果为空，那么以 CAS 无锁式向该位置添加一个节点
        else if ((f = tabAt(tab, i = (n - 1) & hash)) == null) {
            if (casTabAt(tab, i, null, new Node<K,V>(hash, key, value)))
                break;
        }

        // 检测到节点是 ForwardingNode 类型，则协助扩容
        else if ((fh = f.hash) == MOVED)
            tab = helpTransfer(tab, f);
        else if (onlyIfAbsent
                && fh == hash
                && ((fk = f.key) == key || (fk != null && key.equals(fk)))
                && (fv = f.val) != null)
            return fv;

        //锁住该头节点并试图在该链表的尾部添加一个节点
        else {
            V oldVal = null;
            synchronized (f) {
                if (tabAt(tab, i) == f) {

                    // 向普通链表中添加元素
                    if (fh >= 0) {
                        binCount = 1;
```

```java
                    for (Node<K,V> e = f;; ++binCount) {
                        K ek;
                        if (e.hash == hash &&
                            ((ek = e.key) == key ||
                             (ek != null && key.equals(ek)))) {
                            oldVal = e.val;
                            if (!onlyIfAbsent)
                                e.val = value;
                            break;
                        }
                        Node<K,V> pred = e;
                        if ((e = e.next) == null) {
                            pred.next = new Node<K,V>(hash, key, value);
                            break;
                        }
                    }
                }

                // 向红黑树中添加元素，TreeBin 节点的 hash 值为 TREEBIN (-2)
                else if (f instanceof TreeBin) {
                    Node<K,V> p;
                    binCount = 2;
                    if ((p = ((TreeBin<K,V>)f).putTreeVal(hash, key,
                                                         value)) != null) {
                        oldVal = p.val;
                        if (!onlyIfAbsent)
                            p.val = value;
                    }
                }
                else if (f instanceof ReservationNode)
                    throw new IllegalStateException("Recursive update");
            }
        }

        //binCount != 0 说明向链表或者红黑树中添加或修改一个节点成功
        //binCount == 0 说明 put 操作将一个新节点添加成为某个桶的首节点
        if (binCount != 0) {
            if (binCount >= TREEIFY_THRESHOLD)
                treeifyBin(tab, i);
            if (oldVal != null)
                return oldVal;
            break;
        }
    }
}
addCount(1L, binCount);
return null;
}
```

实现详细过程已经在上述源码中做了注释，此处不再赘述。总地来说，通过 CAS+synchronized

来控制并发操作。

2. 调整了数据结构

底层实现将原先 table 数组＋单向链表的数据结构变更为 table 数组＋单向链表＋红黑树的结构。对于 hash 表来说，最核心的能力在于将 key 哈希之后能均匀地分布在数组中。如果哈希之后散列得很均匀，那么 table 数组中的每个队列长度主要为 0 或者 1。实际情况并非总是如此理想，虽然 ConcurrentHashMap 类默认的加载因子为 0.75，但是在数据量过大或者运气不佳的情况下还是会存在一些队列长度过长的情况，如果还是采用单向列表方式，那么查询某个节点的时间复杂度为 $O(n)$。因此，对于个数超过 8（默认值）的列表，Java 8 中采用了红黑树的结构，查询的时间复杂度可以降低到 $O(logN)$，改进了性能。

ConcurrentHashMap 的 get 方法实现如下：

```java
public V get(Object key) {
    Node<K,V>[] tab; Node<K,V> e, p; int n, eh; K ek;

    // 计算键所对应的 hash 值
    int h = spread(key.hashCode());
    if ((tab = table) != null && (n = tab.length) > 0 &&
        (e = tabAt(tab, (n - 1) & h)) != null) {

        // table[i]桶节点的 key 与查找的 key 相同，则直接返回
        if ((eh = e.hash) == h) {
            if ((ek = e.key) == key || (ek != null && key.equals(ek)))
                return e.val;
        }

        // 当前节点 hash 小于 0 说明为树节点，在红黑树中查找即可
        else if (eh < 0)
            return (p = e.find(h, key)) != null ? p.val : null;
        while ((e = e.next) != null) {

            // 从链表中查找，查找到就返回该节点的 value，否则返回 null
            if (e.hash == h &&
                ((ek = e.key) == key || (ek != null && key.equals(ek))))
                return e.val;
        }
    }
    return null;
}
```

get 方法的具体流程已经在源码中做了注释。首先查看当前的 hash 桶数组节点即 table[i]是否为查找的节点，若是则直接返回；若不是则继续看当前是不是树节点。通过节点的 hash 值是否为小于 0 来判断，若小于 0 则为树节点。如果是树节点，就在红黑树中查找节点；如果不是树节点，就只剩下链表形式这一种可能性了，继续向后遍历查找节点，若查找到则返回节点的 value；若没有找到则返回 null。

第15章

新的日期和时间 API

本章主要介绍 Java 中新引入的日期和时间 API 的用法。

15.1 了解 LocalDate

Java API 包含许多有用的组件,可帮助开发者构建复杂的应用程序。不幸的是,Java API 并不总是完美的。大多数经验丰富的 Java 开发人员都知道,Java 中的日期和时间 API 并不是非常好用的。

举例来说,在 Java 1.0 中,日期和时间的唯一支持是 java.util.Date 类。尽管它的名字看上去像是日期,但是这个类并没有代表一个日期,而是一个毫秒精度的时间点。更糟糕的是,这个类的可用性受到一些模糊的设计决定的影响。例如,想创建一个日期"2019 年 1 月 21 日",就必须创建日期实例,如下所示:

```
Date date = new Date(119, 0, 21)
```

需要注意的是,第一个参数是年份的偏移量,从 1900 年开始;第二个参数是月份,从索引 0 开始。换言之,实例化这个日期,你必须要在脑子里面先演算下偏移量是否正确,非常不友好。

在 Java 8 所引入的全新的 Date 和 Time API 就能很好地解决上述问题。

下面是在 Java 8 中创建日期的方式,可以说是非常直观的:

```
LocalDate date = LocalDate.of(2019, 1, 21);
```

LocalDate 类的实例是一个不可变对象,表示没有时间的普通日期,特别是它不包含有关时区的任何信息。

可以使用静态工厂方法来创建 LocalDate 实例。LocalDate 实例提供了许多方法来读取其最常用的值(年、月、日、星期几等),如下面的代码所示:

```java
// 实例化 2019-1-21 日期
LocalDate date = LocalDate.of(2019, 1, 21);

// 获取年份
int year = date.getYear();
assertEquals(2019, year);

// 获取月份
Month month = date.getMonth();

assertEquals(1, month.getValue());

// 获取日
int day = date.getDayOfMonth();
assertEquals(21, day);

// 获取星期几
DayOfWeek dow = date.getDayOfWeek();

assertEquals(1, dow.getValue());
assertEquals("MONDAY", dow.toString());

// 获取月份的日数
int len = date.lengthOfMonth();
assertEquals(31, len);

// 是否闰年
boolean leap = date.isLeapYear();
assertEquals(false, leap);
```

LocalDate 还提供了一个非常方便的方法，用于创建当前的日期，代码如下：

```java
LocalDate today = LocalDate.now();
System.out.println(today.toString());
```

输出结果为：

```
2019-01-09
```

15.2　了解 LocalTime

与 LocalDate 相对应，LocalTime 用于创建时间。下面是在 Java 8 中创建时间的方式，可以说是非常直观的：

```java
LocalTime time = LocalTime.of(13, 45, 20);
```

上述代码创建了时间 "13:45:20"。

LocalTime 类的实例是一个不可变对象，可以使用静态工厂方法来创建。LocalTime 实例提供了许多方法，如下面的代码所示：

```
// 实例化时间
LocalTime time = LocalTime.of(13, 45, 20);

// 获取小时
int hour = time.getHour();
assertEquals(13, hour);

// 获取分钟
int minute = time.getMinute();
assertEquals(45, minute);

// 获取秒
int second = time.getSecond();
assertEquals(20, second);
```

LocalTime 还提供了一个非常方便的方法，用于创建当前的时间。代码如下：

```
LocalTime now = LocalTime.now();
System.out.println(now);
```

输出结果为：

```
23:55:34.907452800
```

时间精度为纳秒。

15.3 了解 LocalDateTime

LocalDateTime 类可以理解为 LocalDate 和 LocalTime 的组合。它代表没有时区的日期和时间，可以直接创建，也可以组合日期和时间。

下面是在 Java 8 中创建 LocalDateTime 的方式，可以说是非常直观的：

```
LocalDateTime dt1 = LocalDateTime.of(2019, 1, 21, 13, 45, 20);
```

上述例子创建一个 "2019-01-21T13:45:20" 的日期和时间。

LocalDateTime 类的实例是一个不可变对象，可以使用静态工厂方法来创建。查看 LocalDateTime 的实现，其实就是 LocalDate 和 LocalTime 的组合。以下是 LocalDateTime 类的实现方式：

```
public static LocalDateTime of(int year, int month, int dayOfMonth, int hour, int minute, int second) {
    LocalDate date = LocalDate.of(year, month, dayOfMonth);
    LocalTime time = LocalTime.of(hour, minute, second);
    return new LocalDateTime(date, time);
}
```

除了上述实例化方法外，还可以将 LocalDate 和 LocalTime 作为参数，示例如下：

```
// 实例化时间
LocalDate date = LocalDate.of(2019, 1, 21);

// 实例化时间
LocalTime time = LocalTime.of(13, 45, 20);

LocalDateTime dt2 = LocalDateTime.of(date, time);
```

LocalDateTime 实例提供了许多方法。由于 LocalDateTime 是 LocalDate 和 LocalTime 的组合，因此 LocalDate 和 LocalTime 有的方法，LocalDateTime 都有，如下面的代码所示：

```
// 实例化时间
LocalDate date = LocalDate.of(2019, 1, 21);

// 实例化时间
LocalTime time = LocalTime.of(13, 45, 20);

LocalDateTime dt2 = LocalDateTime.of(date, time);

assertEquals(dt1, dt2);


// 获取年份
int year = dt2.getYear();
assertEquals(2019, year);

// 获取月份
Month month = dt2.getMonth();

assertEquals(1, month.getValue());

// 获取日
int day = dt2.getDayOfMonth();
assertEquals(21, day);

// 获取星期几
DayOfWeek dow = dt2.getDayOfWeek();

assertEquals(1, dow.getValue());
assertEquals("MONDAY", dow.toString());

// 获取小时
int hour = dt2.getHour();
assertEquals(13, hour);

// 获取分钟
int minute = dt2.getMinute();
assertEquals(45, minute);

// 获取秒
int second = dt2.getSecond();
```

```
assertEquals(20, second);
```

LocalDateTime 还提供了一个非常方便的方法,用于创建当前的日期和时间,代码如下:

```
LocalDateTime dt1 = LocalDateTime.now();
System.out.println(dt1);
```

输出结果为:

```
2019-01-14T23:25:32.343648700
```

时间精度为纳秒。

15.4 了解 Instant

对于人来说,习惯于以周、日、小时和分钟来展示日期和时间,这种表示方式对于计算机来说却不容易处理。从机器的角度来看,时间最自然的格式是表示连续时间轴上的点的数值,按约定 1970 年 1 月 1 日 0 时定义为 UNIX 纪元时间。UNIX 纪元时间为 0 秒,之后的每个时间可以理解为与 UNIX 纪元时间的偏移量。

举例来说,1970 年 1 月 2 日 0 时,在计算机里面可以表示为数值"1440",因为一天共 1440 秒,1970 年 1 月 1 日 0 时与 1970 年 1 月 2 日 0 时偏差刚好 1 天。

新的 java.time.Instant 类就用来方便某个瞬时时间点。下面是一个实例化 Instant 的例子:

```
Instant instant = Instant.ofEpochSecond(60*24L); // 1440 秒
System.out.println(instant.toString());
```

可以看到,控制台输出内容为:

```
1970-01-01T00:24:00Z
```

以下是常用的 Instant 类的方法:

```
Instant instant = Instant.ofEpochSecond(60*24L); // 1970-01-01T00:24:00Z

// 与纪元时间的偏移秒数
assertEquals(1440, instant.getEpochSecond());

// 偏移秒数
Instant instant2 = instant.plusSeconds(100);

// 与纪元时间的偏移秒数
assertEquals(1540, instant2.getEpochSecond());
```

其中,getEpochSecond 方法用于获取与纪元时间的偏移秒数;plusSeconds 方法则是在当前 instant 的时间上附加一次偏移量。

Instant 还提供了一个非常方便的方法,用于创建当前时间的瞬时,代码如下:

```
Instant now = Instant.now();
System.out.println(now.getEpochSecond());
```

输出结果为：

```
1547482205
```

时间精度为秒。

15.5 了解 Duration

Duration 对象表示两个 Instant 间的一段时间，是在 Java 8 中加入的新功能。

Duration 实例是不可变的，当创建出对象后就不能改变它的值了。只能通过 Duration 的计算方法来创建一个新的 Durtaion 对象。

以下是使用 Duration 类的工厂方法来创建一个 Duration 对象的例子：

```
Instant instant = Instant.ofEpochSecond(60*24L); // 1440 秒

Instant instant2 = Instant.ofEpochSecond(60*25L); // 1500 秒

Duration duration = Duration.between(instant, instant2);

assertEquals(60, duration.getSeconds());
```

Duration 还提供了如下累加日和累加秒的方法：

```
// 累加秒
Duration duration2 = duration.plusSeconds(100);
assertEquals(60 + 100, duration2.getSeconds());

// 累加日
Duration duration3 = duration.plusDays(1);
assertEquals(60 + 24*60*60, duration3.getSeconds());
```

15.6 了解 Period

Period 用于表示两个日期的时间差。在项目中，经常需要比较两个日期之间相差几天，或者相隔几个月，我们可以使用 Java 8 的 Period 来进行处理。以下是一些常用示例：

```
LocalDate day1 = LocalDate.of(2015, 10, 2);
LocalDate day2 = LocalDate.of(2019, 1, 3);

Period period = Period.between(day1, day2);

assertEquals(1, period.getDays());

assertEquals(3, period.getMonths());
```

```
assertEquals(3, period.getYears());
```

需要注意的是,这里的时间差是一个整数。举例来说,如果两个日期实际相差不够 1 年,在 Period 中的 getYears 方法返回的是 0。

15.7 常用日期的操作

创建现有 LocalDate 的修改版本最直接和最简单的方法是使用其 withAttribute 方法之一更改其中一个属性。注意,所有方法都返回带有 modified 属性的新对象。它们不会改变现有的对象。

```
// 实例化 2019-1-21 日期
LocalDate date = LocalDate.of(2019, 1, 21);
assertEquals("2019-01-21", date.toString());

// 修改年
LocalDate date2 = date.withYear(2011);
assertEquals("2011-01-21", date2.toString());

// 修改日
LocalDate date3 = date.withDayOfMonth(25);
assertEquals("2019-01-25", date3.toString());

// 修改月
LocalDate date4 = date.with(ChronoField.MONTH_OF_YEAR, 2);
assertEquals("2019-02-21", date4.toString());
```

在上述最后一个例子中,使用更通用的 with 方法执行相同的操作,将 Temporal Field 作为第一个参数。这种方法都在由所有类实现的 Temporal 接口中声明,例如 LocalDate、LocalTime、LocalDateTime 和 Instant。更准确地说,get 和 with 方法允许开发者分别读取和修改 Temporal 对象的字段。如果请求的字段不受特定时间段的支持,就抛出 UnsupportedTemporalTypeException 异常,例如 Instant 上的 ChronoField.MONTH_OF_YEAR 或 LocalDate 上的 ChronoField.NANO_OF_SECOND。

可以以声明的方式操作 LocalDate。例如,可以添加或减去给定的时间,代码如下:

```
// 实例化 2019-1-21 日期
LocalDate date = LocalDate.of(2019, 1, 21);
assertEquals("2019-01-21", date.toString());

// 加一周
LocalDate date5 = date.plusWeeks(1);
assertEquals("2019-01-28", date5.toString());

// 减少 6 年
LocalDate date6 = date.minusYears(6);
assertEquals("2013-01-21", date6.toString());
```

```
// 加 6 个月
LocalDate date7 = date.plus(6, ChronoUnit.MONTHS);
assertEquals("2019-07-21", date7.toString());
```

上述例子中的最后一个方法 plus 是一个通用的加方法，接收 Temporal 作为参数。这些方法允许开发者向后或向前移动一个给定的时间，由数字加上 TemporalUnit 定义，其中 ChronoUnit 枚举提供了 TemporalUnit 接口的方便实现。

LocalDate、LocalTime、LocalDateTime 和 Instant 都有许多共同的方法。表 15-1 总结了这些方法。

表 15-1 共同的方法

方法	是否是静态方法	描述
from	Yes	从传入的对象创建类实例
now	Yes	从系统时钟创建对象
of	Yes	从其组成部分创建此对象的实例
parse	Yes	从 String 中创建对象
atOffset	No	将此时间对象与区域偏移相结合
atZone	No	将此时间对象与时区组合
format	No	使用指定的格式将此临时对象转换为 String（不适用于 Instant）
get	No	读取此对象的部分状态
minus	No	向前移动一个给定的时间
with	No	创建此对象的副本，并更改状态的一部分

15.8 调整时间

到目前为止，所看到的所有日期操作都相对简单，但有时需要执行某些高级操作，例如将日期调整到下一个星期日、下一个工作日或该月的最后一天。在这种情况下，可以传递 with 方法的重载版本 TemporalAdjuster（时间调整器）。它提供了一种可自定义的方式来定义在特定日期进行所需的操作。Date 和 Time API 已经为常见的用例提供了许多预定义的 TemporalAdjuster，可以使用 TemporalAdjusters 类中包含的静态临时方法来访问，示例如下：

```
import static java.time.temporal.TemporalAdjusters.lastDayOfMonth;
import static java.time.temporal.TemporalAdjusters.nextOrSame;
import static org.junit.jupiter.api.Assertions.assertEquals;

import java.time.DayOfWeek;
import java.time.LocalDate;

...

// 实例化 2019-1-21 日期
LocalDate date = LocalDate.of(2019, 1, 21);
assertEquals("2019-01-21", date.toString());
```

```
// 下个周日
LocalDate date2 = date.with(nextOrSame(DayOfWeek.SUNDAY));
assertEquals("2019-01-27", date2.toString());

// 本月最后一天
LocalDate date3 = date.with(lastDayOfMonth());
assertEquals("2019-01-31", date3.toString());
```

表 15-2 列出 TemporalAdjusters 类常用的静态方法。

表 15-2 TemporalAdjusters 类常用的静态方法

方法	描述
dayOfWeekInMonth	创建一个新的日期,它的值为同一个月中每一周的第几天
firstDayOfMonth	创建一个新的日期,它的值为当月的第一天
firstDayOfNextMonth	创建一个新的日期,它的值为下月的第一天
firstDayOfNextYear	创建一个新的日期,它的值为明年的第一天
firstDayOfYear	创建一个新的日期,它的值为今年的第一天
firstInMonth	创建一个新的日期,它的值为同一个月中第一个符合星期几要求的值
lastDayOfMonth	创建一个新的日期,它的值为当月的最后一天
lastDayOfNextMonth	创建一个新的日期,它的值为下月的最后一天
lastDayOfNextYear	创建一个新的日期,它的值为明年的最后一天
lastDayOfYear	创建一个新的日期,它的值为今年的最后一天
lastInMonth	创建一个新的日期,它的值为同一个月中最后一个符合星期几要求的值
next/previous	创建一个新的日期,并将其值设定为日期调整后或者调整前第一个符合指定星期几要求的日期
nextOrSame/previousOrSame	创建一个新的日期,并将其值设定为日期调整后或者调整前第一个符合指定星期几要求的日期,如果该日期已经符合要求就直接返回该对象

15.9 格式化日期

项目中经常需要格式化日期。新的 java.time.format 包专门用于这些目的,这个包最重要的类是 DateTimeFormatter。创建格式化程序的最简单方法是通过其静态工厂方法和常量,诸如 BASIC_ISO_DATE 和 ISO_LOCAL_DATE 之类的常量是 DateTimeFormatter 类的预定义实例。可以使用所有 DateTimeFormatters 创建表示特定格式的给定日期或时间的 String,例如我们使用两种不同的格式化程序生成一个 String:

```
// 实例化 2019-1-21 日期
LocalDate date = LocalDate.of(2019, 1, 21);
assertEquals("2019-01-21", date.toString());

String s1 = date.format(DateTimeFormatter.BASIC_ISO_DATE);
assertEquals("20190121", s1);
```

```
String s2 = date.format(DateTimeFormatter.ISO_LOCAL_DATE);
assertEquals("2019-01-21", s2);
```

还可以解析表示该格式的日期或时间的 String，以重新创建日期对象本身。可以使用表示时间点或间隔的 Date 和 Time API 的所有类提供的 parse 工厂方法来完成此任务。示例如下：

```
// 实例化 2019-1-21 日期
LocalDate date = LocalDate.of(2019, 1, 21);
assertEquals("2019-01-21", date.toString());

// 字符串转日期
LocalDate date1 = LocalDate.parse("20190121",
        DateTimeFormatter.BASIC_ISO_DATE);
assertEquals("2019-01-21", date1.toString());

LocalDate date2 = LocalDate.parse("2019-01-21",
        DateTimeFormatter.ISO_LOCAL_DATE);
assertEquals("2019-01-21", date2.toString());
```

与旧的 java.util.DateFormat 类相比，所有 DateTimeFormatter 实例都是线程安全的。因此，可以创建类似于 DateTimeFormatter 常量定义的单一格式化程序，并在多个线程之间共享它们。

下面的示例将显示 DateTimeFormatter 类如何来格式化日期：

```
// 实例化 2019-1-21 日期
LocalDate date = LocalDate.of(2019, 1, 21);
assertEquals("2019-01-21", date.toString());

// 格式化日期
DateTimeFormatter formatter = DateTimeFormatter.ofPattern("dd/MM/yyyy");

String formattedDate = date.format(formatter);
assertEquals("21/01/2019", formattedDate);

LocalDate date3 = LocalDate.parse(formattedDate, formatter);
assertEquals("2019-01-21", date3.toString());
```

15.10 时区处理

本节介绍有关时区的处理方法。处理时区是一个重要的问题，新的日期和时间 API 大大简化了这个问题。新的 java.time.ZoneId 类是旧 java.util.TimeZone 类的替代品，旨在更好地保护你免受与时区相关的复杂性的影响，例如处理夏令时（DST）。与 Date 和 Time API 的其他类一样，时区是不可变的。

时区是对应于标准时间相同的区域的一组规则，在 ZoneRules 类的实例中保存了大约 40 个时区，可以在 ZoneId 上调用 getRules()，以获取该时区的规则。特定的 ZoneId 由区域 ID 标识，如下例所示：

```
ZoneId romeZone = ZoneId.of("Europe/Rome");
```

所有区域 ID 都采用 "{地区}/{城市}" 的格式,可用的区域 ID 可以在 https://www.iana.org/time-zones 网站查询到。还可以使用下面的 toZoneId 方法将旧的 TimeZone 对象转换为 ZoneId:

```
ZoneId zoneId = TimeZone.getDefault().toZoneId();
```

当拥有 ZoneId 对象时,可以将其与 LocalDate、LocalDateTime 或 Instant 结合使用,转换为 ZonedDateTime 实例(表示相对于指定时区的时间点),如下面的代码所示:

```
// 区域标识
ZoneId romeZone = ZoneId.of("Europe/Rome");

// 实例化 2019-1-21 日期
LocalDate date = LocalDate.of(2019, 1, 21);
assertEquals("2019-01-21", date.toString());

ZonedDateTime zdt1 = date.atStartOfDay(romeZone);
assertEquals("2019-01-21T00:00+01:00[Europe/Rome]", zdt1.toString());

LocalDateTime dt1 = LocalDateTime.of(2019, 1, 21, 13, 45, 20);
ZonedDateTime zdt2 = dt1.atZone(romeZone);
assertEquals("2019-01-21T13:45:20+01:00[Europe/Rome]", zdt2.toString());

Instant instant = Instant.ofEpochSecond(60 * 24L);  // 1440 秒
ZonedDateTime zdt3 = instant.atZone(romeZone);
assertEquals("1970-01-01T01:24+01:00[Europe/Rome]", zdt3.toString());
```

图 15-1 可说明 ZonedDateTime 的组成,从该图中可以清楚地看到 LocalDate、LocalTime、LocalDateTime 和 ZoneId 之间的差异。

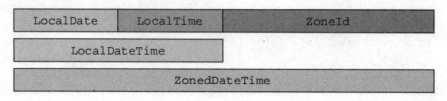

图 15-1 ZonedDateTime 的组成

表达时区的另一种常用方法是使用 UTC/GMT 的固定偏移量。可以用这种方式来表达 "纽约比伦敦晚五个小时"等。在这样的情况下,可以使用 ZoneOffset 类。它是 ZoneId 的子类,表示 GMT 的时间和零子午线之间的差异,如下所示:

```
ZoneOffset newYorkOffset = ZoneOffset.of("-05:00");
```

"-05:00"偏移确实对应于美国东部标准时间,但是以这种方式定义的 ZoneOffset 没有任何夏令时管理。由于 ZoneOffset 也是 ZoneId,因此可以使用,还可以创建一个 OffsetDateTime 来表示一个日期时间,其中 ISO-8601 日历系统中的 UTC/GMT 偏移量为:

```
// 实例化时间日期
LocalDateTime dt1 = LocalDateTime.of(2019, 1, 21, 13, 45, 20);
```

```
// UTC/GMT
ZoneOffset newYorkOffset = ZoneOffset.of("-05:00");
OffsetDateTime dateTimeInNewYork = OffsetDateTime.of(dt1, newYorkOffset);
assertEquals("2019-01-21T13:45:20-05:00", dateTimeInNewYork.toString());
```

15.11 日历

新的 Date and Time API 支持的另一个高级功能是非 ISO 日历系统。

ISO-8601 日历系统是事实上的世界民用日历系统,但 Java 8 中提供了 4 个额外的日历系统。每个日历系统都有一个专用的日期类:ThaiBuddhistDate、MinguoDate、JapaneseDate 和 Hijrah Date。所有这些类与 LocalDate 一起实现 ChronoLocalDate 接口,该接口用于以任意时间顺序对日期进行建模。 可以从 LocalDate 中创建其中一个类的实例,还可以使用 from 方法创建任何其他 Temporal 实例,如下所示:

```
// 实例化 2019-1-21 日期
LocalDate date = LocalDate.of(2019, 1, 21);
assertEquals("2019-01-21", date.toString());

JapaneseDate japaneseDate = JapaneseDate.from(date);
assertEquals("Japanese Heisei 31-01-21", japaneseDate.toString());
```

或者,可以为特定区域设置显式创建日历系统,并为该区域设置创建日期实例。在新的 Date and Time API 中,可以使用 Chronology 接口的 ofLocale 静态工厂方法获取实例:

```
// 实例化 2019-1-21 日期
Chronology japaneseChronology = Chronology.ofLocale(Locale.JAPAN);
ChronoLocalDate chronoLocalDate = japaneseChronology.date(2019, 1, 21);
assertEquals("2019-01-21", chronoLocalDate.toString());
```

第 16 章

并发编程的增强

本章主要介绍 Java 中对于并发编程的增强内容。

16.1　Stream 的 parallel()方法

Java 8 的 Stream 接口极大地减少了 for 循环写法的复杂性，Stream 提供了 map、reduce、collect 等一系列聚合接口，还支持并发操作——parallelStream。

Stream 的并行操作依赖于 Java 7 中引入的 Fork/Join 框架来拆分任务和加速处理过程。Stream 具有平行处理能力，处理的过程会分而治之，也就是将一个大任务切分成多个小任务，这表示每个任务都是一个操作，示例如下：

```
String[] testStrings = {"Java", "C++", "Golang"};

List<String> list = Stream.of(testStrings).collect(Collectors.toList());

// 并行流
list.parallelStream().forEach(System.out::println);
```

有关 Stream 的 parallel()的详细内容在第 6 章已经介绍过，此处不再赘述。

16.2　执行器及线程池

Java 5 提供了 Executor 框架和线程池的概念，作为捕获线程功能的更高级别的想法，允许 Java 程序员将任务提交与任务执行分离。

16.2.1 线程及线程数

Java 线程可以直接访问操作系统线程。问题是，操作系统线程的创建和销毁成本很高，而且数量有限。超过操作系统线程的数量可能会导致 Java 应用程序的崩溃，因此一般不会启用太多的线程。一般而言，给定程序的最佳 Java 线程数取决于可用的硬件 CPU 数量，两者的关系如下：

$$线程数=可用的 CPU 数/(1-阻塞系数)$$

其中，阻塞系统在 0~1 之间。所谓阻塞系数就是发生的 IO 操作，如读文件、读 socket 流、读写数据库等占程序时间的比率。这个数值在每个系统中肯定不一样，可通过分析工具或 java.lang.managementAPI 来确定，也可以做一个估计，然后逐步往最佳值靠拢。如果线程不是瓶颈所在，那么大概估一个值就好了。

16.2.2 线程池

Java ExecutorService 提供了一个接口，可以在其中提交任务并在以后获取结果。预期的实现使用一个线程池，可以通过其中一个工厂方法创建，例如 newFixedThreadPool 方法：

```
ExecutorService newFixedThreadPool(int nThreads)
```

此方法创建一个包含 nThreads（通常称为工作线程）的 ExecutorService，并将它们存储在线程池中，从该线程池中采用未使用的线程以先到先得的方式运行提交的任务。当任务终止时，这些线程将返回到池中。一个很好的结果是，将数千个任务提交给线程池，同时将任务数量保持为适合硬件的数量是很便宜的。可以进行多种配置，包括队列大小、拒绝策略和不同任务的优先级。

以下是一个线程池启动线程的例子：

```
int nThreads = 2;
Executor exec = Executors.newFixedThreadPool(nThreads);

Runnable taskA = () -> {System.out.println("hello A");};
Runnable taskB = () -> {System.out.println("hello B");};

exec.execute(taskA);
exec.execute(taskB);
```

线程池为线程生命周期开销问题和资源不足问题提供了解决方案。通过对多个任务重用线程，线程创建的开销被分摊到了多个任务上。其好处是，因为在请求到达时线程已经存在，所以无意中也消除了线程创建所带来的延迟。这样就可以立即为请求服务，使应用程序响应更快。而且，通过适当地调整线程池中的线程数目，也就是当请求的数目超过某个阈值时就强制其他任何新到的请求一直等待，直到获得一个线程来处理为止，从而可以防止资源不足。

总之，使用线程池具有以下好处：

- 减少在创建和销毁线程上所花的时间以及系统资源的开销。
- 如果不使用线程池，就有可能造成系统创建大量线程而导致消耗完系统内存。

16.2.3　Java 8 中的 Executors 增强

Java 8 中的 Executors 新增了 newWorkStealingPool 方法：

```java
public static ExecutorService newWorkStealingPool(int parallelism) {
    return new ForkJoinPool
        (parallelism,
            ForkJoinPool.defaultForkJoinWorkerThreadFactory,
            null, true);
}
```

该方法会根据所需的并行级别来动态创建和关闭线程，通过使用多个队列减少竞争，底层用 ForkJoinPool 来实现的。ForkJoinPool 的优势在于，可以充分利用多 CPU、多核 CPU 的优势，把一个任务拆分成多个"小任务"，把多个"小任务"放到多个处理器核心上并行执行；当多个"小任务"执行完成之后，再将这些执行结果合并起来即可。上述方法中的 parallelism 参数指定并行级别，可以简单理解为工作线程数。

Executors 还有一个无参的 newWorkStealingPool 方法，会根据当前计算机中可用的 CPU 数量，来自动计算并行级别。定义如下：

```java
public static ExecutorService newWorkStealingPool() {
    return new ForkJoinPool
        (Runtime.getRuntime().availableProcessors(),
            ForkJoinPool.defaultForkJoinWorkerThreadFactory,
            null, true);
}
```

以下是一个使用 newWorkStealingPool 线程池启动线程的例子：

```java
int nThreads = 2;
Executor exec = Executors.newWorkStealingPool(nThreads);

Runnable taskA = () -> {System.out.println("hello A");};
Runnable taskB = () -> {System.out.println("hello B");};

exec.execute(taskA);
exec.execute(taskB);
```

16.2.4　了解线程池的风险

虽然线程池是构建多线程应用程序的强大机制，但是使用它并不是没有风险的。用线程池构建的应用程序容易遭受任何其他多线程应用程序容易遭受的所有并发风险，诸如同步错误和死锁，它还容易遭受特定于线程池的少数其他风险，诸如与池有关的死锁、资源不足和线程泄漏。

1. 死锁

任何多线程应用程序都有死锁风险。当一组进程或线程中的每一个都在等待一个只有该组中另一个进程才能引起的事件时，我们就说这组进程或线程死锁了。死锁的最简单情形是：线程 A

持有对象 X 的独占锁，并且在等待对象 Y 的锁，而线程 B 持有对象 Y 的独占锁，却在等待对象 X 的锁。除非有某种方法来打破对锁的等待（Java 锁定不支持这种方法），否则死锁的线程将永远等下去。

虽然任何多线程程序中都有死锁的风险，但是线程池却引入了另一种死锁可能，在这种情况下，所有池线程都在执行已阻塞的等待队列中另一任务的执行结果的任务，但这一任务却因为没有未被占用的线程而不能运行。当线程池被用来实现涉及许多交互对象的模拟时，被模拟的对象可以相互发送查询，这些查询接下来作为排队的任务执行，查询对象又同步等待着响应，就会发生这种情况。

2. 资源不足

线程池的一个优点在于：相对于其他替代调度机制（有些我们已经讨论过）而言，它们通常执行得很好。但是，只有恰当地调整了线程池大小时才是这样的。线程消耗包括内存和其他系统资源在内的大量资源。除了 Thread 对象所需的内存之外，每个线程都需要两个可能很大的执行调用堆栈。除此以外，JVM 可能会为每个 Java 线程创建一个本机线程，这些本机线程将消耗额外的系统资源。最后，虽然线程之间切换的调度开销很小，但是如果有很多线程，环境切换也可能严重地影响程序的性能。

如果线程池太大，那么被线程消耗的资源可能会严重地影响系统性能。在线程之间进行切换将会浪费时间，而且使用超出比你实际需要的线程可能会引起资源匮乏问题，因为线程池正在消耗一些资源，而这些资源可能会被其他任务更有效地利用。除了线程自身所使用的资源以外，服务请求时所做的工作可能需要其他资源，例如 JDBC 连接、套接字或文件。这些也都是有限资源，有太多的并发请求也可能引起失效，例如不能分配 JDBC 连接。

3. 并发错误

线程池和其他排队机制依靠使用 wait() 和 notify() 方法，这两个方法都难于使用。如果编码不正确，那么可能丢失通知，导致线程保持空闲状态，尽管队列中有工作要处理。使用这些方法时，必须格外小心。最好使用现有的、已经知道能工作的实现，例如 util.concurrent 包。

4. 线程泄漏

各种类型的线程池中一个严重的风险是线程泄漏。当从池中除去一个线程以执行一项任务，而在任务完成后该线程却没有返回池时，就会发生这种情况。发生线程泄漏的一种情形出现在任务抛出一个 RuntimeException 或一个 Error 时。如果池类没有捕捉到它们，那么线程只会退出而线程池的大小将会永久减少一个。当这种情况发生的次数足够多时，线程池最终就为空，而且系统将停止，因为没有可用的线程来处理任务。

有些任务可能会永远等待某些资源或来自用户的输入，而这些资源又不能保证变得可用，用户可能也已经回家了，诸如此类的任务会永久停止，而这些停止的任务也会引起和线程泄漏同样的问题。如果某个线程被这样一个任务永久地消耗着，那么它实际上就被从池中除去了。对于这样的任务，要么只给予它们自己的线程，要么只让它们等待有限的时间。

5. 请求过载

仅仅是请求就压垮了服务器，这种情况是可能的。在这种情形下，我们可能不想将每个到来的请求都排队到我们的工作队列，因为排在队列中等待执行的任务可能会消耗太多的系统资源并引起资源缺乏。在这种情形下，如何做要取决于你自己：既可以简单地抛弃请求，依靠更高级别的协议稍后重试请求，也可以用一个指出服务器暂时很忙的响应来拒绝请求。

16.3　Future API

Future 代表未来的结果。

考虑一个计算，它会将该计算任务划分为多个子任务，每个子任务计算其中的一部分结果。当所有任务完成时，想要合并每个子任务的结果。子任务可以使用 Callable 接口表示。与 Runnable 接口的 run 方法不同，Callable 接口的 call 方法可以返回结果值。

观察下面的例子：

```java
int nThreads = 2;
long oneSecond = 1000L;

ExecutorService exec = Executors.newWorkStealingPool(nThreads);

Callable<String> taskA = () -> {
    Thread.sleep(oneSecond*2); // 2秒
    return "I am A";
};

Callable<String> taskB = () -> {
    Thread.sleep(oneSecond*1); // 1秒
    return "I am B";
};

Future<String> resultA = exec.submit(taskA);
Future<String> resultB = exec.submit(taskB);

// 阻塞直到 get 方法返回值
System.out.println(resultA.get());
System.out.println(resultB.get());
```

taskA 和 taskB 通过 submit 方法提交给了 ExecutorService 去执行，同时获取 Future 对象。通过 Future 对象的 get 方法，就能获取 Callable 对象的执行结果。需要注意的是，Future 对象的 get 方法是阻塞的，也就意味着要先执行 resultA.get()再执行 resultB.get()。

16.3.1　并行提交任务

ExecutorService 还提供了一个方便的方法 invokeAll 来提交多个任务，示例如下：

```java
int nThreads = 2;
long oneSecond = 1000L;
```

```
Callable<String> taskA = () -> {
    Thread.sleep(oneSecond*2); // 2 秒
    return "I am A";
};

Callable<String> taskB = () -> {
    Thread.sleep(oneSecond*1); // 1 秒
    return "I am B";
};

// 提交多个任务
ExecutorService exec2 = Executors.newWorkStealingPool(nThreads);
List<Callable<String>> tasks = List.of(taskA, taskB);
List<Future<String>> results = exec2.invokeAll(tasks);

// 阻塞直到所有任务完成
results.stream().forEach((result) -> {
    try {
        System.out.println(result.get());
    } catch (InterruptedException | ExecutionException e) {
        e.printStackTrace();
    }
});
```

get()方法会阻塞,直到所有的任务都完成。

与 invokeAll 相对应的是 invokeAny 方法,只要有任意一个子任务完成,就会返回,而其他未完成的子任务会取消。观察下面的例子:

```
int nThreads = 2;
long oneSecond = 1000L;

Callable<String> taskA = () -> {
    Thread.sleep(oneSecond*2); // 2 秒
    return "I am A";
};

Callable<String> taskB = () -> {
    Thread.sleep(oneSecond*1); // 1 秒
    return "I am B";
};

// 提交多个任务
ExecutorService exec3 = Executors.newWorkStealingPool(nThreads);
List<Callable<String>> tasks2 = List.of(taskA, taskB);

// 任意一个完成即可返回
String resultTask = exec3.invokeAny(tasks2);
System.out.println(resultTask);
```

16.3.2　顺序返回结果

使用 ExecutorCompletionService 可以实现顺序返回 Future，代码如下：

```java
int nThreads = 2;
long oneSecond = 1000L;

Callable<String> taskA = () -> {
    Thread.sleep(oneSecond*2); // 2 秒
    return "I am A";
};

Callable<String> taskB = () -> {
    Thread.sleep(oneSecond*1); // 1 秒
    return "I am B";
};

ExecutorService exec = Executors.newWorkStealingPool(nThreads);

// 顺序返回结果
ExecutorCompletionService<String> exec4 = new
ExecutorCompletionService<String>(exec);

Future<String> resultA4 = exec4.submit(taskA);
Future<String> resultB4 = exec4.submit(taskB);

List<Future<String>> results4 = List.of(resultA4, resultB4);

// 按顺序返回结果
results4.stream().forEach((result) -> {
    try {
        System.out.println(result.get());
    } catch (InterruptedException | ExecutionException e) {
        e.printStackTrace();
    }
});
```

输出结果为：

```
I am A
I am B
```

16.4　CompletableFuture

异步调用就是实现了一个可无须等待被调用函数的返回值而让操作继续运行的方法。在 Java 语言中，简单地讲就是另外启动一个线程来完成调用中的部分计算，使调用继续运行或返回，而不需要等待计算结果，但调用者仍需取线程的计算结果。

Java 5 新增了 Future 接口，用于描述一个异步计算的结果。虽然 Future 以及相关使用方法提供了异步执行任务的能力，但是对于结果的获取却是很不方便的，只能通过阻塞或者轮询的方式得到任务的结果。阻塞的方式显然和异步编程的初衷相违背，轮询的方式又会耗费无谓的 CPU 资源，而且也不能及时地得到计算结果。

总之，Future 接口存在一定的局限性。Future 接口可以构建异步应用，但它很难直接表述多个 Future 结果之间的依赖性。在实际开发中，我们经常需要达成以下目的：

- 将多个异步计算的结果合并成一个。
- 等待 Future 集合中的所有任务都完成。
- Future 完成事件（任务完成以后触发执行动作）。

这些需求都可以在 Java 8 中的 CompletionStage 中实现。

16.4.1　CompletionStage

CompletionStage 代表异步计算过程中的某一个阶段，一个阶段完成以后可能会触发另外一个阶段。

一个阶段的计算执行可以是一个 Function、Consumer 或者 Runnable，比如：

```
stage.thenApply(x -> square(x))
    .thenAccept(x -> System.out.print(x))
    .thenRun(() -> System.out.println())
```

一个阶段的执行可能是被单个阶段的完成来触发，也可能是由多个阶段一起触发。

16.4.2　CompletableFuture

在 Java 8 中，CompletableFuture 提供了非常强大的 Future 的扩展功能，可以帮助我们简化异步编程的复杂性，并且提供了函数式编程的能力，可以通过回调的方式处理计算结果，也提供了转换和组合 CompletableFuture 的方法。

CompletableFuture 可能代表一个明确完成的 Future，也有可能代表一个完成阶段（CompletionStage），支持在计算完成以后触发一些函数或执行某些动作。CompletableFuture 实现了 Future 和 CompletionStage 接口：

```
public class CompletableFuture<T> implements Future<T>, CompletionStage<T> {
    ...
}
```

CompletableFuture 实现了 CompletionStage 接口的如下策略：

- 为了完成当前的 CompletableFuture 接口或者其他完成方法的回调函数的线程，提供了非异步的完成操作。
- 没有显式入参 Executor 的所有 async 方法都使用了 ForkJoinPool.commonPool()。为了简化监

视、调试和跟踪，所有生成的异步任务都是 AsynchronousCompletionTask 接口的实例。
- 所有的 CompletionStage 方法都是独立于其他共有方法实现的，因此一个方法的行为不会受到子类中其他方法的覆盖。

CompletableFuture 实现了 Futurre 接口的如下策略：

- CompletableFuture 无法直接控制完成，所以 cancel 操作被视为另一种异常完成形式。方法 isCompletedExceptionally 可以用来确定一个 CompletableFuture 是否以任何异常方式完成。
- 以一个 CompletionException 为例，方法 get()和 get(long,TimeUnit)抛出一个 ExecutionException 异常，对应 CompletionException。为了在大多数上下文中简化用法，这个类还定义了方法 join() 和 getNow，而不是直接在这些情况中直接抛出 CompletionException 异常。

CompletableFuture 中 4 个异步执行任务静态方法如下：

```java
public static <U> CompletableFuture<U> supplyAsync(Supplier<U> supplier) {
    return asyncSupplyStage(ASYNC_POOL, supplier);
}

public static <U> CompletableFuture<U> supplyAsync(Supplier<U> supplier,
                                                    Executor executor) {
    return asyncSupplyStage(screenExecutor(executor), supplier);
}

public static CompletableFuture<Void> runAsync(Runnable runnable) {
    return asyncRunStage(ASYNC_POOL, runnable);
}

public static CompletableFuture<Void> runAsync(Runnable runnable,
                                                Executor executor) {
    return asyncRunStage(screenExecutor(executor), runnable);
}
```

其中，supplyAsync 用于有返回值的任务，runAsync 用于没有返回值的任务。Executor 参数可以手动指定线程池，否则默认 ForkJoinPool.commonPool()系统级公共线程池。

> **注　意**
>
> 这些线程都是 Daemon 线程。主线程结束，Daemon 线程不结束，只有 JVM 关闭时 Daemon 线程的生命周期才终止。

16.4.3　CompletableFuture 类使用示例

接下来将通过多个示例来演示 CompletableFuture 类的具体用法。

1．获取结果

以下代码用于启动异步计算：

```java
String MESSAGE = "Hello World";
```

```
CompletableFuture<String> cf =
        CompletableFuture.completedFuture(MESSAGE);

assertTrue(cf.isDone());

// 返回计算结果或者 null
assertEquals(MESSAGE, cf.getNow(null));
```

其中，getNow(null)用于返回计算结果，如果没有返回结果，就获取到 null。

2. 同步执行动作

以下代码在异步计算正常完成的前提下执行动作（此处为转换成大写字母）：

```
CompletableFuture<String> cf =
        CompletableFuture.completedFuture("Hello World")
            .thenApply(String::toUpperCase); // 转为大写

assertTrue(cf.isDone());

// 返回计算结果或者 null
assertEquals("HELLO WORLD", cf.getNow(null));
```

3. 异步执行动作

在上述代码的基础上将 thenApply 更改为 thenApplyAsync，就能实现异步执行动作，代码如下：

```
CompletableFuture<String> cf =
        CompletableFuture.completedFuture("Hello World")
            .thenApplyAsync(String::toUpperCase); // 转为大写

assertFalse(cf.isDone());

// 返回计算结果或者 null
assertEquals(null, cf.getNow(null));

// 完成计算，获取结果
assertEquals("HELLO WORLD", cf.join());
```

因为是异步的，所以一开始使用 cf.getNow(null)方法是不能获取完成的结果值的，而是 null。当使用 cf.join()方法时，一定能获取完成计算时的结果值。

16.5 异步 API 中的异常处理

接下来介绍异步操作过程中的异常情况处理。在下面这个示例中，我们会在字符转换异步请求中刻意延迟 1 秒钟，然后才会提交到 ForkJoinPool 里面去执行。

```
CompletableFuture<String> cf =
```

```java
        CompletableFuture.completedFuture("Hello World")
            .thenApplyAsync(
                String::toUpperCase,
                CompletableFuture.delayedExecutor(1, TimeUnit.SECONDS)
        );

CompletableFuture<String> exceptionHandler = cf.handle((s, th) -> {
    return (th != null) ? "message upon cancel" : "";
});

cf.completeExceptionally(new RuntimeException("completed exceptionally"));

assertTrue(cf.isCompletedExceptionally());

try {

    cf.join();

    fail("Should have thrown an exception");

} catch (CompletionException ex) {

    assertEquals("completed exceptionally", ex.getCause().getMessage());

}

assertEquals("message upon cancel", exceptionHandler.join());
```

在上述示例代码中，首先创建一个 CompletableFuture，然后调用 thenApplyAsync 返回一个新的 CompletableFuture，接着通过使用 delayedExecutor(timeout, timeUnit)方法延迟 1 秒钟执行。之后创建一个 exceptionHandler 来处理异常，它会返回另一个字符串 "message upon cancel"。接下来进入 join()方法，执行大写转换操作，并且抛出 CompletionException 异常。

在计算过程中，如果遇到移除，那么我们可能会把任务取消掉，可以通过调用 cancel(boolean mayInterruptIfRunning)方法取消计算任务。此外，cancel()方法与 completeExceptionally(new CancellationException())等价。

```java
CompletableFuture<String> cf =
        CompletableFuture.completedFuture("Hello World")
            .thenApplyAsync(
                String::toUpperCase,
                CompletableFuture.delayedExecutor(1, TimeUnit.SECONDS)
        );

CompletableFuture<String> cf2 = cf.exceptionally(throwable -> "canceled message");

assertTrue(cf.cancel(true));

assertTrue(cf.isCompletedExceptionally());
```

```
assertEquals("canceled message", cf2.join());
```

16.6　box-and-channel 模型

通常，设计和思考并发系统的最佳方式是图形化。Horstmann 称这种技术为 box-and-channel 模型（其实就是用框和箭头表示的流程图）。

比如有一个计算，想用参数 x 调用函数 p，将其结果传递给函数 q1 和 q2，调用函数 r 处理 q1 和 q2 调用的结果，然后打印结果。采用 box-and-channel 模型，可以用图 16-1 来展示。

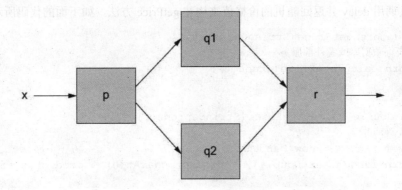

图 16-1　box-and-channel 模型

通过 box-and-channel 模型可以理清你的思路，你可能会写下如下代码：

```
int t = p(x);
Future<Integer> a1 = executorService.submit(() -> q1(t));
Future<Integer> a2 = executorService.submit(() -> q2(t));
System.out.println( r(a1.get(),a2.get()));
```

实际上，借助 Java 8 的新特性，代码可以简化为如下形式：

```
p.thenBoth(q1,q2).thenCombine(r)
```

上述代码看上去更加简短，并且富有语义。

16.7　实例：在线商城

我们可以从实际的应用场景来理解异步编程。假设"在线商城"应用会提供一种 API，通过调用该 API 来返回产品的价格。该 API 的定义如下：

```
public double getPrice(String product) {
    // 查询数据库或者外部服务
    // ...
```

}

此方法的内部可以查询商店的数据库,也可以执行其他耗时的任务,例如调用其他外部服务(例如,商店的供应商信息或制造商相关的促销折扣信息等)。为了伪造这种长时间运行的方法执行,这里将使用延迟方法(引入 1 秒的人为延迟),如下面的代码所示:

```java
public static void delay() {
    try {
        Thread.sleep(1000L);
    } catch (InterruptedException e) {
        throw new RuntimeException(e);
    }
}
```

可以通过调用 delay 并返回随机的价格值来构建 getPrice 方法,如下面的代码所示:

```java
public double getPrice(String product) {
    // 查询数据库或者外部服务
    return calculatePrice(product);
}

private double calculatePrice(String product) {
    delay();
    Random random = new Random();
    return random.nextDouble() * product.charAt(0) + product.charAt(1);
}
```

16.8 实例:同步方法转为异步

在 16.7 节的代码中,查询商品价格的 API 的使用者调用此方法时,它将保持阻塞状态,然后在等待其同步完成时空闲 1 秒。这种延时情况一般是不能被用户所接受的,特别是要查询的商品较多,比如 10 个,此时应用程序必须为这 10 次查询等待至少 10 秒,已经远远大于用户所能忍受的值。

通过异步方式使用此同步 API 就能解决上述问题。下面将演示如何将同步方法转为异步。定义一个 getPriceAsync 方法,作为异步返回值:

```java
public Future<Double> getPriceAsync(String product) {
    CompletableFuture<Double> futurePrice = new CompletableFuture<>();
    new Thread(() -> {
        double price = calculatePrice(product);
        futurePrice.complete(price);
    }).start();
    return futurePrice;
}
```

正如我们在之前章节中介绍的那样,java.util.concurrent.Future 接口是在 Java 5 中引入的,用于表示异步计算的结果。Future 是一个不可用的值的句柄,但可以通过在计算最终终止后调用 get

方法来获取结果。因此，getPriceAsync 方法可以立即返回，从而使调用者线程有机会在此期间执行其他有用的计算。Java 8 CompletableFuture 类为你提供了轻松实现此方法的各种可能性。

在上述例子中，创建一个 CompletableFuture 实例，表示异步计算并在结果可用时包含结果。然后又启用了一个不同的线程，执行实际的价格计算并返回 Future 实例，而不必等待持久的计算终止。最终获得所请求产品的价格时，可以使用 complete 方法设置完成 CompletableFuture。

以下是完整的调用示例：

```java
package com.waylau.java.jdk8.shop;

import java.util.concurrent.Future;

public class CompletableFutureShopDemo {

    /**
     * @param args
     */
    public static void main(String[] args) {
        Shop shop = new Shop("A店");
        long start = System.currentTimeMillis();

        Future<Double> futurePrice = shop.getPriceAsync("产品B");
        long invocationTime = System.currentTimeMillis();
        System.out.println("调用返回耗时" + (invocationTime - start) + " 毫秒");

        // 模拟执行其他任务
        doSomethingElse();

        // 获取价格
        try {
            double price = futurePrice.get();
            System.out.printf("商品价格是 %.2f%n 元", price);
        } catch (Exception e) {
            throw new RuntimeException(e);
        }
        long retrievalTime = System.currentTimeMillis() - start;
        System.out.println("查询产品价格耗时 " + retrievalTime + "毫秒");
    }

    private static void doSomethingElse() {
        try {
            Thread.sleep(1000L);
        } catch (InterruptedException e) {
            throw new RuntimeException(e);
        }
    }
}
```

执行后，控制台输出内容如下：

调用返回耗时 5 毫秒

```
商品价格是 37969.49 元
查询产品价格耗时 1021 毫秒
```

从输出可以看到，调用者在查询价格的 API 时只需要 5 毫秒就能得到响应，这样调用者就不会阻塞在 API 上，能够继续执行其他任务了。

16.8.1 异常处理

上述代码基本实现了异步调用 API 的目标，但还缺少对于异常的处理。在上面的代码中，如果价格计算产生错误，虽然会抛出异常以表明错误，但该错误会局限在线程中，当该线程试图计算产品价格时会最终被杀死。因此，客户端将永远被阻塞在获取结果到来的 get 方法上。

客户端可以通过使用接受超时的 get 方法的重载版本来防止此问题。可以使用超时来防止代码中其他地方出现类似情况。这样，客户端至少可以避免无限期等待，但是当超时到期时会通过 TimeoutException 通知它。为了让客户端知道商店无法提供所请求产品的价格的原因，必须通过其 completeExceptionally 方法传播导致 CompletableFuture 内部问题的异常。实现代码如下：

```java
public Future<Double> getPriceAsync(String product) {
    CompletableFuture<Double> futurePrice = new CompletableFuture<>();
    new Thread(() -> {
        try {
            double price = calculatePrice(product);

            // 正常计算完成使任务完成
            futurePrice.complete(price);
        } catch (Exception e) {

            // 捕获异常使任务完成
            futurePrice.completeExceptionally(e);
        }
    }).start();
    return futurePrice;
}
```

16.8.2 使用 supplyAsync 简化代码

到目前为止，已经创建了 CompletableFuture，并在以编程方式完成它们。但 CompletableFuture 类本身附带了许多方便的工厂方法，可以使这个过程更容易、更简洁。

例如，采用 supplyAsync 方法来重写 getPriceAsync 方法，代码如下：

```java
public Future<Double> getPriceAsync(String product) {
    return CompletableFuture.supplyAsync(() -> calculatePrice(product))
            .orTimeout(3, TimeUnit.SECONDS); // 超时 3 秒
}
```

supplyAsync 方法接受 Supplier 作为参数，并返回一个 CompletableFuture，该 CompletableFuture 将通过调用 Supplier 获得的值异步完成。此供应商由 ForkJoinPool 中的一个 Executor 运行，但可以

通过将其作为第二个参数传递给此方法的重载版本来指定不同的 Executor。更一般地，可以将 Executor 传递给所有其他 CompletableFuture 工厂方法。

另外，上述代码中的 getPriceAsync 方法已经提供了错误管理，同时还引入了超时机制。

第 17 章

模块化

模块化（Jigsaw）系统是在 Java 9 中引入的，本章将介绍 Java 模块化原理及用法。

17.1　为什么需要模块化

Java 9 在 2017 年发布，跟 Java 8 相比，从目录对比（见图 17-1）就可以看出差别相当大。实际上 Java 9 最大的变化就是 JDK 的模块化（Modular）。

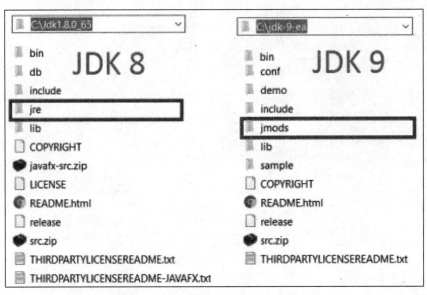

图 17-1　Java 8 与 Java 9 的目录对比

那么，模块化的目的是什么呢？主要是为了解决 Java 9 之前版本存在的一些问题。

17.1.1 体积大

JDK 和 JRE 作为一个整体部署，体积太大（JDK8 中 rt.jar 一个包就超过了 60MB）。体积大有如下缺点：

- 下载慢，部署慢。
- 内存较小的设备无法部署，这跟 Java 从诞生时的口号"一次编写，导出运行"不符。
- 大量部署在云端，累计占用的内存非常可观。

进行模块化之后，Java 程序可以按需选择需要的模块，而不必安装不必要的模块，这样就大大减少了 Java 程序的体积。Java 8 与 Java 9 体积的对比如图 17-2 所示。

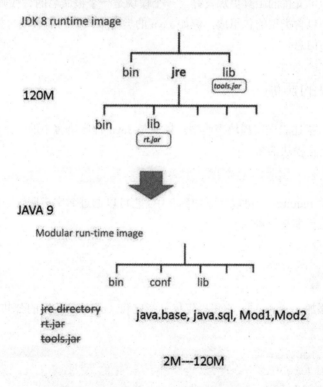

图 17-2　Java 8 与 Java 9 的体积对比

17.1.2 访问控制粒度不够细

所有 public 关键字定义的属性或者方法在任何地方都可以被调用，影响了代码的封装性。例如，在导入了 sun.*包之后，sun.*下面大量用不着的 API 也暴露出来了（最直观的例子就是使用 IDE 时，在对象名后面输入点"."自动会弹出所有 public 的属性和方法清单，以供选择）。

另外，之前的权限控制针对的是类与类之间的关系，模块化针对的是组件之间的控制。模块化的目标之一是利用一组逻辑独立的组件搭建出完整的系统。

17.1.3　依赖地狱

依赖地狱是一个诙谐的说法，指的是由 Java 类加载机制的特性引发的一系列问题，包括 JAR 包冲突、运行时类缺失。

17.2　用模块化开发和设计 Java 应用

为了提高可靠的配置性和强大的封装性，我们将模块化看作 Java 程序组件一个基本的新特性，这样它对开发者和可支持的工具更加友好。一个模块是一个被命名的、代码和数据的自描述集合。它的代码由一系列包含类型的包组成，例如 Java 的类和接口。它的数据包括资源文件（resources）和一些其他的静态信息。

17.2.1　模块的声明

一个模块的自描述表现在模块声明中。模块是 Java 程序语言中的一个新结构，较简单的模块声明可能仅仅是指定模块的名字：

```
module com.foo.bar { }
```

一个或更多个 requires 项可以被添加到其中。它可以通过名字声明这个模块依赖的一些其他模块（在编译期和运行期都依赖的）：

```
module com.foo.bar {
    requires org.baz.qux;
}
```

最后，可以添加 exports 项。它可以以仅仅使指定包（package）中的公共类型可以被其他模块使用，例如：

```
module com.foo.bar {
    requires org.baz.qux;
    exports com.foo.bar.alpha;
    exports com.foo.bar.beta;
}
```

如果一个模块的声明中没有 exports 项，那么它根本不会向其他模块输出任何类型。

按照约定，模块声明的源代码被放在了模块源文件结构的根目录里，文件的名字叫 module-info.java。例如，本书的示例以模块 com.waylau.java.hello 进行组织，其包含的文件目录结构如图 17-3 所示。

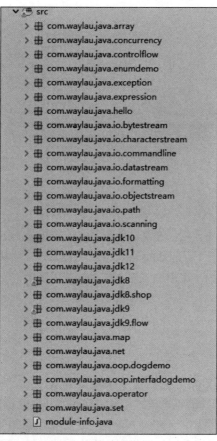

图 17-3　本书示例的文件目录结构

按照约定，模块声明被编译到 module-info.class 文件中，并输出到类文件的输出目录。

模块的名字与包的名字一样，必须不能重复。命名模块的推荐方式是使用反转域名，长期被推荐使用到包的命名。模块的名字经常是它的输出包的前缀，但是这个关系也不是强制的。模块的声明既不包括版本号，也不包括依赖模块的版本号。这是因为解决版本选择问题并不是模块化系统的目的，最好留给构建工具和容器应用。

模块声明是 Java 程序语言的一部分，而不是它们自己的一个语言或标记。这么设计的一个重要原因是模块的信息在编译期和运行期都可用，确保在编译期和运行期以相同的方式运行。这样可以防止很多种错误，至少在编译期提前报告，并且可以更早地诊断和修复。

在一个源文件中表达模块声明，可以连同模块中的其他文件一起编译，编译成的类文件可以被 Java 虚拟机消费。这种方式对于开发者来说非常熟悉，而且 IDE 和构建工具也不难支持。

17.2.2　模块的零件

目前，市面上已经存在很多工具可以创建、处理、消费 jar 文件。因此，Java 9 在设计模块时也可以定义模块 jar 文件。一个模块 jar 文件非常像一个普通的 jar 文件，除了在根目录里包含一个 module-info.class 外。例如，上面的 com.waylau.java.hello 模块 jar 文件就包含以下内容：

```
com.waylau.java.hello
│   module-info.class
│
├───com
│   └───waylau
│       └───java
│           ├───hello
│           │       HelloWorld.class
│           │
│           │   ...
│
└───META-INF
        MANIFEST.MF
```

模块 jar 文件可以作为模块使用。在这种情况下，module-info.class 包含模块的声明，它可以放在普通的类路径下，这种情况下，module-info.class 将被忽略。模块 jar 文件允许类库的维护者装载一个单一的零件，既可以作为一个模块工作（在 Java 9 以后），也可以作为一个普通的 jar 文件工作。

17.2.3 模块描述

编译模块声明到一个类文件的优点是这个类文件有了一个精确定义和可扩展的格式，module-info.class 包含了代码级别的编译模式，里边插入的其他变量在初始化时也会被编译。

IDE 或者打包工具可以在模块声明中插入一些包含标记信息的变量，例如模块的版本、标题、描述和许可等。这些信息在编译期和运行期都会被模块系统映射成可使用的信息。这些信息也可以在被下游工具构建时使用。指定的变量的集合将被标准化。其他的工具和框架也可以定义额外的非标准化的变量，但是没有标准化的变量在模块系统中是不会产生效果的。

17.2.4 平台模块

Java 9 将使用模块化系统将平台分割成若干个子模块。Java 9 平台的实现者可以包含其中的所有模块，也可以是其中的一些。

在模块系统中明确的模块是基础模块，被命名为 java.base。基础模块定义和输出所有平台的核心包，包括模块系统本身：

```
module java.base {
    exports java.io;
    exports java.lang;
    exports java.lang.annotation;
    exports java.lang.invoke;
    exports java.lang.module;
    exports java.lang.ref;
    exports java.lang.reflect;
    exports java.math;
    exports java.net;
```

```
    ...
}
```

基础模块总是实时的,其他的每一个模块都隐式地依赖基础模块。其他的平台模块将通过"java."的前缀分享,例如,java.sql 进行数据库连接,java.xml 处理 xml 文件,java.log 处理日志。Java 9 没有定义的,将会通过"jdk."的前缀分享出来。

模块之间的依赖图如图 17-4 所示。

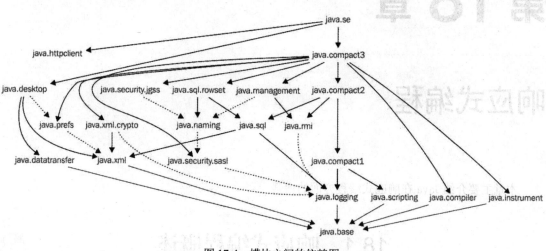

图 17-4　模块之间的依赖图

第 18 章

响应式编程

本章主要介绍 Java 在响应式编程方面的增强。

18.1 响应式编程概述

响应式编程这种新范式在当前的软件开发中越来越流行,这与当前软件的特点是分不开的,主要原因有以下几点:

- 大数据:目前,分布式系统往往拥有庞大的数据,通常以 PB 为单位,而且规模每天都在增加。
- 异构环境:应用程序部署在各种环境中,从移动设备到运行数千个多核处理器基于云的集群。[①]
- 用户体验:用户期望毫秒响应时间。
- 高可用:通过分布式集群的方式来实现高可用。[②]

这些变化意味着昨天的软件架构无法满足今天的需求。这种情况已经变得很明显,特别是现在移动设备越来越多,已成为联网流量的最大来源。

响应式编程允许开发者以异步方式处理和组合来自不同系统和源的数据流,从而解决了这些问题。实际上,遵循此范例编写的应用程序会在数据项发生时做出响应,这使得它们在与用户的交互中更具响应性。此外,响应式方法不仅可以应用于构建单个组件或应用程序,还可以应用于将许

[①] 有关基于云方面的内容,可以参阅笔者所著的《Cloud Native 分布式架构原理与实践》(https://github.com/waylau/cloud-native-book-demos)。该书已经由北京大学出版社出版。

[②] 有关分布式方面的内容,可以参阅笔者所著的《分布式系统常用技术及案例分析》(https://github.com/waylau/distributed-systems-technologies-and-cases-analysis)。该书已经由电子工业出版社出版。

多组件协调为整个响应式系统。以这种方式设计的系统可以在不同的网络条件下交换和路由消息，并在考虑故障和中断的情况下提供高负载下的可用性。

Java 9 引入了响应式编程 API——Flow。该 API 是与 Reactive Streams 规范相对应的，其实现类库有 Akka Streams、Reactor、RxJava 和 Vert.x 等。Spring 5 也支持响应式编码，其底层也是基于 Reactor 的。[①]之所以将该 API 定义为 Flow，是因为该 API 主要是对数据流进行控制（Flow Control）。

18.1.1　Flow Control 的几种解决方案

假设有这样的场景：一个水池，一个进水管和一个出水管，如果进水管水流比出水管要大，那么过一段时间水池就会满。这就是没有 Flow Control 导致的结果。

解决 Flow Control 一般有以下几种方案。

- 背压（Backpressure）：消费者需要多少，生产者就生产多少。这有点类似于 TCP 里的流量控制，接收方根据自己接收窗口的情况来控制接收速率，并通过反向的 ACK 包来控制发送方的发送速率。
- 节流（Throttling）：消费不过来，就处理其中一部分，剩下的丢弃。至于处理哪些和丢弃哪些，有不同的策略选择，比如 throttleLast（取最后那个值）、throttleFirst（取第一个值）、debounce（超时之后再执行）这 3 种。
- 打包（buffer 和 window）。buffer 和 window 基本一样，只是输出格式不太一样。它们是把上游多个小包裹打成大包裹，分发到下游。这样下游需要处理的包裹的个数就减少了。
- 调用栈阻塞（CallstackBlocking）：这种方式只适用于整个调用链都在一个线程上同步执行的情况，要求中间的各个 operator 都不能启动新的线程。在平常使用中，这种方式应该是比较少见的，因为我们经常使用 subscribeOn 或 observeOn 来切换执行线程，而且有些复杂的 operator 本身也会在内部启动新的线程来处理。

18.1.2　Pull、Push 与 Pull-Push

响应式编程是一种数据消费者控制数据流的编程方式。当消费者与生产者速度不匹配时，可以很好地使用响应式编程来解决。

回顾过去，可以帮我们更好地理解这种模式。几年前，最常见的消费数据模式是 Pull 模式——客户端不断轮询服务器端以获取数据。这种模式的优点是当客户端资源有限时可以更好地控制数据流（停止轮询），缺点是当服务端没有数据时轮询是对计算资源和网络资源的浪费。

随着时间推移，处理数据的模式转变为 Push 模式，生产者不关心消费者的消费能力，直接推送数据。这种模式的缺点是当消费资源低于生产资源时会造成缓冲区溢出，从而使数据丢失，当丢失率维持在较小的数值时还可以接受，但是当这个比率变大时我们会希望生产者降速，以避免大规模数据丢失。

---

① 有关 Spring 5 响应式编码方面的内容，可以参阅笔者所著的《Spring 5 开发大全》(https://github.com/waylau/spring-5-book)。该书已经由北京大学出版社出版。

响应式编程是一种 Pull-Push 混合模式，以综合它们的优点。在这种模式下，消费者负责请求数据以控制生产者数据流，同时当处理资源不足时也可以选择阻断或者丢弃数据。在接下来的章节中，我们也会演示响应式编程的典型案例。

18.1.3　Flow API 与 Stream API

响应式编程并不是为了替换传统编程，Flow API 与 Stream API 两者是可以相互兼容而且可以互相协作完成任务的。Java 8 中引入的 Stream API 通过 map、reduce 以及其他操作可以完美地处理数据集，而 Flow API 则专注于处理数据的流通，比如对数据的请求、减速、丢弃、阻塞等。同时，你可以使用 Streams 作为数据源（Publisher），当必要时阻塞丢弃其中的数据。你也可以在 Subscriber 中使用 Stream 以进行数据的归并操作。更值得一提的是，响应式流（Reactive Stream）不仅兼容传统编程方式，还支持函数式编程，以极大地提高可读性和可维护性。

18.2　Flow API

JDK 9 在 java.util.concurrent 包中提供了一个与响应式流兼容的 API，在 java.base 模块中。API 由两个类组成：

- Flow
- SubmissionPublisher

Flow 类是 final 的，它封装了响应式流 Java API 和静态方法。由响应式流 Java API 指定的 4 个接口作为嵌套静态接口包含在 Flow 类中：

- Interface Flow.Publisher<T>：定义了生产数据和控制事件的方法。
- Interface Flow.Subscriber<T>：定义了消费数据和事件的方法。
- Interface Flow.Subscription：定义了链接 Publisher 和 Subscriber 的方法。
- Interface Flow.Processor<T,R>：定义了转换 Publisher 到 Subscriber 的方法。

这 4 个接口包含与上面代码所示的相同的方法。Flow 类包含 defaultBufferSize()静态方法，返回发布者和订阅者使用的缓冲区的默认大小。目前，它返回 256。

SubmissionPublisher<T>类是 Flow.Publisher<T>接口的实现类。该类实现了 AutoCloseable 接口，因此可以使用 try-with-resources 块来管理其实例。JDK 9 不提供 Flow.Subscriber<T>接口的实现类，需要自己实现，但是 SubmissionPublisher<T>类包含可用于处理此发布者发布的所有元素的 consume(Consumer<? super T> consumer)方法。

18.2.1　订阅者 Subscriber

Subscriber 订阅 Publisher 的回调。除非有请求，数据项目是不会被推送到订阅者的，但可能会请求多个项目。对于给定订阅（Subscription），调用 Subscriber 的方法是严格按顺序的。应用程序可以响应订阅者上的以下回调。

（1）onSubscribe

对于给定的订阅，在调用任何其他 Subscriber 方法之前调用此方法。

（2）onNext

订阅下一个项目时调用此方法。

（3）onError

在 Publisher 或 Subscriber 遇到不可恢复的错误时调用此方法，之后 Subscription 不会再调用 Subscriber 的其他方法。

如果 Publisher 遇到不允许将项目发送给 Subscriber 的错误，那么 Subscriber 会收到 onError 消息，然后不会再收到其他消息。

（4）onComplete

当已知不会再额外调用 Subscriber 的方法且没有发生有错误而导致终止订阅时调用此方法。之后 Subscription 不会调用其他 Subscriber 的方法。

当知道没有更多的消息发送给它时，订阅者收到 onComplete。

18.2.2 Subscriber 示例

以下是一个 Subscriber 示例。

```java
import java.util.concurrent.Flow.Subscriber;
import java.util.concurrent.Flow.Subscription;

class MySubscriber<T> implements Subscriber<T> {

    private Subscription subscription;

    @Override
    public void onSubscribe(Subscription subscription) {
        this.subscription = subscription;
        subscription.request(1);
    }

    @Override
    public void onNext(T item) {
        System.out.println("获取 : " + item);
        subscription.request(1);
    }

    @Override
    public void onError(Throwable throwable) {
        throwable.printStackTrace();
    }

    @Override
```

```
    public void onComplete() {
        System.out.println("完成");
    }

}
```

18.2.3　发布者 Publisher

发布者将数据流发布给注册的订阅者。它通常使用 Excutor 异步发布项目给订阅者。Publisher 确保每个订阅的 Subscriber 方法严格按顺序调用。

使用 JDK 的 SubmissionPublisher 将数据流发布给订阅者的示例：

```
// 创建 Publisher
SubmissionPublisher<String> publisher = new SubmissionPublisher<>();

// 注册 Subscriber
MySubscriber<String> subscriber = new MySubscriber<>();
publisher.subscribe(subscriber);

// 发布项目
System.out.println("开始发布项目...");
String[] items = {"1", "《Cloud Native 分布式架构原理与实践》",
        "2", "《分布式系统常用技术及案例分析》",
        "3", "《Spring 5 开发大全》"};
Arrays.asList(items).stream().forEach(i -> publisher.submit(i));
publisher.close();
```

运行程序，控制台输出的内容如下：

```
开始发布项目...
获取 : 1
获取 : 《Cloud Native 分布式架构原理与实践》
获取 : 2
获取 : 《分布式系统常用技术及案例分析》
获取 : 3
获取 : 《Spring 5 开发大全》
完成
```

18.2.4　订阅 Subscription

Subscription 用于连接 Flow.Publisher 和 Flow.Subscriber。Subscriber 只有在请求时才会收到项目，并可能随时通过 Subscription 取消订阅。提供的方法有：

- request：将给定数量的 n 个项目添加到当前未完成的此订阅需求中。
- cancel：导致 Subscriber（最终）停止接收消息。

18.2.5 处理器 Processor

充当 Subscriber 和 Publisher 的组件。处理器位于 Publisher 和 Subscriber 之间，把一个流转换为另一个。可能有一个或多个链接在一起的处理器，链中最后处理器的结果由 Subscriber 处理。JDK 没有提供任何具体的处理器，因此需要单独编写任何需要的处理器。

18.3 实战：响应式编程综合示例

本节给出的是一个关于杂志出版商的例子。出版商将为每个订阅客户出版 20 本杂志。出版商知道他们的客户有时在邮递杂志时会不在家，而当他们的邮箱（subscriber buffer）不巧被塞满时邮递员会退回或丢弃杂志。出版商不希望出现这种情况，于是出版商发明了一个邮递系统：当客户在家时给出版商致电，出版商会立即邮递一份杂志。出版商打算在办公室为每个客户保留一个小号的邮箱，以防当杂志出版时客户没有第一时间致电获取。出版商认为为每个客户预留一个可以容纳 8 份杂志的邮件已经足够（publisher buffer）。如果邮箱满了，就在下次打印之前等待一段时间；如果还是没有足够的空间，就丢弃新的杂志。

18.3.1 定义 Subscriber

从订阅者开始。下面的示例中 MagazineSubscriber 实现了 Flow.Subscriber，订阅者将收到一个数字（代表不同的杂志）。

```java
package com.waylau.java.jdk9.flow;

import java.util.concurrent.Flow.Subscriber;
import java.util.concurrent.Flow.Subscription;
import java.util.stream.IntStream;

/**
 * Magazine Subscriber.
 *
 * @since 1.0.0 2019年6月10日
 * @author <a href="https://waylau.com">Way Lau</a>
 */
class MagazineSubscriber implements Subscriber<Integer> {

    public static final String LUCY = "LUCY";
    public static final String LILY = "LILY";

    private final long sleepTime;
    private final String subscriberName;
    private Subscription subscription;
```

```java
        private int nextMagazineExpected;
        private int totalRead;

        MagazineSubscriber(final long sleepTime, final String subscriberName) {
            this.sleepTime = sleepTime;
            this.subscriberName = subscriberName;
            this.nextMagazineExpected = 1;
            this.totalRead = 0;
        }

        @Override
        public void onSubscribe(final Subscription subscription) {
            this.subscription = subscription;
            subscription.request(1);
        }

        @Override
        public void onNext(final Integer magazineNumber) {
            if (magazineNumber != nextMagazineExpected) {
                IntStream.range(nextMagazineExpected, magazineNumber)
                        .forEach((msgNumber) -> log("我错过了杂志: " + msgNumber));
                nextMagazineExpected = magazineNumber;
            }
            log("真棒！我拿到了新杂志: " + magazineNumber);
            takeSomeRest();
            nextMagazineExpected++;
            totalRead++;

            log("我拿到了另外一本杂志，下一本将是: " + nextMagazineExpected);
            subscription.request(1);
        }

        @Override
        public void onError(final Throwable throwable) {
            log("从 Publisher 那出错了: " + throwable.getMessage());
        }

        @Override
        public void onComplete() {
            log("订阅完成！我共拿到了" + totalRead + "本杂志.");
        }

        private void log(final String logMessage) {
            System.out.println("<=========== [" + subscriberName + "] : " + logMessage);
        }

        public String getSubscriberName() {
            return subscriberName;
        }
```

```
    private void takeSomeRest() {
        try {
            Thread.sleep(sleepTime);
        } catch (InterruptedException e) {
            throw new RuntimeException(e);
        }
    }
}
```

MagazineSubscriber 实现了必要的方法:

- onSubscriber: Publisher 在被指定一个新的 Subscriber 时调用此方法。一般来说,你需要在 subscriber 内部保存这个 subscription 实例,因为后面会需要通过它向 publisher 发送信号来完成:请求更多数据,或者取消订阅。
- onNext: 每当新的数据产生,这个方法就会被调用。在我们的示例中,我们用到了最经典的使用方式:处理这个数据的同时再请求下一个数据。然而我们在这中间添加了一段可配置的 sleep 时间,这样我们可以尝试订阅者在不同场景下的表现。剩下的一段逻辑判断仅仅是记录下丢失的杂志(当 publisher 出现丢弃数据的时候)。
- onError: 当 publisher 出现异常时会调用 subscriber 方法。在我们的实现中,publisher 丢弃数据时会产生异常。
- onComplete: 当 publisher 数据推送完毕时会调用此方法,于是整个订阅过程结束。

在本例中,假设出版商有两个订阅客户 LUCY 和 LILY。

18.3.2 定义 Publisher

我们将使用 SubmissionPublisher 类来创建 Publisher。当 Subscriber 消费过慢时,SubmissionPublisher 会阻塞或丢弃数据。在深入理解之前,我们先看一下代码:

```java
package com.waylau.java.jdk9.flow;

import java.util.concurrent.ForkJoinPool;
import java.util.concurrent.SubmissionPublisher;
import java.util.concurrent.TimeUnit;
import java.util.stream.IntStream;

/**
 * Reactive Flow App.
 *
 * @since 1.0.0 2019年6月10日
 * @author <a href="https://waylau.com">Way Lau</a>
 */
class ReactiveFlowApp {

    private static final int NUMBER_OF_MAGAZINES = 10;
```

```java
        private static final long MAX_SECONDS_TO_KEEP_IT_WHEN_NO_SPACE = 2;

    public static void main(String[] args) throws Exception {
        final ReactiveFlowApp app = new ReactiveFlowApp();

        System.out.println("\n\n### 场景 1:Subscriber 很快,在这种情况下缓冲区大小并不那么重要.");
        app.magazineDeliveryExample(100L, 100L, 4);

        System.out.println("\n\n### 场景 2:Subscriber 很慢,但发布者的缓冲区大小足以保留所有数据,直到被消费.");
        app.magazineDeliveryExample(1000L, 3000L, NUMBER_OF_MAGAZINES);

        System.out.println("\n\n### 场景 3:Subscriber 很慢,以及发布者方面的缓冲区大小非常有限,因此 Subscriber 的 Flow Control 很重要.");
        app.magazineDeliveryExample(1000L, 3000L, 4);

    }

    void magazineDeliveryExample(final long sleepTimeLucy, final long sleepTimeLily, final int maxStorageInPO)
            throws Exception {
        final SubmissionPublisher<Integer> publisher = new SubmissionPublisher<>(ForkJoinPool.commonPool(),
                maxStorageInPO);

        final MagazineSubscriber lucy = new MagazineSubscriber(sleepTimeLucy, MagazineSubscriber.LUCY);
        final MagazineSubscriber lily = new MagazineSubscriber(sleepTimeLily, MagazineSubscriber.LILY);

        publisher.subscribe(lucy);
        publisher.subscribe(lily);

        System.out.println("打印了 10 本杂志给每个 Subscriber,存放空间是" + maxStorageInPO + ". 他们有" + MAX_SECONDS_TO_KEEP_IT_WHEN_NO_SPACE + "秒来消费它们.");
        IntStream.rangeClosed(1, 10).forEach((number) -> {
            System.out.println("提供第" + number + "本杂志给 Consumer");
            final int lag = publisher.offer(number,
                    MAX_SECONDS_TO_KEEP_IT_WHEN_NO_SPACE, TimeUnit.SECONDS,
                    (subscriber, msg) -> {
                        subscriber.onError(new RuntimeException(((MagazineSubscriber) subscriber).getSubscriberName()
                                + "! 你获取杂志的速度太慢了,我们没有地放它们了! "
                                + "我要把你的杂志丢了: " + msg));
                        return false;
                    });
            if (lag < 0) {
                log("丢弃杂志 " + -lag);
```

```
            } else {
                log("最慢的 Consumer 共拿到了" + lag + "本杂志");
            }
        });

        // 阻塞，直到所有订阅者完成
        while (publisher.estimateMaximumLag() > 0) {
            Thread.sleep(500L);
        }

        // 关闭 Publisher,在所有的 Subscriber 上调用 onComplete()方法
        publisher.close();

        // 给最慢的消费者一些时间醒来，注意它已经完成了
        Thread.sleep(Math.max(sleepTimeLucy, sleepTimeLily));
    }

    private static void log(final String message) {
        System.out.println("===========> " + message);
    }
}
```

在 magazineDeliveryExample 中，我们为两个不同的 Subscriber 设置了两个不同的等待时间，并且设置了缓存容量 maxStorageInPO。步骤如下：

- 创建 SubmissionPublisher 并设置一个标准的线程池（每个 Subscriber 拥有一个线程）。
- 创建两个 Subscriber,通过传递变量设置不同的消费时间和不同的名字,以在 log 中方便区别。
- 用 10 个数字作为杂志印刷机。
- 添加了一个循环等待，以防止主进程过早结束。这里等待 Publisher 清空缓存数据，以及等待最慢的 Subscriber 收到 onComplete 回调信号（close()调用之后）。

在 main()方法中使用不同参数调用以上逻辑 3 次，以模拟之前介绍的 3 种不同的实场景。

- 场景 1：消费者消费速度很快，Publisher 缓存区不会发生问题。
- 场景 2：其中一个消费者速度很慢，以至缓存被填满，然而缓存区足够大以容纳所有数据，不会发生丢弃。
- 场景 3：其中一个消费者速度很慢，同时缓存区不够大，这时控制器被触发了多次，Subscriber 没有收到所有数据。

18.3.3　运行应用

以下是运行应用后不同场景的运行效果。

1. 场景 1

以下是场景 1 的运行效果。

场景 1：Subscriber 很快，在这种情况下缓冲区大小并不那么重要。
打印了 10 本杂志给每个 Subscriber，存放空间是 4。他们有 2 秒来消费它们。
提供第 1 本杂志给 Consumer。
===========> 最慢的 Consumer 共拿到了 1 本杂志
<=========== [LUCY] ：真棒！我拿到了新杂志：1
<=========== [LILY] ：真棒！我拿到了新杂志：1
提供第 2 本杂志给 Consumer
===========> 最慢的 Consumer 共拿到了 2 本杂志
提供第 3 本杂志给 Consumer
===========> 最慢的 Consumer 共拿到了 3 本杂志
提供第 4 本杂志给 Consumer
===========> 最慢的 Consumer 共拿到了 4 本杂志
提供第 5 本杂志给 Consumer
===========> 最慢的 Consumer 共拿到了 5 本杂志
提供第 6 本杂志给 Consumer
<=========== [LUCY] ：我拿到了另外一本杂志，下一本将是：2
<=========== [LILY] ：我拿到了另外一本杂志，下一本将是：2
<=========== [LUCY] ：真棒！我拿到了新杂志：2
<=========== [LILY] ：真棒！我拿到了新杂志：2
===========> 最慢的 Consumer 共拿到了 5 本杂志
提供第 7 本杂志给 Consumer
<=========== [LILY] ：我拿到了另外一本杂志，下一本将是：3
<=========== [LUCY] ：我拿到了另外一本杂志，下一本将是：3
<=========== [LILY] ：真棒！我拿到了新杂志：3
===========> 最慢的 Consumer 共拿到了 5 本杂志
<=========== [LUCY] ：真棒！我拿到了新杂志：3
提供第 8 本杂志给 Consumer
<=========== [LILY] ：我拿到了另外一本杂志，下一本将是：4
<=========== [LUCY] ：我拿到了另外一本杂志，下一本将是：4
<=========== [LILY] ：真棒！我拿到了新杂志：4
===========> 最慢的 Consumer 共拿到了 5 本杂志
<=========== [LUCY] ：真棒！我拿到了新杂志：4
提供第 9 本杂志给 Consumer
<=========== [LILY] ：我拿到了另外一本杂志，下一本将是：5
<=========== [LUCY] ：我拿到了另外一本杂志，下一本将是：5
<=========== [LILY] ：真棒！我拿到了新杂志：5
<=========== [LUCY] ：真棒！我拿到了新杂志：5
===========> 最慢的 Consumer 共拿到了 5 本杂志
提供第 10 本杂志给 Consumer
<=========== [LILY] ：我拿到了另外一本杂志，下一本将是：6
<=========== [LUCY] ：我拿到了另外一本杂志，下一本将是：6
<=========== [LILY] ：真棒！我拿到了新杂志：6
===========> 最慢的 Consumer 共拿到了 5 本杂志
<=========== [LUCY] ：真棒！我拿到了新杂志：6
<=========== [LILY] ：我拿到了另外一本杂志，下一本将是：7
<=========== [LUCY] ：我拿到了另外一本杂志，下一本将是：7
<=========== [LILY] ：真棒！我拿到了新杂志：7
<=========== [LUCY] ：真棒！我拿到了新杂志：7
<=========== [LUCY] ：我拿到了另外一本杂志，下一本将是：8
<=========== [LILY] ：我拿到了另外一本杂志，下一本将是：8

```
<=========== [LUCY] : 真棒！我拿到了新杂志：8
<=========== [LILY] : 真棒！我拿到了新杂志：8
<=========== [LILY] : 我拿到了另外一本杂志，下一本将是：9
<=========== [LUCY] : 我拿到了另外一本杂志，下一本将是：9
<=========== [LILY] : 真棒！我拿到了新杂志：9
<=========== [LUCY] : 真棒！我拿到了新杂志：9
<=========== [LUCY] : 我拿到了另外一本杂志，下一本将是：10
<=========== [LUCY] : 真棒！我拿到了新杂志：10
<=========== [LILY] : 我拿到了另外一本杂志，下一本将是：10
<=========== [LILY] : 真棒！我拿到了新杂志：10
<=========== [LILY] : 我拿到了另外一本杂志，下一本将是：11
<=========== [LUCY] : 我拿到了另外一本杂志，下一本将是：11
<=========== [LUCY] : 订阅完成！我共拿到了 10 本杂志.
<=========== [LILY] : 订阅完成！我共拿到了 10 本杂志.
```

在该场景中，由于消费者消费速度很快，Publisher 缓存区不会发生问题。

2. 场景 2

以下是场景 2 的运行效果。

```
### 场景 2：Subscriber 很慢，但发布者的缓冲区大小足以保留所有数据，直到被消费.
打印了 10 本杂志给每个 Subscriber，存放空间是 10. 他们有 2 秒来消费它们.
提供第 1 本杂志给 Consumer
===========> 最慢的 Consumer 共拿到了 1 本杂志
<=========== [LUCY] : 真棒！我拿到了新杂志：1
<=========== [LILY] : 真棒！我拿到了新杂志：1
提供第 2 本杂志给 Consumer
===========> 最慢的 Consumer 共拿到了 2 本杂志
提供第 3 本杂志给 Consumer
===========> 最慢的 Consumer 共拿到了 3 本杂志
提供第 4 本杂志给 Consumer
===========> 最慢的 Consumer 共拿到了 4 本杂志
提供第 5 本杂志给 Consumer
===========> 最慢的 Consumer 共拿到了 5 本杂志
提供第 6 本杂志给 Consumer
===========> 最慢的 Consumer 共拿到了 6 本杂志
提供第 7 本杂志给 Consumer
===========> 最慢的 Consumer 共拿到了 7 本杂志
提供第 8 本杂志给 Consumer
===========> 最慢的 Consumer 共拿到了 8 本杂志
提供第 9 本杂志给 Consumer
===========> 最慢的 Consumer 共拿到了 9 本杂志
提供第 10 本杂志给 Consumer
===========> 最慢的 Consumer 共拿到了 10 本杂志
<=========== [LUCY] : 我拿到了另外一本杂志，下一本将是：2
<=========== [LUCY] : 真棒！我拿到了新杂志：2
<=========== [LUCY] : 我拿到了另外一本杂志，下一本将是：3
<=========== [LUCY] : 真棒！我拿到了新杂志：3
<=========== [LILY] : 我拿到了另外一本杂志，下一本将是：2
<=========== [LILY] : 真棒！我拿到了新杂志：2
<=========== [LUCY] : 我拿到了另外一本杂志，下一本将是：4
```

```
<=========== [LUCY]  : 真棒！我拿到了新杂志：4
<=========== [LUCY]  : 我拿到了另外一本杂志，下一本将是：5
<=========== [LUCY]  : 真棒！我拿到了新杂志：5
<=========== [LUCY]  : 我拿到了另外一本杂志，下一本将是：6
<=========== [LUCY]  : 真棒！我拿到了新杂志：6
<=========== [LILY]  : 我拿到了另外一本杂志，下一本将是：3
<=========== [LILY]  : 真棒！我拿到了新杂志：3
<=========== [LUCY]  : 我拿到了另外一本杂志，下一本将是：7
<=========== [LUCY]  : 真棒！我拿到了新杂志：7
<=========== [LUCY]  : 我拿到了另外一本杂志，下一本将是：8
<=========== [LUCY]  : 真棒！我拿到了新杂志：8
<=========== [LUCY]  : 我拿到了另外一本杂志，下一本将是：9
<=========== [LUCY]  : 真棒！我拿到了新杂志：9
<=========== [LILY]  : 我拿到了另外一本杂志，下一本将是：4
<=========== [LILY]  : 真棒！我拿到了新杂志：4
<=========== [LUCY]  : 我拿到了另外一本杂志，下一本将是：10
<=========== [LUCY]  : 真棒！我拿到了新杂志：10
<=========== [LUCY]  : 我拿到了另外一本杂志，下一本将是：11
<=========== [LILY]  : 我拿到了另外一本杂志，下一本将是：5
<=========== [LILY]  : 真棒！我拿到了新杂志：5
<=========== [LILY]  : 我拿到了另外一本杂志，下一本将是：6
<=========== [LILY]  : 真棒！我拿到了新杂志：6
<=========== [LILY]  : 我拿到了另外一本杂志，下一本将是：7
<=========== [LILY]  : 真棒！我拿到了新杂志：7
<=========== [LILY]  : 我拿到了另外一本杂志，下一本将是：8
<=========== [LILY]  : 真棒！我拿到了新杂志：8
<=========== [LILY]  : 我拿到了另外一本杂志，下一本将是：9
<=========== [LILY]  : 真棒！我拿到了新杂志：9
<=========== [LILY]  : 我拿到了另外一本杂志，下一本将是：10
<=========== [LILY]  : 真棒！我拿到了新杂志：10
<=========== [LILY]  : 我拿到了另外一本杂志，下一本将是：11
<=========== [LUCY]  : 订阅完成！我共拿到了 10 本杂志.
<=========== [LILY]  : 订阅完成！我共拿到了 10 本杂志.
```

在该场景中，由于缓冲区大小足够，因此即便消费者消费速度很慢，也能保证消费者可以拿到所有杂志。

3. 场景 3

以下是场景 3 的运行效果。

```
### 场景 3：Subscriber 很慢，以及发布者方面的缓冲区大小非常有限，因此 Subscriber 的
Flow Control 很重要.
打印了 10 本杂志给每个 Subscriber，存放空间是 4. 他们有 2 秒来消费它们.
提供第 1 本杂志给 Consumer
============> 最慢的 Consumer 共拿到了 1 本杂志
<=========== [LILY]  : 真棒！我拿到了新杂志：1
<=========== [LUCY]  : 真棒！我拿到了新杂志：1
提供第 2 本杂志给 Consumer
============> 最慢的 Consumer 共拿到了 2 本杂志
提供第 3 本杂志给 Consumer
```

```
===========> 最慢的 Consumer 共拿到了 3 本杂志
提供第 4 本杂志给 Consumer
===========> 最慢的 Consumer 共拿到了 4 本杂志
提供第 5 本杂志给 Consumer
===========> 最慢的 Consumer 共拿到了 5 本杂志
提供第 6 本杂志给 Consumer
    <===========  [LUCY] ：我拿到了另外一本杂志，下一本将是：2
    <===========  [LUCY] ：真棒！我拿到了新杂志：2
    <===========  [LUCY] ：我拿到了另外一本杂志，下一本将是：3
    <===========  [LUCY] ：真棒！我拿到了新杂志：3
    <===========  [LILY] ：我拿到了另外一本杂志，下一本将是：2
    <===========  [LUCY] ：我拿到了另外一本杂志，下一本将是：4
    <===========  [LUCY] ：真棒！我拿到了新杂志：4
    <===========  [LILY] ：从 Publisher 那出错了：LILY！你获取杂志的速度太慢了，我们没有地方放它们了！我要把你的杂志丢了：6
===========> 丢弃杂志 1
    <===========  [LILY] ：真棒！我拿到了新杂志：2
提供第 7 本杂志给 Consumer
===========> 最慢的 Consumer 共拿到了 5 本杂志
提供第 8 本杂志给 Consumer
    <===========  [LUCY] ：我拿到了另外一本杂志，下一本将是：5
    <===========  [LUCY] ：真棒！我拿到了新杂志：5
    <===========  [LUCY] ：我拿到了另外一本杂志，下一本将是：6
    <===========  [LILY] ：从 Publisher 那出错了：LILY！你获取杂志的速度太慢了，我们没有地方放它们了！我要把你的杂志丢了：8
    <===========  [LUCY] ：真棒！我拿到了新杂志：6
===========> 丢弃杂志 1
提供第 9 本杂志给 Consumer
    <===========  [LILY] ：我拿到了另外一本杂志，下一本将是：3
    <===========  [LILY] ：真棒！我拿到了新杂志：3
===========> 最慢的 Consumer 共拿到了 5 本杂志
提供第 10 本杂志给 Consumer
    <===========  [LUCY] ：我拿到了另外一本杂志，下一本将是：7
    <===========  [LUCY] ：真棒！我拿到了新杂志：7
    <===========  [LUCY] ：我拿到了另外一本杂志，下一本将是：8
    <===========  [LUCY] ：真棒！我拿到了新杂志：8
    <===========  [LILY] ：从 Publisher 那出错了：LILY！你获取杂志的速度太慢了，我们没有地方放它们了！我要把你的杂志丢了：10
===========> 丢弃杂志 1
    <===========  [LUCY] ：我拿到了另外一本杂志，下一本将是：9
    <===========  [LUCY] ：真棒！我拿到了新杂志：9
    <===========  [LILY] ：我拿到了另外一本杂志，下一本将是：4
    <===========  [LILY] ：真棒！我拿到了新杂志：4
    <===========  [LUCY] ：我拿到了另外一本杂志，下一本将是：10
    <===========  [LUCY] ：真棒！我拿到了新杂志：10
    <===========  [LUCY] ：我拿到了另外一本杂志，下一本将是：11
    <===========  [LILY] ：我拿到了另外一本杂志，下一本将是：5
    <===========  [LILY] ：真棒！我拿到了新杂志：5
    <===========  [LILY] ：我拿到了另外一本杂志，下一本将是：6
    <===========  [LILY] ：我错过了杂志：6
```

```
<=========== [LILY]  : 真棒!我拿到了新杂志:7
<=========== [LILY]  : 我拿到了另外一本杂志,下一本将是:8
<=========== [LILY]  : 我错过了杂志:8
<=========== [LILY]  : 真棒!我拿到了新杂志:9
<=========== [LILY]  : 我拿到了另外一本杂志,下一本将是:10
<=========== [LILY]  : 订阅完成!我共拿到了 7 本杂志.
<=========== [LUCY]  : 订阅完成!我共拿到了 10 本杂志.
```

在该场景中,由于缓冲区不够,因此当消费者消费速度很慢时(比如 LILY)会出现杂志丢失的情况。

还可以尝试其他组合,比如设置 MAX_SECONDS_TO_WAIT_WHEN_NO_SPACE 为很大的数字,这时 offer 的表现将类似于 submit,或者可以尝试将两个消费者速度同时降低(会出现大量丢弃数据的现象)。

参考文献

[1] 柳伟卫. Java 编程要点[EB/OL]. [2019-04-21]. https://github.com/waylau/essential-java.

[2] Java Language Changes for Java SE 12[EB/OL]. [2019-04-21]. https://docs.oracle.com/en/java/javase/12/language/.

[3] What's New in JDK 8[EB/OL]. [2019-04-21]. https://www.oracle.com/technetwork/java/javase/8-whats-new-2157071. html.

[4] JDK 9 Release Notes Enhancements and Notes[EB/OL]. [2019-04-21]. https://www.oracle.com/technetwork/java/ javase/9-new-features-3745613.html.

[5] JDK 10 Release Notes[EB/OL]. [2019-04-21]. https://www.oracle.com/technetwork/java/javase/10-relnote-issues- 4108729.html.

[6] What's New in JDK 11 - New Features and Enhancements[EB/OL]. [2019-04-21]. https://www.oracle.com/technetwork/ java/javase/11-relnote-issues-5012449.html#NewFeature.

[7] 柳伟卫. 在 JDK 9 中更简洁使用 try-with-resources 语句[EB/OL]. [2019-04-21]. https://waylau.com/concise-try-with-resources-jdk9/.

[8] 柳伟卫. Java 编码规范[EB/OL]. [2019-04-21]. https://github.com/waylau/java-code-conventions.

[9] Nikita Salnikov Tarnovski. Minor GC vs Major GC vs Full GC[EB/OL]. [2019-04-21]. https://www.javacodegeeks.com/ 2015/03/minor-gc-vs-major-gc-vs-full-gc.html.

[10] Iris Clark. Shenandoah GC[EB/OL]. [2019-04-21]. https://wiki.openjdk.java.net/display/shenandoah/Main.

[11] 柳伟卫. 分布式系统常用技术及案例分析[M]. 北京：电子工业出版社，2017.

[12] 柳伟卫. Cloud Native 分布式架构原理与实践[M]. 北京：北京大学出版社，2019.

[13] 柳伟卫. Spring 5 开发大全[M]. 北京：北京大学出版社，2018.

[14] Raoul-Gabriel Urma. Java 8 in Action[M]. Shelter Island：Manning Publications，2014.

[15] Joshua Bloch. Effective Java[M]. New Jersey：Addison-Wesley Professional，2018.

[16] Paul Bakker. Java 9 Modularity[M]. Sebastopol：O'Reilly Media，2017.

[17] Raoul-Gabriel Urma. Modern Java in Action[M]. Shelter Island：Manning Publications，2018.